万水 ANSYS 技术丛书

ANSYS Workbench 在压力容器分析中的应用与技术评论

栾春远　编著

中国水利水电出版社
www.waterpub.com.cn
·北京·

内 容 提 要

本书共分 9 章：第 1 章为创建压力容器受压元件的几何模型；第 2 章为划分网格；第 3 章为炼油厂制氢装置 PSA 吸附器的低周疲劳分析；第 4 章为压力容器 3D 模型的应力分析；第 5 章为 ANSYS Workbench 软件的缺点；第 6 章为 EN 13445-3:18 疲劳寿命的详细评定；第 7 章为公式法计算许用循环次数；第 8 章为技术评论；第 9 章为 ASME Ⅷ-2-2015 附录 3-F 设计疲劳曲线。

第 8 章仅对三本专书 [5]、[14]、[20]，一本译著即文献 [6] 和两篇论文即文献 [8]、[16] 进行了技术评轮，它们只占压力容器用书和用文的极少的一部分，但通过本书分析可知，这些书中或文中的错误却是不容忽视的。

第 9 章对于 JB4732 移植 ASME Ⅷ-2:5-1995 的图 5-110.1 的 C-1，原用到 1E6，而现在用到 1E11，规范对双对数插值公式也不再使用。

本书适合压力容器工程技术人员使用，也可供大专院校"过程装备与控制工程"专业及相近专业的师生参考。

图书在版编目（Ｃ Ｉ Ｐ）数据

ANSYS Workbench在压力容器分析中的应用与技术评论 / 栾春远编著. -- 北京 : 中国水利水电出版社, 2021.8
（万水ANSYS技术丛书）
ISBN 978-7-5170-9857-7

Ⅰ．①A… Ⅱ．①栾… Ⅲ．①压力容器－有限元分析－应用程序 Ⅳ．①TH49-39

中国版本图书馆CIP数据核字(2021)第165669号

策划编辑：杨元泓	责任编辑：王开云　　　　封面设计：李　佳

书　　名	万水 ANSYS 技术丛书 ANSYS Workbench 在压力容器分析中的应用与技术评论 ANSYS Workbench ZAI YALI RONGQI FENXI ZHONG DE YINGYONG YU JISHU PINGLUN
作　　者	栾春远　编著
出版发行	中国水利水电出版社 （北京市海淀区玉渊潭南路 1 号 D 座　100038） 网址：www.waterpub.com.cn E-mail: mchannel@263.net（万水） 　　　　 sales@waterpub.com.cn 电话：（010）68367658（营销中心）、82562819（万水）
经　　售	全国各地新华书店和相关出版物销售网点
排　　版	北京万水电子信息有限公司
印　　刷	三河市鑫金马印装有限公司
规　　格	184mm×260mm　16 开本　16.25 印张　404 千字
版　　次	2021 年 8 月第 1 版　2021 年 8 月第 1 次印刷
印　　数	0001—2000 册
定　　价	79.00 元

凡购买我社图书，如有缺页、倒页、脱页的，本社营销中心负责调换

前　　言

压力容器是由压力介质和受压元件组成的密闭容器。承受介质压力的零件称为受压元件。

第 1 章　创建压力容器受压元件的几何模型，除本书未涉及的碟形封头外，受压元件还有椭圆形封头、半球形封头、圆筒和锥壳。在壳体上配置了不同方位的接管，共 16 种型式。参考了 ASMEⅧ-2:4.5、**EN 13445-3:9 和 ГОСТ Р 52857.3** 的开孔补强，有径向接管，如椭圆形封头和半球形封头的中央接管，圆筒和锥壳上的径向接管，椭圆形封头上非中心部位的径向接管。斜接管的型式，有椭圆形封头和半球形封头上的非中心部位接管，圆筒纵截面上的斜接管，圆筒横截面上的切向接管、山坡接管和顶部的斜接管，锥壳纵截面上的水平接管和竖直接管，为工程设计提供了规范允许的几何模型。

本章给出的壳体+接管连接型式，除圆筒横截面顶部的斜接管为**安放式**以外，均采用**整体补强，内平齐式**，不考虑内伸式，不带补强圈，不考虑焊缝贡献的补强面积。

本章给出 DM 和 WB 界面上用中文输写相同的文件名，保存，调用。

第 2 章　划分网格，**不带接管的压力容器是不存在的**。本章对第 1 章的 16 个几何模型进行了网格划分，给出压力容器的分网效果，积累了划分网格的经验和方法。

本章主要按全局网格设置划分网格，并进行了各种组合，控制尺寸和层数。另外，要给出接管与壳体的多体元件分网后分界面上共节点，因为这里是接管与壳体相贯的地方，是整体结构不连续的部位。

第 3 章　齐鲁石化胜利炼油厂制氢装置 PSA 吸附器的低周疲劳分析，依据日本 UNION CARBIDE SERVICES K. K. TOKYO JAPAN 于 1988 年为齐鲁石化公司设计、引进的 1 台 50m³ 共 10 台一组 PSA 吸附器。2010 年经山东齐鲁石化工程公司设计的国产化更新一台，以后就由该公司设计。

PSA 吸附器是轴对称的 2D 面体，分为上部和下部两个模型。圆筒 DN3000×设备总高 10400mm。

压力应力分析的最高应力均落在上部中央人孔接管下拐点上和下部中央开孔接管的上拐点上。它们是决定疲劳寿命的关键点。按引进的原图，上部人孔壁厚按 65mm 计算和下部开孔接管壁厚按 47.5mm 计算，均为无限寿命。现按 ASMEⅧ-2:5.5.3 式（5.36）计算，依现行设计的壁厚，均为 20 年，满足使用要求。

第 4 章　压力容器 3D 模型的应力分析，给出下列 3 种模型：

（1）**半球形封头+中央人孔接管+圆筒半剖结构分析。**

（2）**椭圆形封头+5 个接管+圆筒结构分析。**

（3）**锥壳+竖直接管+圆筒+锥壳小端接管的半剖结构应力分析。**

压力容器分析包括创建几何模型→划分网格→加载→求总变形→应力强度→应力线性化和评定。本章通过 **Workbench**（后简写为 WB）工具箱中 **Static Structural** 给出的单元格流程图完成了上述分析。

本章全部采用弹性应力分析方法。从这里可验正：弹性应力分析方法是不可替代的分析的主流方法。即使有人至今还说它不保守的情况，但所有认识都要回归到 ASME Ⅷ-2:5 上来。

第 5 章　ANSYS Workbench 软件的缺点，在线性化、模棱两可和疲劳分析方面都存在软件功能不强的问题。

无论 **2D** 或 **3D**，在应力强度的应力云图中**都不显示节点编号**，而在线性化**设置路径**时仅显示网格，没有 MAX，在给出的网格中，凭着记忆或**猜测找点**定义路径。**路径长度应等于或逼近元件壁厚**（指小数位上），**才是好的线性化。ANSYS Workbench** 的线性化功能无法与 **ANSYS 经典**相比。

ASME Ⅷ-2:5.2.1.2 指出，三维应力场，对于**分类过程**可产生模棱两可的结果。**ANSYS Workbench 无法解决这个难题。**

ANSYS Workbench 解决承受的载荷循环类型为完全对称循环（fully reversed）和脉动循环（zero-based）。很少适用于压力容器。如文献 **[14]** 的**第 15 章疲劳设备分析实例——锁斗**，是脉动循环（固体物料），但不用 **ANSYS Workbench** 给出的疲劳工具。

第 6 章　EN 13445-3:18 疲劳寿命的详细评定，包括焊接件、非焊接件和螺栓。焊接件是指焊缝，非焊接件是指母材。**18.5.3 规定壳体上平原部分材料**（Plain material），可包括磨平焊缝修补。这种修磨的存在能导致材料疲劳寿命的减少。因此，**只有肯定是无焊接的材料，才应确定为非焊接的。18.12.1 规定**，仅适用于轴向受载的钢制螺栓，不适用于其他的螺纹连接件，如法兰、封头或阀。

焊接件的疲劳寿命评定是有限元分析（做载荷工况差）→线性化处理→提取薄膜+弯曲部分的 $\Delta SINT=P_L+P_b+Q$（**这就是结构应力的当量应力范围**）→除以总修正系数→查表 18-4 确定节点分级号对应的疲劳曲线→按本书第 9 章查出许用循环次数→计算**疲劳损伤系数。**

EN 13445-3:18 是全文译出，本章第 4 节还给出"难句分析"。

本书作者认为，焊接件的疲劳寿命评定要比 **ASME Ⅷ-2:5** 和 **ГОСТ Р 52857.6 细致。**非焊接件评定按本书第 6 章的规定。

第 7 章　公式法计算许用循环次数，通过 **ASME Ⅷ-2:5**、**EN 13445-3:18**、**ГОСТ Р 52857.6** 等标准给出的公式法计算许用循环次数。**EN 13445-3:18**、**ГОСТ Р 52857.6** 都是弹性应力分析，用 **ASME Ⅷ-2:5** 弹性应力分析和当量应力。只有弹性应力分析结合试验数据的平均曲线以下的**设计疲劳曲线**，才能完成疲劳分析。弹-塑性疲劳分析，计入当量塑性应变后，再回来计算 $S_{alt,k}$，使用弹性分析的匹配的设计疲劳曲线。**ГОСТ Р 52857.6 没有弹-塑性疲劳分析。**

本书给出：**EN 13445-3:18** 非焊接件设计疲劳曲线的疲劳寿命的安全系数 10，应力范围的安全系数 1.5，焊接件的失效概率约 0.14%；**ГОСТ Р 52857.6** 的循环次数的安全系数 10，应力的安全系数 2.0。

本书作者认为，**ГОСТ Р 52857.6 公式法**比 **ASME Ⅷ-2:5** 和 **EN 13445-3:18** 更适用，**EN 13445-3:18** 的 **18.1.3 规定**，上述要求仅适用于 **EN 13445:2-2014** 规定的铁素体钢和奥氏体钢。而 **ГОСТ Р 52857.6** 却没有材料的限制，GB/T 150-2011 中材料可用。

第 8 章　**技术评论**，技术评论的目的是**纠正错误，消除误导**。在文献 **[19]** 中，本书作者指出 ASME Ⅷ-2:5-2015 版本的译文有 155 个案例。其实，在文献 **[17]**（2008 年）中，已经对在文献 **[9-12]** 中的错误提出了不同观点。若不评论，原作者不知道还有什么错误，而读者还在糊涂地接受。

对文献 [5] 的第 6 章评论，该书作者在位于**封头内侧**离开接管与封头相贯线以下的内伸式接管上定义路径 3，在该书表 6.1-1 中列入是**局部薄膜应力+弯曲应力**。**这是误导**。因为定义 **[Path3]** 的内伸式接管内外表面**压力相等**，**接管不受压**，内伸式接管只用于开孔补强。因此，该书作者，在封头内侧的内伸式接管上**定义了一条错误路径**。压力容器分析人员从来就没有在此处定义路径的。

对文献 [6] 表 7.1 的译文评论，该书表 7.1 就是 **EN 13445-3:18:2014** 的附录 P(normative) 的 **P.1**。本书作者对该书表 7.1 的翻译感到意外：

（1）如 "significant sub-surface flaws"，译为 "较大的**次表面缺陷**"，"次表面缺陷" 就是**自造词**。

（2）将 "Backing strip to be continuous" 译为 "**焊迹**是连续的"，"**焊迹**" 也是**自造词**，应译为 "**背垫条**是连续的"。

（3）将 "consumable insert"（**熔化嵌条**）译为 "**单面熔焊**"，随意**删掉 "insert"**。

（4）**猜译**，如 "Weld root pass shall be inspected to ensure full fusion to backing"（该书译者译为 "检测焊接根部**是否**完全熔融到垫板上"），随意加字 "**是否**"。

（5）前面译为 "**单面**"，后面译为 "**单边**"。

（6）"**tack welds to be ground out**" 译为 "**定位焊要磨平**"。

（7）"**Joggle joint**"，"**榫接接头**" 译为 "**搭接接头**"。

（8）"**Minimum throat**"（最小焊喉）译为 "**最小焊高**"。属概念不清和语法分析不清。

对文献 [14] 的评论：

（1）该书作者对**塑性垮塌的定义**和**屈曲的定义**均为自行的 "**定义**"，均超出了定义本身的范围，而 ASME Ⅷ-2:5 没有列出**塑性垮塌的定义和屈曲的定义**，该书作者**学术不严谨**。

（2）**局部失效的评定**，该书 105 页上说 "新版 ASME Ⅷ-2:5-2013（**2007 版及之后版本**）表达更具体，是基于**局部一次薄膜加弯曲主应力**"，但 **ASME Ⅷ-2:5-2015** 版取消了上述说法。

（3）该书 8.2 弹-塑性分析法，不是该书作者所说的**任意部位**，而是选应力云图上红色标志区给定的几个高应力点，确定主应力、当量应力和总当量塑性应变，按规范式（5.7）评定通过。

（4）将 β_{cr} 译为 "**容量降低系数**"，词义不准确。

（5）该书的重点是规范篇，该书作者多以规范条款叙述相应规定。

（6）**11.2.2 弹性分析法评定**，将该书式（11.6）和式（11.7）与规范相应式颠倒，这是读者应用棘轮评定公式的地方，容易误导。

（7）**ASME Ⅷ-2:5** 对于 K_f、$K_{e,k}$ 和 $K_{v,k}$ 3 个术语在规范 5.13 符号中已经下了专门定义，而该书作者在其 116 页 10.3.1 中，像是 "高度概括" 地说："K_f 考虑了局部结构不连续效应（应力集中），$K_{e,k}$ 考虑了塑性应变集中效应，$K_{v,k}$ 考虑了塑性应变强化效应"，本书作者认为：**这是多此一举**。

（8）该书 98 页 7.1.5 接管应力评定，其 P_L 类应力译文有错误。

（9）**第 15 章疲劳设备分析实例——锁斗**，没有计入疲劳强度的降低系数 K_f 等。对 JB 4732 的名词术语，该书作者在第 2 章又**重复下了相同定义**。

对文献 [8] 的评论，本书作者从此文中找到 "从总体不连续部位线性化后的同一路径上提取两次组合应力，一次提取是 P_L+P_b，另一次提取是 P_L+P_b+Q"，提取两次是错误的，这就是所说的**弹性应力分析不保守的来源**。该文将其表 1 中的许用值列入屈服极限，而不是设计许用应力强度。材料选用 Q245，而写成 Q235，钢号写错，棘轮和安定概念不清。

对文献［16］的评论：

（1）该文作者在该文 5.1 引述规范"**EN 13445** 中的结构应力被定义为：**薄膜应力加弯曲应力，即沿厚度方向线性分布的应力**"，**EN 13445-3:18.2.10 注 1** 结构应力包括总体结构不连续的作用，即 P_L+P_b+Q。显然该文作者引述规范的定义是该文作者自己的理解定义，**完全错了**。**EN 13445-3:18.2.10** 的结构应力的定义与 **ASMEⅧ-2:5.5.5** 的结构应力定义不同，后者的应用须经业主/用户同意才可使用。

（2）在该文 6 中说"当前，针对焊接件疲劳评定，寻找一种能与有限元分析很好结合的，易于实施的方法是国际研究的热点"，**凡是找不到与有限元结合的实施办法，就说是国际研究的热点**，和文献［9］一样，拿不出依据。

对文献［20］的评论，本书研究了该书第 19 章压力容器静力学分析案例，第 20 章压力容器弹塑性分析案例。让本书作者奇怪的是，第 19 章定义路径，给出线性化结果。ANSYS Workbench 要求用两点定义路径，结果是：**该书的作者只保证起始点是正确的**；在该书 314 页上该书作者说："由结果可见，在序号为 1 的位置薄膜应力结果为 14.902 MPa，弯曲应力为 126.18 MPa，薄膜应力+弯曲应力结果为 134.68MPa，**对于大多数情况而言，此应力结果可评定为合格**"，没有评定式结果，凭什么认为合格。从这里可见：①该书作者对管箱竖直板和底板之间焊接圆弧转角处的 max 点按 ASMEⅧ-2:5 定为什么组合应力不明白，列不出评定式，就用叙述"**对于大多数情况而言，此应力结果可评定为合格**"；②对 5 类应力，该书作者冗长叙述，超过了 JB4732 及其编制说明、有了线性化后的应力，不会评定，还不如按"极限载荷法"求解。第 20 章压力容器弹塑性分析案例，实际上和第 19 章一样，也没有结果，重点是：①不是 ASME 的材料，而按 ASMEⅧ-2:5-2015 式（3- D.1）～式（3- D.12）共 12 个公式计算应力-应变曲线的数据；②在容器接管法兰面上施加正弦规律变化的位移约束，这就叫"压力容器弹塑性分析案例"。容器接管法兰上不能施加正弦规律变化的位移约束。

第 9 章　ASMEⅧ-2:附录 3-F 设计疲劳曲线，完全译出，也是读者常用查找的工具书。为此，给出原文对照，便于使用。

由于作者水平有限，对书中的错误，敬请专家学者和广大读者给予批评指正。

本书在自校中，田明欣、周永贵、邵明永、栾德昱，栾德熹参加了校核，在此表示感谢。

作　者
2021 年 3 月

目　　录

第1章
创建压力容器受压元件的几何模型

压力容器是由压力介质和受压元件组成的密闭容器。承受介质压力的零件称为受压元件，即椭圆形，或半球形，或碟形封头，圆筒，锥壳，管法兰或设备法兰，管板，平盖及各种方位的接管等。采用 Workbench 创建受压元件或组件模型，再配用相应的约束，可生成压力容器的各种分析模型。因此，创建符合规范要求的各种受压元件或组件模型就是本章的任务。

1.1 壳体与接管的错误连接结构

在压力容器的封头，或圆筒，或锥壳上，按工艺要求，必须开设接管。因此，封头或壳体与接管的连接结构，不是由 Workbench 的操作者**随意**确定的，它应满足压力容器开孔补强规范的规定。

请看下面两个**错误的连接结构**的实例。

实例 1　椭圆形封头与中央接管的连接结构。

（1）分别画出椭圆形封头和中央接管，见图 1.1。

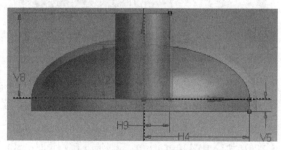

图 1.1　椭圆形封头与中央接管

（2）较多的 **Workbench** 操作者采用 Boolean→**Unite**，将椭圆形封头与中央接管合并为一个体，单击生成，导航树中显示一个体，见图 1.2。

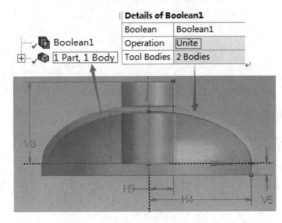

图 1.2　将两个体合并为一个体

（3）点击主菜单上 **Create→Slice**，用封头内表面 **Surface** 切割，出现 **Selected**，点击生成，导航树中显示两个体。设置见图 1.3。

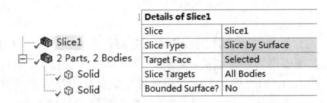

图 1.3　用封头内表面 **Surface** 切割接管

（4）点击主菜单上 **Create→Body Operation**，删除封头内的接管，见图 1.4。

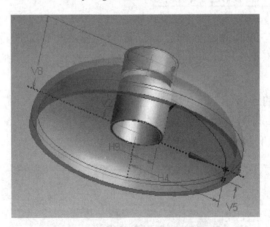

图 1.4　删除封头内的接管

（5）点击主菜单上 **Create →Slice**，用接管内表面切割接管内的封头，见图 1.5，详细窗口设置，见图 1.3，导航树中显示两个体。

（6）点击主菜单上 **Create→Body Operation**，删除接管内的封头部分，见图 1.5 和图 1.6。

（7）用 **Slice** 剖分，看到椭圆形封头与中央接管的连接结构，见图 1.7。

显然，中国及其他各国开孔补强规范没有这种连接结构。它既不是安放式接管，也不是内平齐接管。因此，不能采用 **Unite**，错在接管没有穿进封头的开孔内。

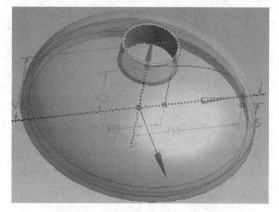

图 1.5　用接管内表面切割封头

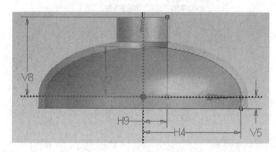

图 1.6　生成通孔的接管

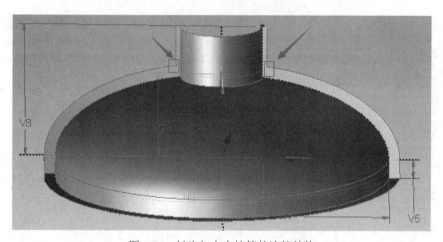

图 1.7　封头与中央接管的连接结构

实例 2　高耀东 宿福存 李震 尹明主编的《ANSYS Workbench 机械工程应用精华 30 例》一书中的第 2 例，相交的圆柱体，其剖面形状，见图 1.8。

这种结构相当于带斜接管的圆筒，它也不符合开孔补强的结构型式。因此，此例不适用于压力容器。这是从外部向圆筒拉伸，执行 **To Next** 的结果。

上述两种错误的连接结构，不能再用。受压元件的结构型式必须符合规范要求，而不是执行 WB 的其中一种 Boolean→**Unite** 要求。

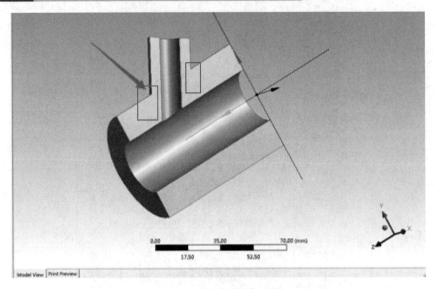

图 1.8　相交圆柱体的剖面

1.2　Workbench 工作界面

WB 工作界面由上方的标题栏、主菜单、基本工具条、左侧的工具箱和右侧的项目单元格区组成，如图 1.9 所示。

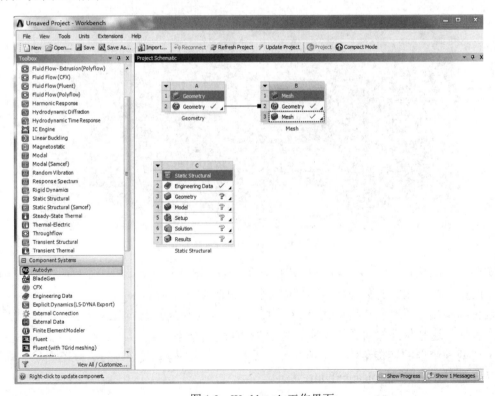

图 1.9　Workbench 工作界面

选定单位，压力容器常用毫米单位。点选 Millimeter，单击确定，如图 1.10 所示。

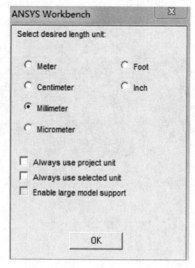

图 1.10　选定单位方法 1

在 **WB** 工具箱中，选【Component Systems】中的【Geometry】，双击或拖向【Project schematic】区中，生成 A 单元格，右键 A2 格，选【New Geometry】，进入 **DesignModeler**。

若是不弹出选择单位对话框，在 DM 桌面上方点【Tools】→【Options】，弹出如图 1.11 所示窗口，左侧选［Units］，右侧选定。

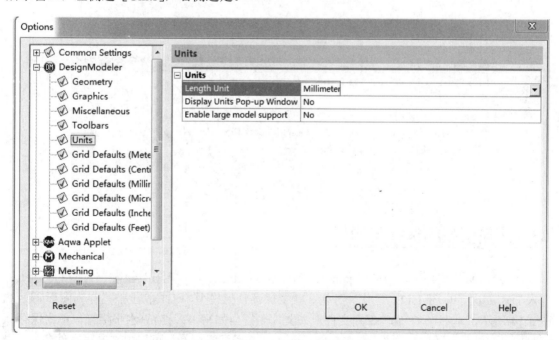

图 1.11　选定单位方法 2

DM 的工作界面由标题栏下的主菜单，工具栏，左侧的导航树（其下有【Modeling】和【Sketching】的切换），以及详细窗口和图形区组成，如图 1.12 所示。**DM** 工具栏见图 1.13。

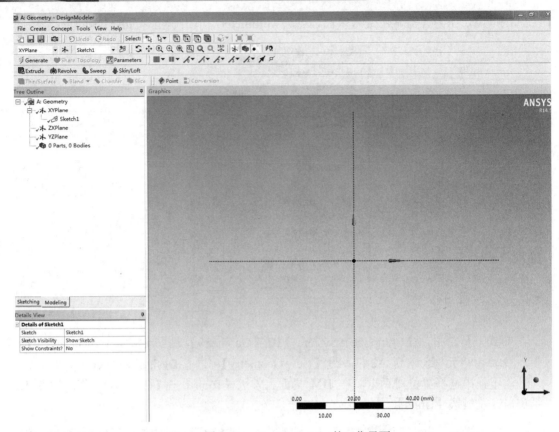

图 1.12　DesignModeler 的工作界面

图 1.13　DM 工具栏

1.3　几何模型的保存与调用

　　（1）在 **WB** 桌面上，点 Component Systems→Geometry，右键点 A2 格→New Geometry，进入 DM 界面，见**图 1.12**。工作一开始，就要保存几何模型，工具栏上点另存为图标，如图 1.14 所示，本书在 G 盘内保存文件，在文件名框内如写入：**锥壳+水平接管**，单击**保存**。随时点上述图标，随时出现提示：Replace existing file?回答：**是。可用中文书写文件名。**

　　（2）若继续做前面文件名的建模工作，右键点 A2 格→Import Geometry，滑向右侧给出在 DM 界面保存的几何文件，若没有，点 Browse，选中后，点打开，A2 格后打勾。

　　可在 DM 界面上建立若干个几何时模型，保存后如图 1.14 所示。

图 1.14　保存文件

在 DM 界面保存文件，使用（如校核）、调用很方便。

（3）已建模和完善后的建模，不需要使用 DM 界面，应点 WB 桌面上工具箱 Static Structural，按此流程图去做未做的工作，见图 1.9。

（4）Geometry 格后打勾，说明选定几何模型，双击 Model，在 Model 界面上调用所需的几何模型，见图 1.15。应在 WB 界面上点**另存为**，文件名与 DM 界面上保存的文件名一致，见图 1.16。

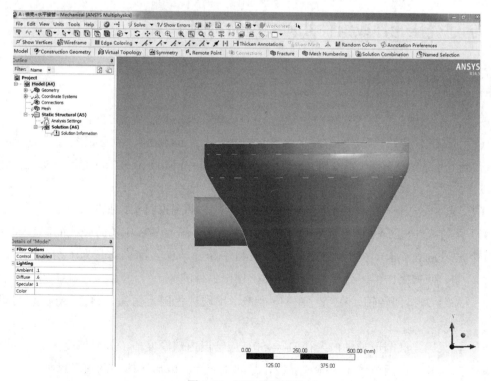

图 1.15　调出几何模型

图 1.16　在 WB 界面上保存文件

总之，"**另存为**"保存两次：一次在 DM，一次在 WB，随做随保存，在 Model 不保存。

1.4　创建受压元件或组件几何模型的实例

1.4.1　创建椭圆形封头

该封头是 **HDPE** 产品出料罐的顶封头，EHA900 ×30，直边高度 50mm。

（1）草图必须放在确定的平面上。点 XYPlane，点 **Sketch1**，点正视图。

切换到 Sketching→Draw→Ellipse→Dimensions。采用 Modify→Trim 修剪→加上直边，详细窗口列出尺寸，如图 1.17 所示。

（2）点 Sketch1→Revolve→generate，生成标准的椭圆形封头，见图 1.18。

- As Thin / Surface? Yes。压力容器壳体或接管可作为 WB 中的薄壳或面体对待。
- 点 Operation，右侧下拉菜单，点 Add Frozen，加入冰冻体是为了切分操作，在拉伸、回转操作中，允许在已有的体上切出另外的体。
- Axis 是指回转轴，在 Y 轴下方点击，出现红色向上箭头，再点 Apply，出现 2D Edge。
- 如果确定椭圆形长轴内半径 H4=450，应给出内壁厚度值，外壁厚度为零。
- 封头和直边两个体不应有边界线，是冲压或旋压成形一体的椭圆形封头。

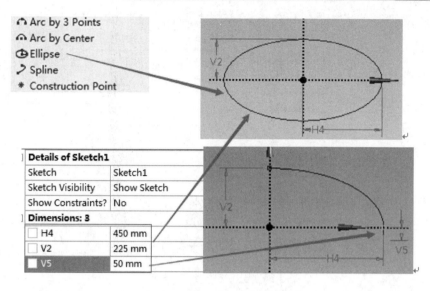

图 1.17 生成椭圆形封头用的回转母线

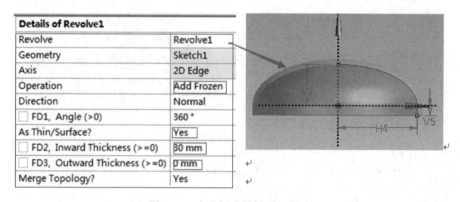

图 1.18 生成标准的椭圆形封头

1.4.2 创建椭圆形封头+5 个接管

创建 HDPE 顶封头上 5 个接管（产品出料罐是国产化成功的项目）。

（1）创建中央接管 ϕ219×12。

1）双击在 G 盘保存的 🔵 **椭圆形封头**，出现 WB 工作界面，右键点击 A2 格→Edit Geometry，出现 DM 工作界面，并在图形区出现**椭圆形封头**。

2）画中央接管。点击 XYPlane，点草图，给出 **Sketch2**，点正视图，点 **Sketch2**，切换到 Sketching→Draw，沿 X 轴画一条平行于 Y 轴的竖直线，H6，V7 见图 1.19。

3）点 Sketch2→Revolve，在详细窗口上设置后，点 Generate，生成中央接管，见图 1.20。

4）点主菜单上的 Create→Boolean，进入导航树，详细窗口设置：选用 Intersect；框选 2 个工具体；保留且切分工具体。生成 5 个体，见图 1.21。

A: Geometry
XYPlane
Sketch1
Sketch2
Details of Sketch2
Sketch | Sketch2
Sketch Visibility | Show Sketch
Show Constraints? | No
Dimensions: 2
H6 | 109.5 mm
V7 | 355 mm
V7
V2
H6
H4
V5

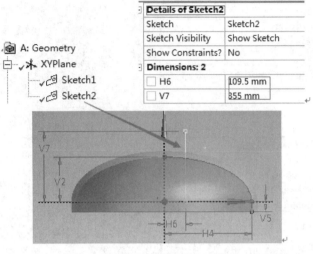

图 1.19　画出中央接管的回转母线

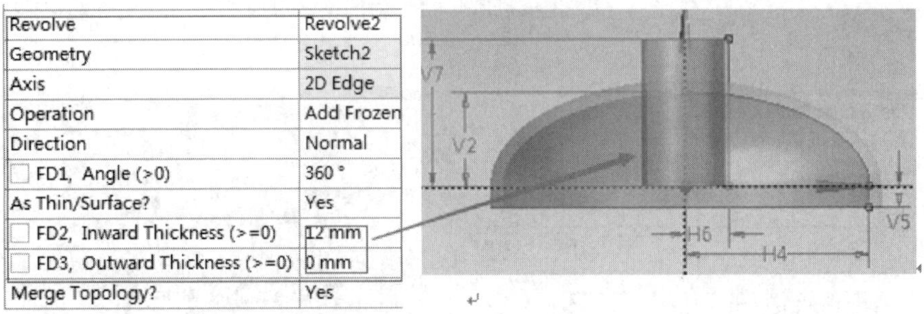

Revolve | Revolve2
Geometry | Sketch2
Axis | 2D Edge
Operation | Add Frozen
Direction | Normal
FD1, Angle (>0) | 360 °
As Thin/Surface? | Yes
FD2, Inward Thickness (>=0) | 12 mm
FD3, Outward Thickness (>=0) | 0 mm
Merge Topology? | Yes
V7
V2
H6
H4
V5

图 1.20　生成中央接管

A: Geometry
XYPlane
Sketch1
Sketch2
ZXPlane
YZPlane
Revolve1
Revolve2
Boolean1
5 Parts, 5 Bodies
Details of Boolean1
Boolean | Boolean1
Operation | Intersect
Tool Bodies | 2 Bodies
Preserve Tool Bodies? | Yes, Sliced
Intersect Result | Intersection of All Bodies
V7
V2
H6
H4
V5

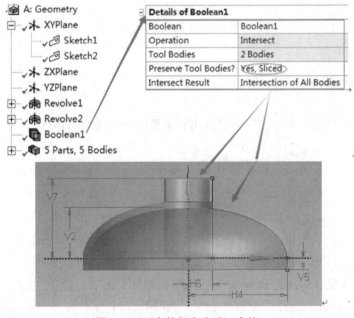

图 1.21　两个体相交生成 5 个体

5）点主菜单上的 Create→Body Operation，进入导航树。在详细窗口选用 Delete，删除封头内的接管，再用一次 Body Operation，删除接管内的封头部分。最后剩下 3 个体，见图 1.22。

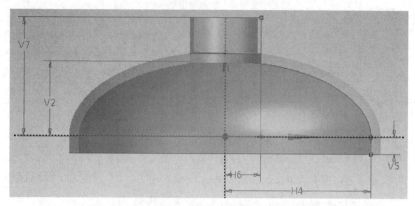

图 1.22　创建椭圆形封头与中央接管的模型（接管伸进封头孔内）

● 布尔运算中的体相交，能自动切分成公共相交体，最后用体操作中的删除完成操作。步骤简捷，不用选面切分删除。

● 单击导航树下面的某个体，右键弹出快捷菜单，点 **Suppress Body**，可将某个接管和管环变成抑制体，新生 1 个接管与封头进行体相交。

（2）创建距封头中心 340mm 处的径向接管 $\phi168×12$。

1）将图 1.22 **中央接管**和**管环**共 2 个体变为**抑制体**，点 XYPlane，点草图，给出 **Sketch3**，切换 Sketching→Draw，在尺寸 H9=340mm 处画一竖直线，与封头内壁线相交。过交点（切点）画切线，画与切线垂直的法线，点 Constraints 的 Perpendicular 的垂直约束，再画一条与垂直切线的平行线，使这两条线间距为 84mm，生成径向接管的回转母线，见图 1.23。

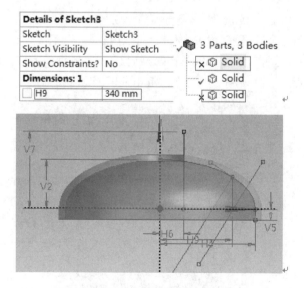

图 1.23　生成径向接管的回转母线

2）点击 Sketch3→Revolve，在详细窗口设置，生成径向接管，见图 1.24。

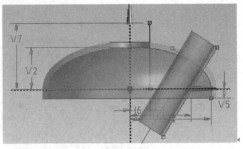

Details of Revolve6	
Revolve	Revolve6
Geometry	Sketch3
Axis	2D Edge
Operation	Add Frozen
Direction	Normal
☐ FD1, Angle (>0)	360°
As Thin/Surface?	Yes
☐ FD2, Inward Thickness (>=0)	12 mm
☐ FD3, Outward Thickness (>=0)	0 mm
Merge Topology?	Yes

图 1.24　生成径向接管

3）点主菜单上的 Create→Boolean，详细窗口的设置，见图 1.21。

4）使用两次主菜单上的 Create→Body Operation，并激活中央接管，最后效果见图 1.25。

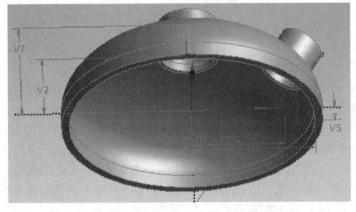

图 1.25　封头+2 个接管的模型

（3）创建距封头中心 340mm 处的竖直接管 ϕ83×11。

1）将 2 个接管和 2 个管环变为抑制体，点 **ZXPlane**，点草图，给出 **Sketch4**，点正视图，切换 Sketching→Draw，画直径 D4=680mm 的圆周线，在 Y 轴反方向，画与其成 45°的线，在与 680mm 圆周的交点上，画 ϕ83 的圆。点 Modify→Trim，修剪后见图 1.26。

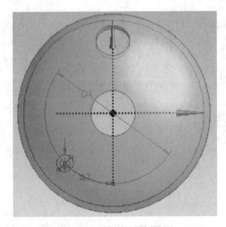

图 1.26　修剪后的图形

2）点 **Sketch4**，点 Extrude1，详细窗口设置，见图 1.27，点 Generate，生成第 3 个接管。

3）点主菜单 Create→Boolean，详细窗口设置，见图 1.21。

4）点主菜单 Create→Body Operation，删除封头内的接管，再用一次，删除接管内的封头部分，完成第 3 个接管，见图 1.27。

Extrude	Extrude1
Geometry	Sketch4
Operation	Add Frozen
Direction Vector	None (Normal)
Direction	Normal
Extent Type	Fixed
☐ FD1，Depth (>0)	270 mm
As Thin/Surface?	Yes
☐ FD2，Inward Thickness (>=0)	11 mm
☐ FD3，Outward Thickness (>=0)	0 mm
Merge Topology?	Yes

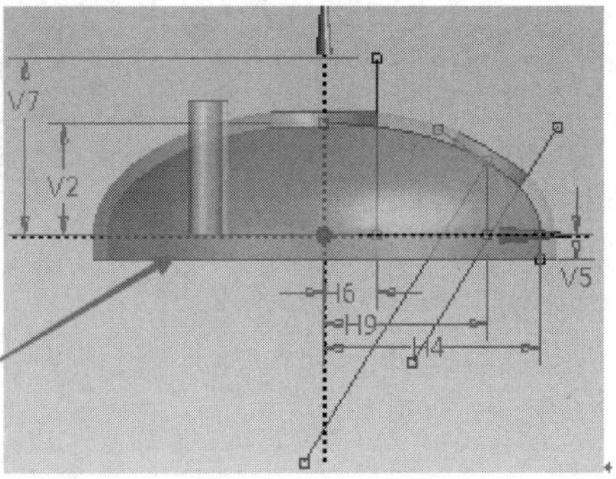

图 1.27　Extrude 的设置

（4）创建距封头中心 340mm 处的竖直接管 ϕ83×11。

1）3 个接管和 3 个管环体**被抑制**，点 ZXPlane，点草图，给出 **Sketch5**，点正视图，切换 Sketching→Draw，在第 4 象限，与 Y 轴反方向成 45°，与 680mm 的圆周线上交点，画 ϕ83 的圆。点 Modify→Trim 修剪，见图 1.28。

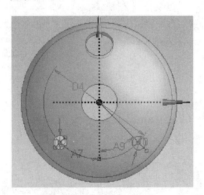

图 1.28　第 4 个接管

2）点 **Sketch5**，点 Extrude2，详细窗口设置，见图 1.27。

3）点主菜单 Create→Boolean，详细窗口设置，见图 1.21。

4）点主菜单 Create→Body Operation，删除封头内的接管，再用一次，删除接管内的封头部分。完成第 4 个接管模型，见图 1.29。

（5）创建距封头中心 340mm 处的竖直接管 ϕ36×6。

1）8 个体被抑制，点 ZXPlane，点草图，给出 **Sketch6**，点正视图，切换 Sketching→Draw，在第 1 象限，从圆心画线，与 X 轴成 45°，与 680mm 的圆南线上交点，画 ϕ36 的圆。点 Modify →Trim。

2）点 **Sketch6**，点 Extrude3，详细窗口设置，见图 1.30。

3）点主菜单 Create→Boolean，详细窗口设置，见图 1.21。

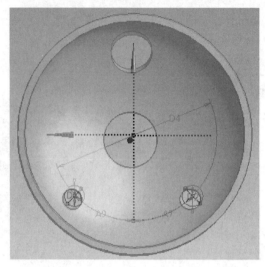

图 1.29   完成第 4 个接管模型

Details of Extrude3	
Extrude	Extrude3
Geometry	Sketch6
Operation	Add Frozen
Direction Vector	None (Normal)
Direction	Normal
Extent Type	Fixed
☐ FD1, Depth (>0)	270 mm
As Thin/Surface?	Yes
☐ FD2, Inward Thickness (>=0)	6 mm
☐ FD3, Outward Thickness (>=0)	0 mm
Merge Topology?	Yes

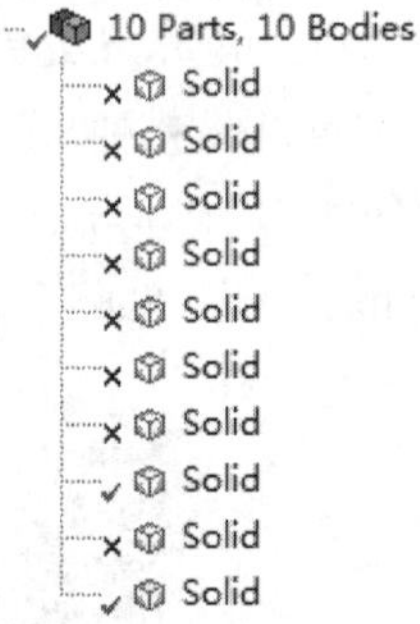

10 Parts, 10 Bodies
x Solid
x Solid
x Solid
x Solid
x Solid
x Solid
x Solid
✓ Solid
x Solid
✓ Solid

图 1.30   拉伸 ϕ36 接管的窗口设置，生成 10 个体

4）点主菜单 Create→Body Operation，删除封头内的接管，再用一次，删除接管内的封头部分。完成第 5 个接管模型，解除抑制并切分，见图 1.31、图 1.32 和图 1.33。

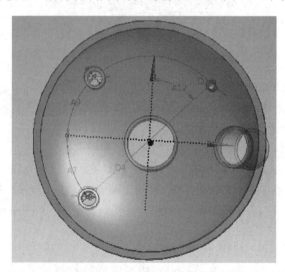

图 1.31   创建距封头中心 340mm 处的竖直接管 ϕ36×6

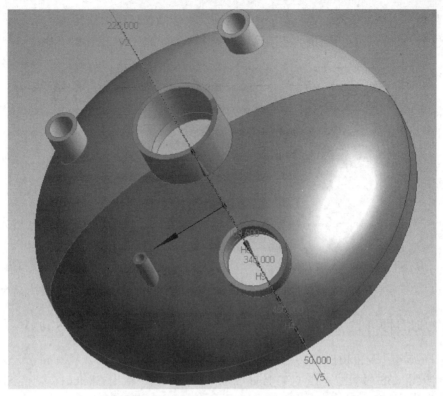

图 1.32 完成带 5 个接管的封头模型（外部），共**切分** 22 个体

图 1.33 带 5 个接管的椭圆形封头模型（外部）导航树的操作过程

- 每做下一个接管时，要把前面的接管和其根部的**管环体**抑制。
- 接管与椭圆形封头连接的正确结构，见图 1.34，它不同于图 1.7 和图 1.8。

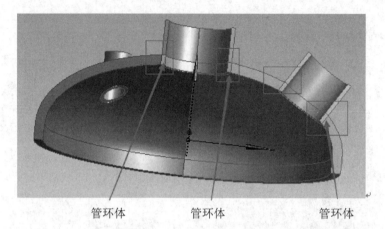

图 1.34　接管与椭圆形封头连接的正确结构（有时需要对管环体网格加密，或将其与接管合并）

1.4.3　创建成形封头上的竖直接管和山坡接管（见 ASMEⅧ–2:5:4.5 图 4.5.10）

（1）椭圆形封头为 EHA1300×28。

1）参照图 1.35 做模型，在 XYPlane 平面上，点草图，给出 Sketch1，切换 Sketching→Draw，画椭圆，修剪，尺寸 H1=650，V4=325，V5=50，见图 1.36。

Figure 4.5.10
Hillside or Perpendicular Nozzle in a Formed Head

图 1.35　ASMEⅧ-2:4.5 原图 4.5.10

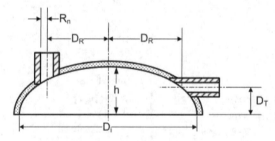

Details of Revolve3		Dimensions: 3	
Revolve	Revolve3	H1	650 mm
Geometry	Sketch1	V4	325 mm
Axis	2D Edge	V5	50 mm
Operation	Add Frozen		
Direction	Normal		
FD1, Angle (>0)	360°		
As Thin/Surface?	Yes		
FD2, Inward Thickness (>=0)	28 mm		
FD3, Outward Thickness (>=0)	0 mm		
Merge Topology?	Yes		

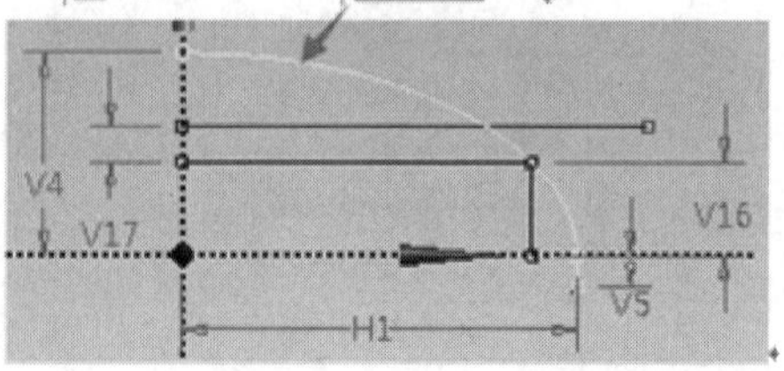

图 1.36　椭圆形封头 EHA1300×28

2）在 XYPlane 平面上，点草图，给出 Sketch2，切换 Sketching→Draw，画出 V16、V17 两条水平线，间距 57mm，见图 1.37。

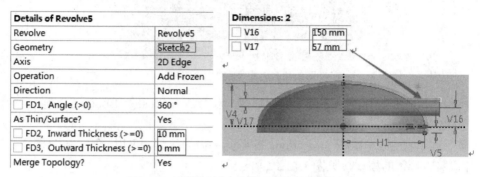

Details of Revolve5	
Revolve	Revolve5
Geometry	Sketch2
Axis	2D Edge
Operation	Add Frozen
Direction	Normal
☐ FD1，Angle (>0)	360 °
As Thin/Surface?	Yes
☐ FD2，Inward Thickness (>=0)	10 mm
☐ FD3，Outward Thickness (>=0)	0 mm
Merge Topology?	Yes

Dimensions: 2	
☐ V16	150 mm
☐ V17	57 mm

图 1.37　椭圆形封头上的山坡接管 $\phi114\times10$

3）点 Sketch1，点 Revolve，设置见图 1.18，生成椭圆形封头。

4）点 Sketch2，点 Revolve，设置见图 1.37，生成椭圆形封头的山坡接管 $\phi114\times10$。

5）点主菜单 Create→Boolean，两个体相交，生成 5 个体，设置见图 1.21。

6）点主菜单 Create→Body Operation，删除封头内的接管，再用一次，删除接管内的封头部分。完成山坡接管的模型，见图 1.38。

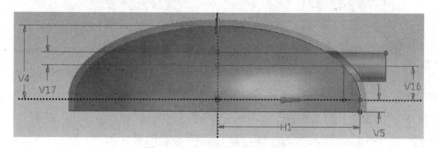

图 1.38　完成山坡接管的模型

（2）创建竖直接管 $\phi114\times10$。

1）在 XYPlane 平面上，点草图，给出 Sketch3，切换 Sketching→Draw，画一条 H18=576.63mm 竖直线，再画一条与其平行的线 H20=57mm 竖直线。

2）点 Revolve，设置见图 1.39。完成竖直接管的模型，见图 1.40。

Details of Revolve6	
Revolve	Revolve6
Geometry	Sketch3
Axis	2D Edge
Operation	Add Frozen
Direction	Normal
☐ FD1，Angle (>0)	360 °
As Thin/Surface?	Yes
☐ FD2，Inward Thickness (>=0)	10 mm
☐ FD3，Outward Thickness (>=0)	0 mm
Merge Topology?	Yes

Dimensions: 2	
☐ H18	576.63 mm
☐ H20	57 mm

图 1.39　竖直接管 $\phi114\times10$ 的设置

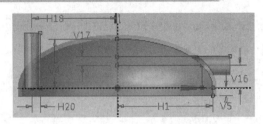

图 1.40 完成竖直接管的模型

3）将水平接管和管环的两个体变为抑制体，点主菜单 Create→Boolean，使竖直接管与封头体相交，生成 5 个体，设置见图 1.21。

4）点主菜单 Create→Body Operation，删除封头内的接管，再用一次，删除接管内的封头部分，完成竖直接管的模型，见图 1.41。

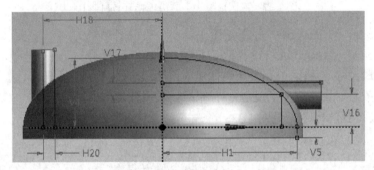

图 1.41 完成 ASMEⅧ-2∶4.5 图 4.5.10 的模型

- ГОСТ Р 52857.3 规定：椭圆形封头的开孔率，即开孔计算直径/椭圆形封头直径≤0.6。
- ГОСТ Р 52857.3 的 4.3 条规定：对于椭圆形封头上非中心部位的接管，γ 不超过 60°（γ 角是开孔处壳体表面的法线与斜接管中心线的夹角）。
- ГОСТ Р 52857.3 的 4.4 条规定：在椭圆形封头和半球形封头的边缘区域允许布置开孔，无限制条件。
- ASMEⅧ-2∶4.5 中的 4.5.11 指出，原图 4.5.10 是位于椭圆形或碟形封头的纵轴平面内。对于椭圆形的山坡接管（即水平接管），标注 D_T 和 D_R，会生成**过约束**。因此，只取其一尺寸。

对开孔率，ASMEⅧ-2∶5 没有限制，对于椭圆形封头和碟形封头边缘区域开孔接管，ASMEⅧ-2∶4.5 也没有限制。但此时应按规范式[19]（4.5.153）计算 θ 角：

对于椭圆形封头

$$\theta = \arctan\left[\left(\frac{h}{R}\right)\cdot\left(\frac{D_R}{\sqrt{R^2-D_R^2}}\right)\right] = \arctan\left[\left(\frac{325}{650}\right)\cdot\left(\frac{576.63}{\sqrt{650^2-576.63^2}}\right)\right] = 43°51'$$

对于山坡接管（即水平接管）

$$R_{nc} = \frac{R_n}{\cos[\theta]} = \frac{47}{\cos[43°51']} = \frac{47}{0.7212} = 65.2$$

对于竖直接管

$$R_{nc} = \frac{R_n}{\sin[\theta]} = \frac{47}{\sin[43°51']} = \frac{47}{0.69275} = 67.85$$

式中，R_n 为接管内半径；R_{nc} 为容器上开孔接管沿长弦的内半径，对于径向接管，$R_{nc}=R_n$；θ 为接管中心线与容器纵轴中心线之间的夹角。

1.4.4　椭圆形封头+中央人孔接管

椭圆形封头 EHA3000×47，人孔 500，接管壁厚 65mm。

（1）在 XYPlane 平面上，点草图，给出 **Sketch1**，点正视图，切换 Sketching→Draw，画出两个同心椭圆，点 Dimensions，H1=1500mm，H2=1547mm，V3=750mm，，V4=797mm。

（2）点 Modify→Trim，留下第 1 象限的两个椭圆圆弧。

（3）画封头内外**两个直边**，均为 V7=50mm。

（4）画 3 条竖直线，从封头中心线向右数，第 1 条距中心线 250mm，这是人孔内径，第 2 条距第 1 条竖直线 65mm，是人孔接管厚度，第 3 条距第 2 条竖直线 65mm，是外圆转角半径竖直线。

（5）人孔接管与椭圆的转角半径，按 ASMEⅧ-2:5 的附录 5-D 规定，转角内半径 r1 是壳体厚度 t 的 1/8 到 1/2，这里取 r1=22mm，转角外半径 r2 大到足以提供接管与椭圆壳之间的一个光滑过渡。如果接管直径大于 1.5 倍圆筒和 2:1 的椭圆形封头厚度，或对于接管直径大于 3 倍球壳厚度，r2 应满足下式：

$$r2 \geq \max\left[\sqrt{2rt_n}, \frac{t}{2}\right] = \max\left[\sqrt{2 \times 250 \times 65}, \frac{47}{2}\right] = 32.5\,mm$$

此处取 r2=65mm。

（6）转角半径的画法：

1）从第 3 条竖直线与椭圆内外壁的交点，分别画两条水平线，与接管内外壁成直角相交，然后转角区作垂直线和水平线，与对应线间距均为 22mm 和 65mm，其交点就是圆心，以 22mm 和 65mm 画圆。

2）用 Trim 处理后，转角内外圆连结见图 1.42。

3）人孔接管和椭圆形封头的尺寸，见图 1.43 和图 1.44。

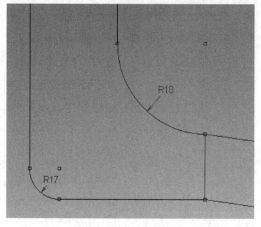

图 1.42　转角内外半径

Dimensions: 7	
☐ H10	1547 mm
☐ H11	250 mm
☐ H12	65 mm
☐ H9	1500 mm
☐ R17	22 mm
☐ R18	65 mm
☐ V7	50 mm

图 1.43　详细窗口设置

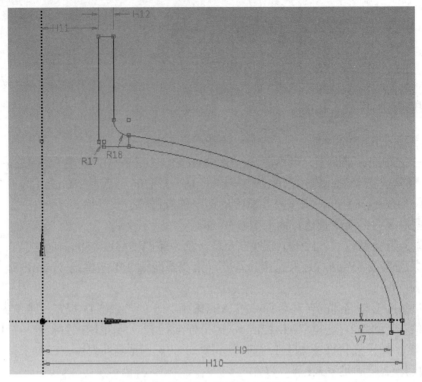

图 1.44　椭圆形封头和人孔接管

（7）点 Sketch1，点 Devolve，生成椭圆形封头和中央人孔接管，见图 1.45。

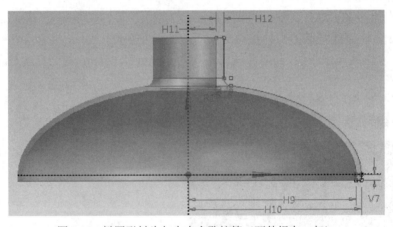

图 1.45　椭圆形封头与中央人孔接管（两件焊在一起）

1.4.5　半球形封头+中央人孔接管

半球形封头 HHA 1200×16。

（1）在 XYPlane 平面上，点草图，给出 **Sketch1**，点正视图，切换 Sketching→Draw，画出两圆，点 Dimensions，标注尺寸：R65=600mm，R66=616mm，见图 1.46。

（2）点 Modify→Trim，留下第 1 象限的两个圆弧。

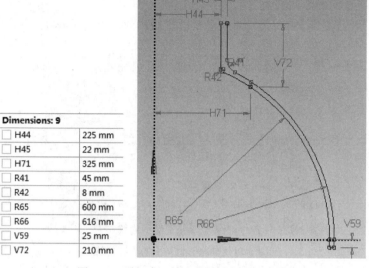

Dimensions: 9	
☐ H44	225 mm
☐ H45	22 mm
☐ H71	325 mm
☐ R41	45 mm
☐ R42	8 mm
☐ R65	600 mm
☐ R66	616 mm
☐ V59	25 mm
☐ V72	210 mm

图 1.46　详细窗口给出的尺寸与图形对照

（3）两个直边，为 V59=25mm。

（4）人孔内半径 H44=225mm，高 V72=210mm，人孔壁厚 H45=22mm，H71=325mm。

（5）人孔接管与球壳的转角内半径，一般是壳体厚度 t 的 1/8 到 1/2，取 R42=8mm。转角外半径大到足以提供接管与球壳之间的一个光滑过渡，R41=45mm。

（6）转角内半径。

1）在人孔接管的内直径线右侧，画一竖直线与其平行，两者间距 8mm。

2）以 608mm 为半径，画圆弧，与 1）竖直线的交点为转角内半径的圆心。

3）从转角内半径的圆心向人孔接管内半径的竖直线作垂线，交点为切点。

4）将半球形封头的圆心与转角内半径的圆心连线，与半球形封头内壁线相交，交点为切点。

5）以转角内半径的圆心，以 8mm 为半径画圆，见图 1.47。

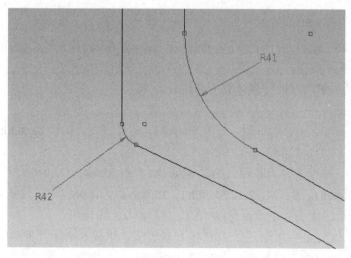

图 1.47　转角内半径与转角外半径

6）转角外半径的画法同转角内半径。

（7）点 Sketch1，点 Revolve，详细窗口设置后，效果见图 1.48。

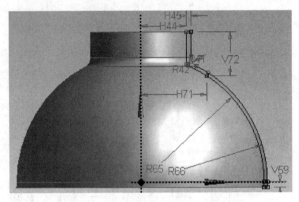

图 1.48　半球形封头上的人孔接管

（8）H71 和 V72 是半球形封头与中央人孔接管两件的焊接线的两个尺寸。

1.4.6　半球形封头上非径向接管

引用 ГОСТ Р 52857.3 半球形封头上非径向接管。ASME Ⅷ-2 对此没有计算模型，但对碟形封头和椭圆形封头上非径向接管，ASME Ⅷ-2 能计算开孔补强。

（1）定制半球形封头 HHA1200×16，开孔处壳体表面法线与 $\phi159×10$ 的接管中心线之间的夹角 $\gamma=40°$。设计压力 2.8MPa，设计温度 60℃，腐蚀裕量 2mm，计算厚度 4.46mm。

1）根据 **ГОСТ Р 52857.3** 的 **5.1.1.2** 规定，开孔计算直径为

$$d_{\mathrm{p}} = \frac{d + 2c_s}{\cos^2 \gamma} = \frac{159/2 + 2.2}{\cos^2 40} = 142.3\,\mathrm{mm}$$

2）不要补强的开孔计算直径为

$$d_{\mathrm{op}} = 0.4\sqrt{D_p(s-c)} = 0.4\sqrt{1200(16-2)} = 51.85\,\mathrm{mm}$$

3）不要求额外补强的内压容器单个开孔的计算直径为

$$d_{\mathrm{o}} = 2\left(\frac{s-c}{s_{\mathrm{p}}} - 0.8\right) \cdot \sqrt{D_p(s-c)} = 2\left(\frac{16-2}{4.46} - 0.8\right) \cdot \sqrt{1200(16-2)} = 606.34\,\mathrm{mm}$$

因 $d_{\mathrm{p}} \leq d_{\mathrm{o}}$，则后续的开孔补强计算不必进行。

（2）几何模型。

1）在 XYPlane 平面上，点草图，给出 **Sketch1**，点正视图，切换 Sketching→Draw，画圆，点 Dimensions，标注 D1=1200，直边 V2=25。

2）在 XYPlane 平面上，点草图，给出 **Sketch2**，角 A8=40°，H9=79.5，见图 1.49。

3）分别点 **Sketch1**，**Revolve2** 和 **Sketch2**，**Revolve3**，详细窗口设置见图 1.50 和图 1.51。

4）分别回转后，生成 2 个体，见图 1.52。

5）点主菜单，Create→Boolean，详细窗口设置后，生成 5 个体，见图 1.53。

6）使用两次 Create→Body Operation，删除后的效果，见图 1.54。

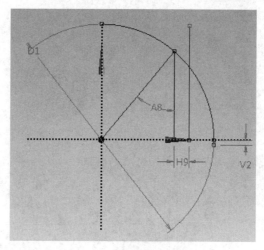

图 1.49　草图 1 和草图 2

Details of Revolve2	
Revolve	Revolve2
Geometry	Sketch1
Axis	2D Edge
Operation	Add Frozen
Direction	Normal
☐ FD1, Angle (>0)	360°
As Thin/Surface?	Yes
☐ FD2, Inward Thickness (>=0)	16 mm
☐ FD3, Outward Thickness (>=0)	0 mm

图 1.50　详细窗口 1

Details of Revolve3	
Revolve	Revolve3
Geometry	Sketch2
Axis	2D Edge
Operation	Add Frozen
Direction	Normal
☐ FD1, Angle (>0)	360°
As Thin/Surface?	Yes
☐ FD2, Inward Thickness (>=0)	10 mm
☐ FD3, Outward Thickness (>=0)	0 mm

图 1.51　详细窗口 2

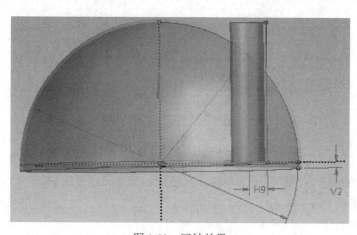

图 1.52　回转效果

Details of Boolean1	
Boolean	Boolean1
Operation	Intersect
Tool Bodies	2 Bodies
Preserve Tool Bodies?	Yes, Sliced
Intersect Result	Intersection of All Bodies

图 1.53　2 个体相交

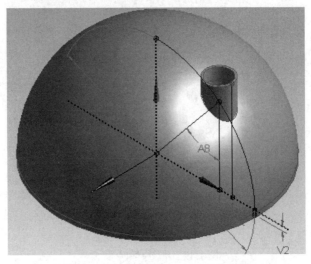

图 1.54　生成非径向、内平齐的接管

1.4.7　半球形封头上两个径向接管

半球形封头 HHA1200×16，接管 1 为 ϕ168×10，接管 2 为 ϕ114×8。

（1）在 XYPlane 平面上，点草图，给出 **Sketch1**，点正视图，切换 Sketching→Draw，画圆，点 Modify→Trim，留下第 1 象限的圆弧，点 Dimensions，D1=1200mm，直边 V1=25mm。

（2）点 **Sketch1**，点 **revolve**，设置见图 1.55，生成半球形封头。

Details of Revolve1	
Revolve	Revolve1
Geometry	Sketch1
Axis	2D Edge
Operation	Add Frozen
Direction	Normal
☐ FD1, Angle (>0)	360 °
As Thin/Surface?	Yes
☐ FD2, Inward Thickness (>=0)	16 mm
☐ FD3, Outward Thickness (>=0)	0 mm
Merge Topology?	Yes

图 1.55　Revolve 设置

（3）点 XYPlane，点工具栏上的**平面**，导航树中给出平面 Plane5，在详细窗口进行变换，绕 Z 轴转 45°，切换 Draw→Line，画 1 条平行于 Y 轴的直线，与 Y 轴间距 84mm，设置见图 1.56，效果图见图 1.57。

导航树：
- XYPlane
  - Sketch1
- ZXPlane
- YZPlane
- Revolve1
- Plane5
  - Sketch3

Details of Plane5		Details of Sketch3	
Plane	Plane5	Sketch	Sketch3
Sketches	1	Sketch Visibility	Show Sketch
Type	From Plane	Show Constraints?	No
Base Plane	XYPlane	**Dimensions: 1**	
Transform 1 (RMB)	Rotate about Z		
☐ FD1, Value 1	45 °	☐ H1	84 mm

图 1.56　坐标变换

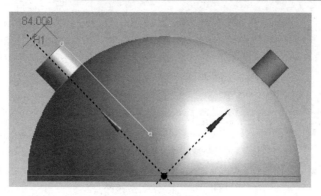

图 1.57　变换后效果图

（4）点 Plane5 的 **Sketch3**，点 **Revolve4**，设置见图 1.58，生成 φ168×10 接管。

Details of Revolve4	
Revolve	Revolve4
Geometry	Sketch3
Axis	2D Edge
Operation	Add Material
Direction	Normal
☐ FD1, Angle (>0)	360 °
As Thin/Surface?	Yes
☐ FD2, Inward Thickness (>=0)	10 mm
☐ FD3, Outward Thickness (>=0)	0 mm
Merge Topology?	Yes

图 1.58　Revolve4 设置

（5）点 Plane5，点工具栏上的**平面**，导航树中给出平面 Plane6，在详细窗口进行变换，绕 Z 轴转**-90°**，见图 1.59。

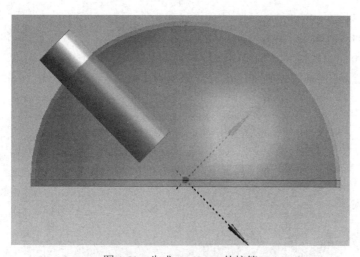

图 1.59　生成 φ168×10 的接管

（6）切换 Draw→Line，画 1 条平行于 Y 轴的直线，与 Y 轴间距 57mm。

（7）点 Plane6 下的 **Sketch4**，设置见图 1.60。点 **Revolve**，生成 φ114×8 的接管，见图 1.61。

Details of Revolve5	
Revolve	Revolve5
Geometry	Sketch4
Axis	2D Edge
Operation	Add Frozen
Direction	Normal
☐ FD1, Angle (>0)	360 °
As Thin/Surface?	Yes
☐ FD2, Inward Thickness (>=0)	8 mm
☐ FD3, Outward Thickness (>=0)	0 mm
Merge Topology?	Yes

图 1.60　Revolve5 设置

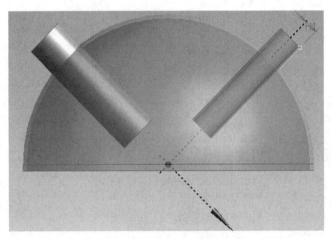

图 1.61　生成两个接管

（8）点 ϕ114×8，点右键 Suppress Body 将其变为抑制体。

（9）点 Create→Boolean，选体相交，生成 5 个体。

（10）点 Create→Body Operation，使用两次，删除壳体的接管和管内的壳体。

（11）点 ϕ168×10，将球壳外侧的接管和管内管环变为抑制体。

（12）对接管 ϕ114×8，也使用上述同样的步骤。最后解除抑制体，效果见图 1.62。

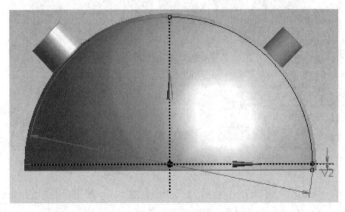

图 1.62　半球形封头上两个径向接管

1.4.8　圆筒纵截面上径向接管

　　某石化公司分馏塔顶卧式油气分离器，圆筒 ϕ2400×18，有一径向接管 ϕ1800×18。

　　（1）在 XYPlane 平面上，点草图，给出 **Sketch1**，点正视图，切换 Sketching→Draw，画两圆，点 Dimensions，标注 D1=2400mm，D2=2436mm。点右下角二维坐标成三维。

　　（2）点 **Sketch1**，点 Extrude，伸长成圆筒 6000mm，设置见图 1.63。

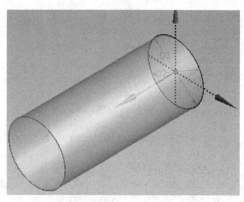

Details of Extrude1	
Extrude	Extrude1
Geometry	Sketch1
Operation	Add Frozen
Direction Vector	None (Normal)
Direction	Normal
Extent Type	Fixed
☐ FD1, Depth (>0)	6000 mm
As Thin/Surface?	No
Merge Topology?	Yes

图 1.63　伸长生成圆筒体

　　（3）点 ZXPlane，点正视图，点平面，给出 Plane4，详细窗口设置，见图 1.64。

Details of Plane4	
Plane	Plane4
Type	From Plane
Base Plane	ZXPlane
Transform 1 (RMB)	Rotate about Z
☐ FD1, Value 1	90 °
Transform 2 (RMB)	Offset Y
☐ FD2, Value 2	-3250 mm
Transform 3 (RMB)	Rotate about Y
☐ FD3, Value 3	180 °

图 1.64　坐标变换

　　（4）点 Plane4，切换 Sketching→Draw，画圆，点 Dimensions，D1=1800mm，见图 1.65。

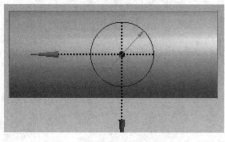

图 1.65　画圆，D1=1800mm

　　（5）点 Plane4 的 Sketch2，点 Extrude，详细窗口设置，见图 1.66，生成径向接管，见图 1.67。

Details of Extrude2	
Extrude	Extrude2
Geometry	Sketch2
Operation	Add Frozen
Direction Vector	None (Normal)
Direction	Normal
Extent Type	Fixed
☐ FD1, Depth (>0)	2000 mm
As Thin/Surface?	Yes
☐ FD2, Inward Thickness (>=0)	18 mm
☐ FD3, Outward Thickness (>=0)	0 mm
Merge Topology?	Yes

图 1.66　D1=1800mm 拉伸设置

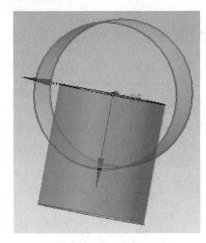

图 1.67　生成径向接管

（6）点 Sketch2，点 Create→Boolean，选体相交，生成 5 个体，见图 1.68。

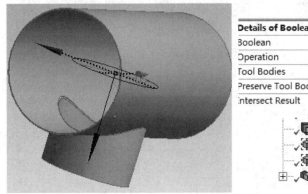

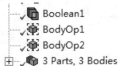

Details of Boolean1	
Boolean	Boolean1
Operation	Intersect
Tool Bodies	2 Bodies
Preserve Tool Bodies?	Yes, Sliced
Intersect Result	Intersection of All Bodie

- ✓ 🔲 Boolean1
- ✓ 🔲 BodyOp1
- ✓ 🔲 BodyOp2
- ⊞ ✓ 🔲 3 Parts, 3 Bodies

图 1.68　两体相交

（7）点两次体删除，按导航树中的体，选中删除壳体内的接管和接管内的壳体，生成带径向接管的圆筒，5 个体变为 3 个体，见图 1.69。

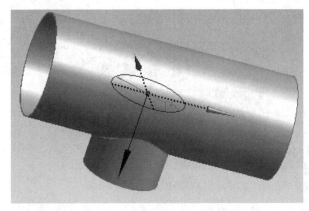

图 1.69　带径向接管的圆筒

1.4.9　圆筒纵截面上斜接管

- **ASME Ⅷ-2** 的 **4.5.7** 规定，$R_{nc} = \dfrac{R_n}{\sin[\theta]}$

θ 为接管中心线与容器纵轴中心线之间的夹角，显然 $0° < \theta \leqslant 90°$。

- **EN 13445-3:9** 的 **9.5.2.4.5.2** 规定，φ 角不超过 60°。

φ 为开孔中心处壳壁的法线与接管中心线在纵截面或横截面上投影之间测得的斜角，单位为度。

- **ГОСТ P 52857.3** 的 **4.3** 和 **5.1.1.2** 规定，γ 不超过 45°。

γ 为圆筒、锥壳和凸形封头上斜接管中心线与开孔处壳体表面法线间夹角，单位为度。

圆筒 $\phi900\times30$，纵截面有一斜接管 $\phi219\times12$，$\theta=\varphi=\gamma=45°$。

（1）在 XYPlane 平面上，点草图，给出 **Sketch1**，点正视图，切换 Sketching→Draw，画两圆，点 Dimensions，标注 D1=900mm，D2=960mm。

（2）点 Sketch1，点 Extrude，详细窗口设置见图 1.70。

（3）点 ZXPlane 平面，再点平面，给出 Plane5，详细窗口平面变换设置后，点生成，见图 1.71。坐标变换后，将 Y 轴定为圆筒纵轴。

Details of Extrude1	
Extrude	Extrude1
Geometry	Sketch1
Operation	Add Frozen
Direction Vector	None (Normal)
Direction	Normal
Extent Type	Fixed
☐ FD1, Depth (>0)	2000 mm
As Thin/Surface?	No
Merge Topology?	Yes

图 1.70　拉伸

Details of Plane5	
Plane	Plane5
Sketches	1
Type	From Plane
Base Plane	ZXPlane
Transform 1 (RMB)	Rotate about Z
☐ FD1, Value 1	90 °
Transform 2 (RMB)	Offset Y
☐ FD2, Value 2	-1600 mm
Transform 3 (RMB)	None
Reverse Normal/Z-Axis?	No
Flip XY-Axes?	No
Export Coordinate System?	No

图 1.71　平面变换

（4）点 Plane5，切换 Sketching→Draw，从坐标原点向左上方画一射线，标注角度 A1=45°。再画一条与其平行的线，点平行约束，标注两条平行线间距 L2=109.5。

（5）点 Sketch2，点 Revolve，详细窗口设置后，点生成，见图 1.72。

Details of Revolve1	
Revolve	Revolve1
Geometry	Sketch2
Axis	2D Edge
Operation	Add Frozen
Direction	Normal
☐ FD1, Angle (>0)	360 °
As Thin/Surface?	Yes
☐ FD2, Inward Thickness (>=0)	12 mm
☐ FD3, Outward Thickness (>=0)	0 mm
Merge Topology?	Yes

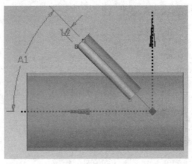

图 1.72　圆筒纵截面上的斜接管

（6）点 Create→Boolean，选体相交，在 Tool Bodies 时，用 Box Select 选定后，点 Apply，在 Preserve Tool Bodies? Yes ,Sliced，设置及生成，见图 1.73。

Details of Boolean1	
Boolean	Boolean1
Operation	Intersect
Tool Bodies	2 Bodies
Preserve Tool Bodies?	Yes, Sliced
Intersect Result	Intersection of All Bodies

图 1.73　体相交

（7）点两次体删除，点导航树中体，选中删除，生成圆筒纵截面上的斜接管，见图 1.74。

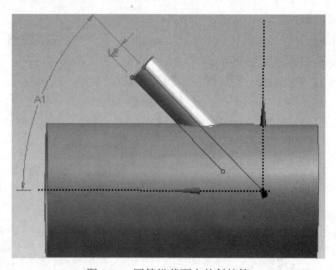

图 1.74　圆筒纵截面上的斜接管

1.4.10　圆筒横截面上切向接管

圆筒 $\phi900\times20$，横截面有一切向接管 $\phi273\times20$。

（1）在 XYPlane 平面上，点草图，给出 **Sketch1**，点正视图，切换 Sketching→Draw，画圆，点 Dimensions，标注 D1=900mm，D2=940mm。

（2）点 Sketch1，点 Extrude，详细窗口设置，见图 1.75。点生成，见图 1.76。

Details of Extrude1	
Extrude	Extrude1
Geometry	Sketch1
Operation	Add Frozen
Direction Vector	None (Normal)
Direction	Normal
Extent Type	Fixed
☐ FD1, Depth (>0)	3000 mm
As Thin/Surface?	No
Merge Topology?	Yes

图 1.75　拉伸设置

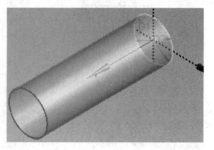

图 1.76　拉伸 3000

（3）点 XYPlane，点平面，给出 Plane4，将 Z 移动 1500，见图 1.77，将 Y 轴上移 333.5，点生成，见图 1.78。

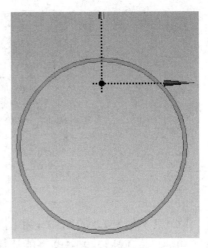

Details of Plane4	
Plane	Plane4
Sketches	0
Type	From Plane
Base Plane	XYPlane
Transform 1 (RMB)	Offset Z
☐ FD1, Value 1	1500 mm
Transform 2 (RMB)	Offset Y
☐ FD2, Value 2	333.5 mm

图 1.77　坐标变换设置　　　　　　　　　图 1.78　坐标变换

（4）在 Y 轴与外圆的交点上画一条水平线。点 Sketch2，点 Revolve，详细窗口设置见图 1.79。

Details of Revolve1	
Revolve	Revolve1
Geometry	Sketch2
Axis	2D Edge
Operation	Add Frozen
Direction	Normal
☐ FD1, Angle (>0)	360 °
As Thin/Surface?	Yes
☐ FD2, Inward Thickness (>=0)	0 mm
☐ FD3, Outward Thickness (>=0)	20 mm
Merge Topology?	Yes

图 1.79　详细窗口旋转设置

（5）点 Create→Boolean，选体相交，用 Box Select 选定后，点 Apply，点生成，见图 1.80。

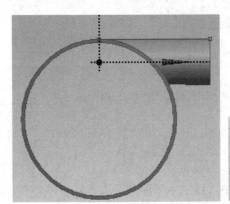

Details of Boolean1	
Boolean	Boolean1
Operation	Intersect
Tool Bodies	2 Bodies
Preserve Tool Bodies?	Yes, Sliced
Intersect Result	Intersection of All Bodies

图 1.80　布尔相交设置及生成切向接管

（6）使用两次体删除，按导航树中的体，将圆筒内的接管和接管内的圆筒，删除。见图 1.80。轴侧图，见图 1.81。

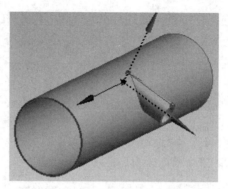

图 1.81　轴侧图

- **ГОСТ Р 52857.3** 的 **5.1.1.1** 和图 **A.11в，ASMEⅧ-2:4.5** 有切向接管的计算模型和计算功能，而 **EN 13445-3:9** 不能计算。

1.4.11　圆筒横截面上山坡接管

ASMEⅧ-2:4.5，圆筒横截面上山坡接管，见规范原图 4.5.4。

- 只有 **ASMEⅧ-2:4.5** 能计算圆筒横截面上山坡接管，**ГОСТ Р 52857.3** 和 **EN 13445-3:9** 均不能计算。

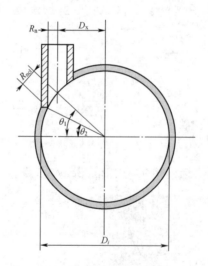

ASMEⅧ-2:图 4.5.4　圆筒横截面上山坡接管

规范 4.5.6 中给出下式

$$\theta_2 = \arccos\left[\frac{D_X + R_n}{R_{eff}}\right]$$

式中，D_X 为从圆筒横截面竖直中心线到接管中心线的水平距离；R_n 为接管内半径；R_{eff} 为有效的承压半径；θ_1 为圆筒横截面水平中心线与山坡接管中心线之间的夹角（见图 4.5.4）；若 θ_2=0，则山坡接管变为圆筒横截面上切向接管。

有一圆筒 $\phi 900\times 16$，山坡接管 $\phi 168\times 16$。$D_X=300$，$\theta_2=35.1°$。

（1）在 XYPlane 平面上，点草图，给出 **Sketch1**，点正视图，切换 Sketching→Draw，画两圆，点 Dimensions，标注 D1=900mm，D2=932mm。拉伸成圆筒体的设置，见图 1.82。

Details of Extrude1	
Extrude	Extrude1
Geometry	Sketch1
Operation	Add Frozen
Direction Vector	None (Normal)
Direction	Normal
Extent Type	Fixed
☐ FD1, Depth (>0)	3000 mm
As Thin/Surface?	No
Merge Topology?	Yes

图 1.82　拉伸成圆筒体

（2）点 **Sketch1**，点 **Extrude**，设置见图 1.83，点生成。

（3）点 XYPlane，再点平面，给出 Plane4，平面变换，见图 1.83。

Details of Plane4	
Plane	Plane4
Sketches	1
Type	From Plane
Base Plane	XYPlane
Transform 1 (RMB)	Offset Z
☐ FD1, Value 1	1500 mm
Transform 2 (RMB)	None
Reverse Normal/Z-Axis?	No
Flip XY-Axes?	No
Export Coordinate System?	No

图 1.83　平面变换

（4）点 Plane4，切换 Sketching→Draw，在坐标原点左侧画一竖线，与 Y 轴间距 H1=300mm。从坐标原点引一射线，与水平轴成 A2=θ_2=35.1°，在与圆筒内壁的交点处画一条向上的竖直线，与 Y 轴距 300mm 的竖直线相距 H3=68mm，再画一条接管外壁线 H4=16mm，见图 1.84 和图 1.85。

Details of Sketch2	
Sketch	Sketch2
Sketch Visibility	Show Sketch
Show Constraints?	No
Dimensions: 4	
☐ A2	35.1 °
☐ H1	300 mm
☐ H3	68 mm
☐ H4	16 mm

图 1.84　详细窗口

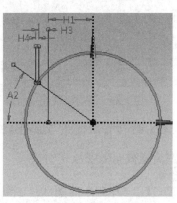

图 1.85　画几何线

（5）点 **Sketch2**，点 **Revolve1**，详细窗口设置见图 1.86，生成山坡接管，见图 1.87。

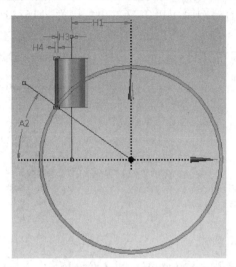

Details of Revolve3	
Revolve	Revolve3
Geometry	Sketch2
Axis	2D Edge
Operation	Add Frozen
Direction	Normal
☐ FD1, Angle (>0)	360 °
As Thin/Surface?	No
Merge Topology?	Yes

图 1.86　**Revolve** 的设置　　　　　图 1.87　圆筒横截面上的山坡接管及布尔相交

（6）点 Create→Boolean，选体相交，点生成，生成 5 个体，点 Create→Body Operation，选删除，使用 2 次，按导航树的体，选中删除，效果见图 1.88。

（7）剖面图的效果，见图 1.89。

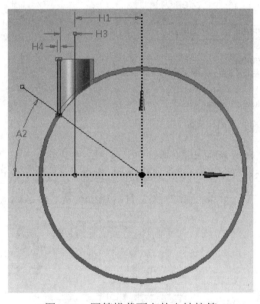

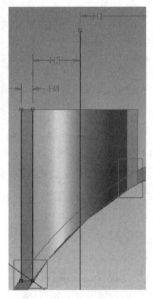

图 1.88　圆筒横截面上的山坡接管　　　　　图 1.89　接管剖面图

● 　图 **1.83** 接管剖面图与原图 **4.5.4** 是吻合的。

1.4.12　圆筒横截面上安放式斜接管

见 **ГОСТ Р 52857.3** 的图 **A11 ℓ** 和 **EN 13445-3:9** 的图 **9.5-2**，有计算模型和计算功能，这 2 个标准图例显示，接管是安放式。而 **ASME Ⅷ-2:4.5** 对此不能计算。

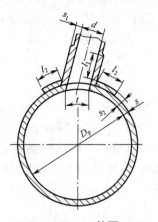

ГОСТ Р 52857.3 的图 A11

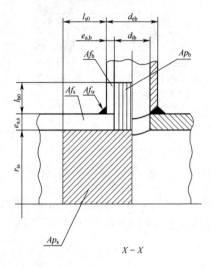

$X - X$

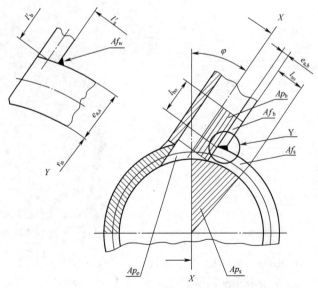

EN 13445-3:9 的图 9.5-2

EN 13445-3:9 在 9.5.2.4.5.2 作如下限制[19]，而 ГОСТ Р 52857.3 对倾角没有限制。

$$\phi \leqslant \arcsin(1-\delta)$$

$$\delta = \frac{d_{eb}}{2(r_{is}+0.5e_{a,s})}$$

圆筒 $\phi900 \times 14$，圆筒横截面上斜接管 $\phi168 \times 16$，γ（俄国用）=φ（欧盟用）=45°。

（1）在 XYPlane 平面上，点草图，给出 **Sketch1**，点正视图，切换 Sketching→Draw，画两圆，点 Dimensions，标注 D1=900mm，D2=928mm，点生成。

（2）点 **Sketch1，点 Extrude**，设置见图 1.90，点生成。

（3）点 XYPlane，再点平面，给出 Plane4，坐标变换设置见图 1.91。效果见图 1.92。

Details of Extrude1	
Extrude	Extrude1
Geometry	Sketch1
Operation	Add Frozen
Direction Vector	None (Normal)
Direction	Normal
Extent Type	Fixed
FD1, Depth (>0)	2000 mm
As Thin/Surface?	No
Merge Topology?	Yes

Plane	Plane4
Sketches	1
Type	From Plane
Base Plane	XYPlane
Transform 1 (RMB)	Offset Z
FD1, Value 1	1000 mm
Transform 2 (RMB)	Offset Y
FD2, Value 2	450 mm
Transform 3 (RMB)	Rotate about Z
FD3, Value 3	-45 °

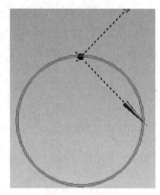

图 1.90　拉伸圆筒体设置　　　图 1.91　平面变换设置　　　图 1.92　坐标变换

（4）点 Plane4，点 **Sketch2**，切换 Sketching→Draw，平行 Y 轴画直线，使其与 Y 轴间距为 H1=84mm，详细窗口旋转设置见图 1.93，生成图形见图 1.94。

Details of Revolve1	
Revolve	Revolve1
Geometry	Sketch2
Axis	2D Edge
Operation	Add Frozen
Direction	Normal
FD1, Angle (>0)	360 °
As Thin/Surface?	Yes
FD2, Inward Thickness (>=0)	0 mm
FD3, Outward Thickness (>=0)	16 mm
Merge Topology?	Yes

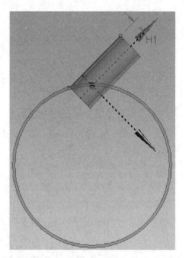

图 1.93　旋转设置　　　　　图 1.94　生成圆筒横截面上的斜接管

（5）点 Create→Boolean，选体相交，点生成，生成 5 个体，见图 1.95。

（6）点 Create→Body Operation，选删除，使用 2 次，分别删除壳体内的接管和接管内的壳体，见图 1.96。

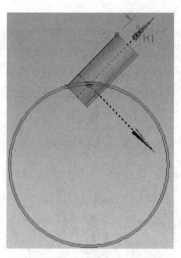

图 1.95 布尔相交运算

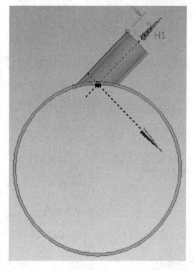

图 1.96 圆筒横截面上的安放式斜接管

（7）选导航树中体，**将壳体外侧的接管变为抑制体**，点 Create→Boolean，选管环和圆筒2 体合并，再将抑制体解除，生成安放式接管，见图 1.97。轴侧图见图 1.98。

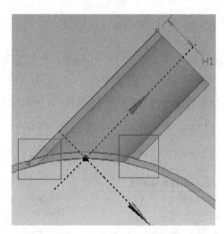

图 1.97 安放式接管

图 1.98 轴侧图

1.4.13 锥壳

有一锥壳，大端直径 $\phi900\times20$，折边转角半径 $R=135$，小端直径 $\phi273\times20$，不带折边。锥壳半顶角 $\alpha=30°$。

打开 WB，调出 DM 中的文件"锥壳"，锥壳母线设置，见图 1.99。

（1）在 XYPlane 平面上，点草图，给出 **Sketch1**，点正视图，切换 Sketching→Draw，画出的锥壳，母线设置，见图 1.99。

（2）点 Sketch1，点 **Revolve1**，详细窗口设置，见图 1.100，

Details View	
Details of Sketch1	
Sketch	Sketch1
Sketch Visibility	Show Sketch
Show Constraints?	No
Dimensions: 6	
A7	30 °
H2	450 mm
H8	116.5 mm
R6	135 mm
V1	50 mm
V9	660 mm

图 1.99 锥壳母线设置

生成锥壳，见图 1.101。

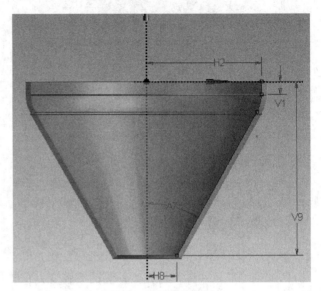

Details of Revolve1	
Revolve	Revolve1
Geometry	Sketch1
Axis	2D Edge
Operation	Add Frozen
Direction	Normal
☐ FD1, Angle (>0)	360 °
As Thin/Surface?	Yes
☐ FD2, Inward Thickness (>=0)	0 mm
☐ FD3, Outward Thickness (>=0)	20 mm
Merge Topology?	Yes

图 1.100　窗口设置 　　　　　　　　图 1.101　生成锥壳

1.4.14　锥壳+径向接管

（1）在 DM 桌面上调出锥壳，点 XYPlane 平面，再点平面，给出 Plane4，坐标变换：Y 下降-350；绕 Z 轴转动 120°，点生成，见图 1.102。

（2）点 Plane4，切换 Sketching→Draw，画一直线平行于 Y 轴，且与 Y 轴 H1=109.5mm，设置见图 1.103。

Details of Plane4	
Plane	Plane4
Sketches	0
Type	From Plane
Base Plane	XYPlane
Transform 1 (RMB)	Offset Y
☐ FD1, Value 1	-350 mm
Transform 2 (RMB)	Rotate about Z
☐ FD2, Value 2	120 °
Transform 3 (RMB)	None
Reverse Normal/Z-Axis?	No
Flip XY-Axes?	No
Export Coordinate System?	No

Details of Revolve2	
Revolve	Revolve2
Geometry	Sketch2
Axis	2D Edge
Operation	Add Frozen
Direction	Normal
☐ FD1, Angle (>0)	360 °
As Thin/Surface?	Yes
☐ FD2, Inward Thickness (>=0)	12 mm
☐ FD3, Outward Thickness (>=0)	0 mm
Merge Topology?	Yes

图 1.102　坐标变换 　　　　　　　　图 1.103　锥壳参数设置

（3）点 Sketch2，点 **Revolve1**，生成径向接管 $\phi 219 \times 12$，见图 1.104。

（4）点 Create→Boolean，选体相交，设置见图 1.105，点生成，生成 5 个体，见图 1.106。

（5）点 Create→Body Operation，使用 2 次，按导航树的体，选中删除，生成的径向接管，见图 1.107。

（6）剖面图见图 1.108。

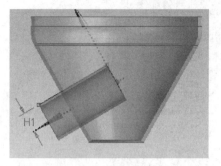

图 1.104　生成径向接管

Boolean	Boolean1
Operation	Intersect
Tool Bodies	2 Bodies
Preserve Tool Bodies?	Yes, Sliced
Intersect Result	Intersection of All Bodies

图 1.105　布尔相交

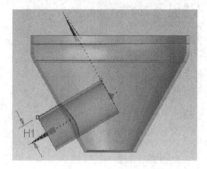

图 1.106　相交的径向接管

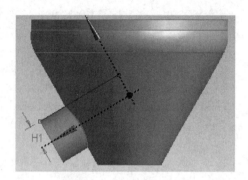

图 1.107　生成的径向接管

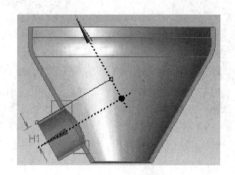

图 1.108　剖面图

1.4.15　锥壳+水平接管

（1）在 DM 桌面上调出锥壳，点 XYPlane 平面，再点平面，给出 Plane4，坐标变换：Y 轴下降-350；绕 Z 轴转动 90°，点生成，见图 1.109。

（2）点 Plane4，切换 Sketching→Draw，画一直线平行于 Y 轴，且与 Y 轴间距 H2=109.5mm，旋转设置见图 1.110。

（3）点 Sketch2，点 **Revolve1**，生成水平接管，见图 1.111。

（4）点 Create→Boolean，选体相交，生成 5 个体，见图 1.112。

（5）点 Create→Body Operation，使用 2 次，按导航树的体，选中删除，生成水平接管，见图 1.113，剖面图见图 1.114。

Details of Plane4	
Plane	Plane4
Type	From Plane
Base Plane	XYPlane
Transform 1 (RMB)	Offset Y
☐ FD1, Value 1	-350 mm
Transform 2 (RMB)	Rotate about Z
☐ FD2, Value 2	90 °
Transform 3 (RMB)	None
Reverse Normal/Z-Axis?	No
Flip XY-Axes?	No
Export Coordinate System?	No

图 1.109　坐标变换

Details of Revolve2	
Revolve	Revolve2
Geometry	Sketch2
Axis	2D Edge
Operation	Add Frozen
Direction	Normal
☐ FD1, Angle (>0)	360 °
As Thin/Surface?	Yes
☐ FD2, Inward Thickness (>=0)	12 mm
☐ FD3, Outward Thickness (>=0)	0 mm
Merge Topology?	Yes

图 1.110　旋转设置

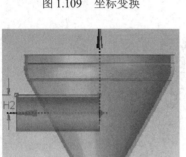

图 1.111　生成水平接管

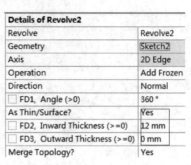

图 1.112　布尔相交

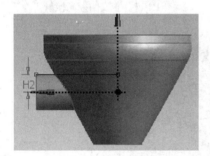

图 1.113　水平接管

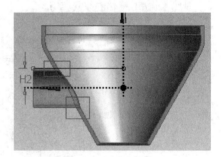

图 1.114　剖面图

1.4.16　锥壳+竖直接管 $\phi 89 \times 12$

（1）在 DM 桌面上调出锥壳，点 XYPlane 平面，再点平面，给出 Plane4，坐标变换：Y 轴下降-450mm；绕 Z 轴转动 180°，X 轴向左移动 258.88mm，点生成，见图 1.115。

Dimensions: 6	
☐ A7	30 °
☐ H2	450 mm
☐ H8	116.5 mm
☐ R6	135 mm
☐ V1	50 mm
☐ V9	660 mm

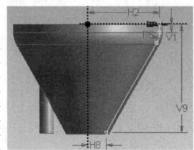

Details of Plane4	
Plane	Plane4
Sketches	1
Type	From Plane
Base Plane	XYPlane
Transform 1 (RMB)	Offset Y
☐ FD1, Value 1	-450 mm
Transform 2 (RMB)	Rotate about Z
☐ FD2, Value 2	180 °
Transform 3 (RMB)	Offset X
☐ FD3, Value 3	258.88 mm

图 1.115　坐标变换

（2）点 Plane4，点 Sketch2，切换 Sketching→Draw，画一竖直线平行于 Y 轴，且与 Y 轴间距 H4=44.5mm。

（3）旋转详细窗口设置，见图 1.116。

（4）点 Sketch2，点 **Revolve2**，生成竖直接管，见图 1.117。

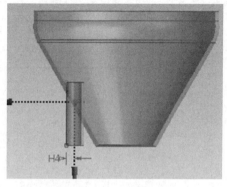

Details of Revolve2	
Revolve	Revolve2
Geometry	Sketch2
Axis	2D Edge
Operation	Add Frozen
Direction	Normal
☐ FD1, Angle (>0)	360 °
As Thin/Surface?	Yes
☐ FD2, Inward Thickness (>=0)	12 mm
☐ FD3, Outward Thickness (>=0)	0 mm
Merge Topology?	Yes

图 1.116　旋转设置　　　　　　　　　图 1.117　生成竖直接管

（5）点 Create→Boolean，选体相交，由 5 个体生成 3 个体，见图 1.118。

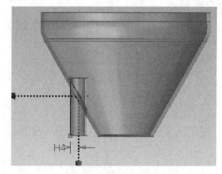

图 1.118　布尔相交

（6）点 Create→Body Operation，使用 2 次，按导航树的体，选中删除。生成竖直接管，见图 1.119。

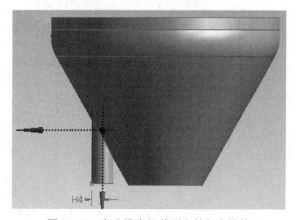

图 1.119　生成锥壳纵截面上的竖直接管

● 创建锥壳纵截面上的接管几何模型是参照 ASME Ⅷ-2：4.5 给出的下列 3 个计算模型：

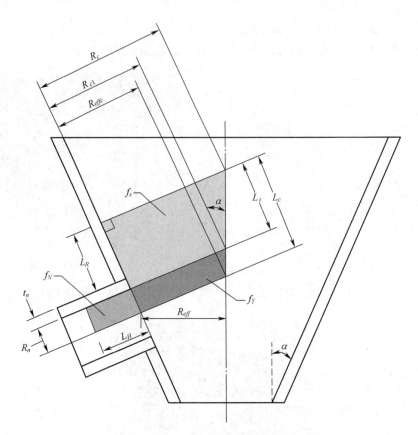

原图 4.5.6　锥壳纵截面上的径向接管

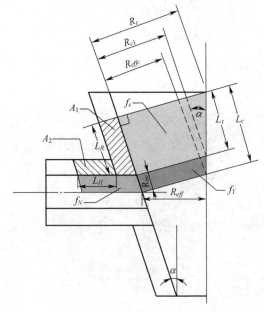

原图 4.5.7　锥壳纵截面上的水平接管

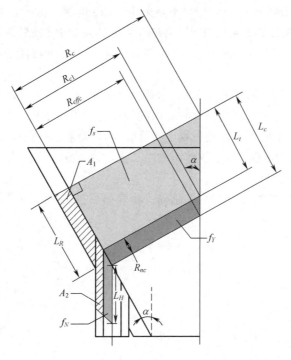

原图 4.5.8　平行锥壳纵轴的竖直接管

● 欧盟标准 **EN 13445-3:9** 对此规定 φ 不能超过 $60°$，**ГОСТ Р 52857.3** 由 5.1.1.2 给出的下式限制：

$$d_p = \frac{d + 2c_s}{\cos^2 \gamma}$$

式中，γ 为圆筒、锥壳和凸形封头上斜接管中心线与开孔处壳体表面法线间夹角。

1.5　小结

（1）本章创建了 16 个压力容器元件或组件的几何模型（图 1.18、图 1.32、图 1.41、图 1.45、图 1.48、图 1.54、图 1.62、图 1.69、图 1.74、图 1.81、图 1.88、图 1.98、图 1.101、图 1.107、图 1.114、图 1.119），参考了 ASMEⅧ-2：4.5、EN 13445-3:9 和 ГОСТ Р 52857.3 的开孔补强规范和有关国内的图纸，其中有椭圆形封头、半球形封头、圆筒和锥壳，并配置了不同方位的接管，内容新颖齐全，为工程设计提供了参考，同时也涵盖换热器管壳程接管的设计。

除 GB/T 150-2011 的开孔补强只能做到径向接管外，本章给出所有各方位的接管都能满足工程要求。因此，适用性强。

（2）本章给出的壳体+接管的连接型式，除圆筒横截面顶部的斜接管（图 1.97）为**安放式**以外，均采用**整体补强，内平齐式**，不考虑内伸式，不带补强圈，不考虑焊缝贡献的补强面积。

（3）合肥通用机械研究院**许明博士**指出，所有的尺寸线和不产生几何形状的定位线，不能随意删除，因为它们是结构联结的挂钩线。

（4）由 Workbench 给出的布尔运算**不能采用 unite 运算**，因为合并运算后的**壳体和接管的连接结构不符合 ASMEⅧ-2：4.5、EN 13445-3:9 和 ГOCT P 52857.3 和 GB/T 150 等规范规定的计算模型**，且很难制造壳体+接管的连接型式。本章的图 1.45 和图 1.48 是人孔接管件与壳体焊接而成。

（5）由 Workbench 给出的布尔运算，采用其相交运算，由 2 个体变为 5 个体，多出的 3 个体为接管内侧壳体、壳体内侧的接管和孔内的管环。若不能生成 5 个体，则壳体+接管的几何模型不正确。因此，生成 5 个体是识别 1 个壳体+1 个接管的几何模型是否正确的标志。

（6）采用体操作，可删除多余的体。采用 2 次，即可删除壳体内侧的接管和管内壳体，实现通孔和达到内平齐的目的。

（7）如果将壳体外侧的接管变为抑制体，将壳体和孔内的管环采用布尔合并，再解除抑制体，则可生成安放式接管。

第**2**章
划分网格

2.1　概述

　　采用 **WB** 单元格系统，双击 Model 格，启动 Mesh，或从 Component System 中将 Mesh 拖到单元格 Geometry 上，双击 Mesh 启动。打开 Model 界面后，上面是标题栏、主菜单和工具栏。左侧是导航树，见图 2.1。

图 2.1　Model 导航树

　　点导航树中 Mesh，详细窗口见图 2.2。这是物理场的确定及整体网格的控制。压力容器就用 Mechanical，相关度 Relevance，数值为-100 到+100，表示网格从疏到密，对压力容器，可取 Relevance= **80**。

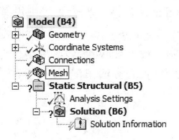

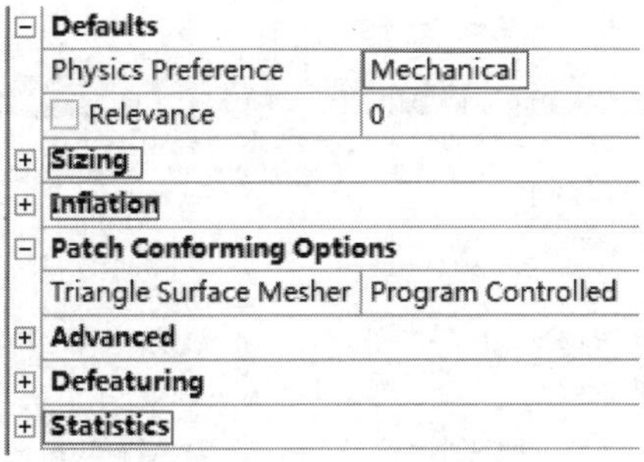

图 2.2　Mesh 详细窗口（WB14.5）

划分压力容器受压元件及其组件的网格。对于 2D，常用四边形，对于 3D，常用六面体网格 **Hex20**。

右键单击 Mesh→Insert→Method，详细窗口给出划分几何体网格的下列方法：

（1）自动划分网格法（Automatic），可生成四面体网格 Tet10 和六面体网格。

（2）Tetrahedrons 四面体网格。

（3）Hex Dominant，外表面生成六面体网格，而里面是四面体单元和棱锥单元。

（4）扫掠法（Swept Meshing），规则的几何体，要有单一的源面和单一的目标面。

（5）多域法（MultiZone），主要用于划分带接管或耳式支座的壳体的六面体网格，比扫掠法更能适用于后者不能分解的几何体。

运用上述多种组合方法，右键单击 Mesh→Generate Mesh 生成网格，并须检查网格的节点数、单元数和须能显示六面体或六面体占主导的混合单元直方图，且多体零件分界面须共节点，若不满意，重新组合。

划分四边形网格有下列方法：

（1）自动划分法。

（2）四边形法（Uniform Quad）。

（3）四边形/三角形法（Uniform Quad/Tri）。

全局网格的设置，用于全局网格的安排，包括网格尺寸，层数，平滑等。

局部网格的设置，用于确定局部单元的尺寸。右键点 Mesh→Sizing，在详细窗口确定 Element Size。

好的网格，应没有错误和警告信息。网格检查列表中没有弹出纵横比（aspect ratio）、雅可比率（jacobian ratio）、翘曲因子（warping factor）、平行偏差（parallel deviation）、最大转弯角（maximum corner angle）和倾斜度（skewness）。网格检查列表中，只给出正交质量范围（orthogonal quality）。因此，网格检查必须给出混合单元直方图。

2.2 划分网格的实例

2.2.1 椭圆形封头

（1）在 WB 桌面的单元格上，右键点 Geometry 格→Import Geometry，在右侧点 **DM** 保存的文件"**椭圆形封头**"。Geometry 格后**打勾**，见图 2.3。

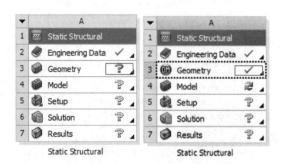

图 2.3 调用椭圆形封头

（2）双击单元格 Model，出现 Model 界面，图形区中调出**椭圆形封头**，见图 2.4。

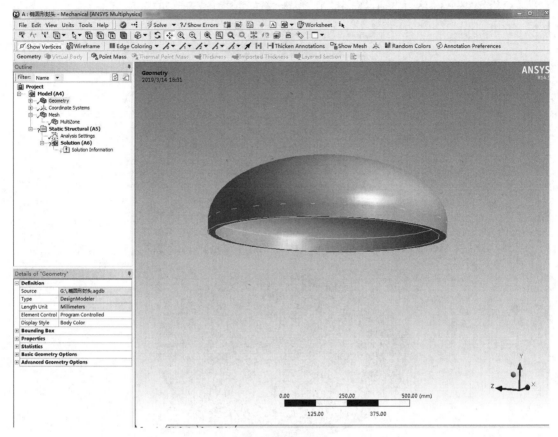

图 2.4　椭圆形封头

（3）点导航树中的 Mesh，确定物理场，见图 2.5。

Details of "Mesh"	
Defaults	
Physics Preference	Mechanical
☐ Relevance	80

图 2.5　确定物理场

（4）确定全局网格设置，点 Mesh，在详细窗口中，主要控制单元尺寸和 Inflation 项目见图 2.6 和图 2.7。

Sizing	
Use Advanced Size Function	Off
Relevance Center	Fine
☐ Element Size	Default
Initial Size Seed	Active ...
Smoothing	Medium
Transition	Fast
Span Angle Center	Coarse
Minimum Edge Length	2638.90...

图 2.6　控制尺寸

Inflation	
Use Automatic Inflation	None
Inflation Option	Smooth..
☐ Transition Ratio	0.272
☐ Maximum Layers	3
☐ Growth Rate	1.2
Inflation Algorithm	Pre
View Advanced Options	No

图 2.7　控制层数

控制层数，应不少于 2 层为考虑基点。

（5）右键点 Mesh→Insert→Method，选体，详细窗口设置，见图 2.8。

Details of "MultiZone" - Method

Scope	
Scoping Method	Geometry Selection
Geometry	1 Body
Definition	
Suppressed	No
Method	MultiZone
Mapped Mesh Type	Hexa
Surface Mesh Method	Program Controlled
Free Mesh Type	Hexa Dominant
Element Midside Nodes	Use Global Setting
Src/Trg Selection	Automatic
Source	Program Controlled

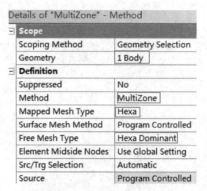

图 2.8　Method 设置

（6）右键点 **Mesh→Generate Mesh**，生成六面体网格，见图 2.9。

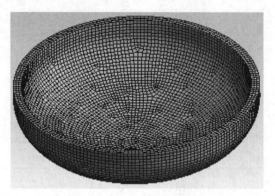

图 2.9　生成 3 层六面体网格

（7）网格检查，见图 2.10 和图 2.11。

Statistics	
Nodes	93191
Elements	21944
Mesh Metric	Orthog..
Min	3.42619..
Max	.999919..
Average	.810266..
Standard Deviation	.248754..

图 2.10　网格检查

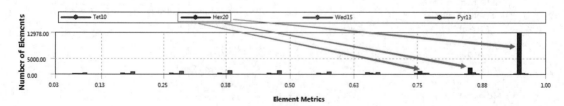

图 2.11　六面体网格为主的混合单元直方图

2.2.2 椭圆形封头+5 个接管

（1）单击 G 盘保存的 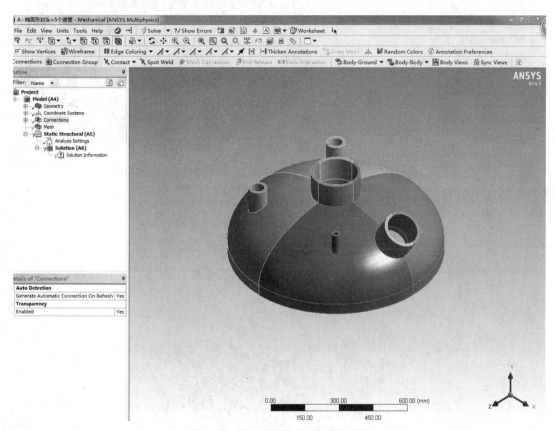椭圆形封头+5个接管，在 WB 桌面的单元格上，右键点 Geometry →Import Geometry，滑到右侧，点 **DM** 保存的文件"椭圆形封头+5 个接管"。Geometry 单元格后**打勾**。

（2）双击单元格 Model，进入 Model 界面，图形区中调出椭圆形封头+5 个接管，见图 2.12。

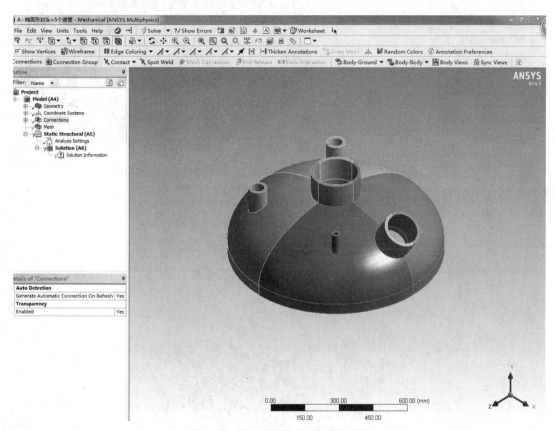

图 2.12 调出椭圆形封头+5 个接管

（3）点导航树中的 Mesh，在详细窗口中确定物理场，见图 2.5。

（4）确定全局网格设置，点 Mesh，在详细窗口中，主要控制单元尺寸和 Inflation，见图 2.13 和图 2.14。

Sizing	
Use Advanced Size Function	Off
Relevance Center	Medium
☐ Element Size	Default
Initial Size Seed	Active Assembly
Smoothing	Medium
Transition	Fast
Span Angle Center	Coarse
Minimum Edge Length	12.0 mm

图 2.13 控制单元尺寸

Inflation	
Use Automatic Inflation	None
Inflation Option	Smooth Transition
☐ Transition Ratio	0.272
☐ Maximum Layers	5
☐ Growth Rate	1.2
Inflation Algorithm	Pre
View Advanced Options	No

图 2.14 控制层数

（5）右键点 Mesh，点 Insert→Method，先选体，共计 22 个体，详细窗口设置，见图 2.15。

（6）右键点 **Mesh→Generate Mesh**，生成六面体网格，见图 2.16。

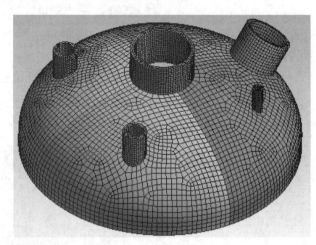

图 2.15　Method 设置　　　　　　　图 2.16　生成六面体网格

（7）生成 3 层，见图 2.17。

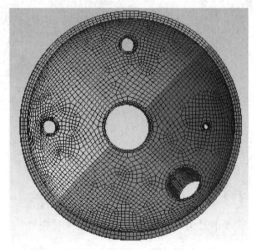

图 2.17　层数

（8）椭圆形封头+5 个接管被切成 22 个体，见图 2.18。

图 2.18　组合体中有 22 个体

椭圆形封头被切成 4 块，中央接管被切成 4 块，管环体被切成 4 块，ϕ168 接管 2 块，管环体 2 块，另 3 个接管+管环共 6 个，总计 22 个体。

（9）网格检查，见图 2.19。划分网格出现**全六面体**，没有混入其他几何体。

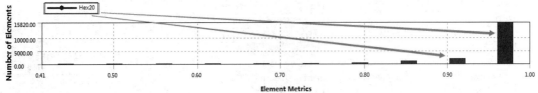

Statistics	
☐ Nodes	106152
☐ Elements	18687
Mesh Metric	Orthogonal Quality
☐ Min	.413447578859524
☐ Max	.99992410382468
☐ Average	.972817036641232
☐ Standard Deviation	4.20511896864553E-02

图 2.19 全六面体单元

2.2.3 椭圆形封头+山坡接管

（1）在 WB 工具箱上双击 Static Structural，出现单元格，右键点 A3 格 Geometry→Import Geometry，滑到右侧，点 Browse，点 **DM** 保存的文件"椭圆形封头+山坡接管"。双击 Geometry 单元格后，出现椭圆形封头+山坡接管，点 Create→Boolean，将竖直接管和山坡接管的管环体和其接管按布尔求和各变为一个体，总的变为 3 个体，点另存为，以相同的文件名保存后，A3 格后打勾。

（2）双击单元格 A4 格，进入 Model 界面，图形区中调出文件名，见图 2.20。

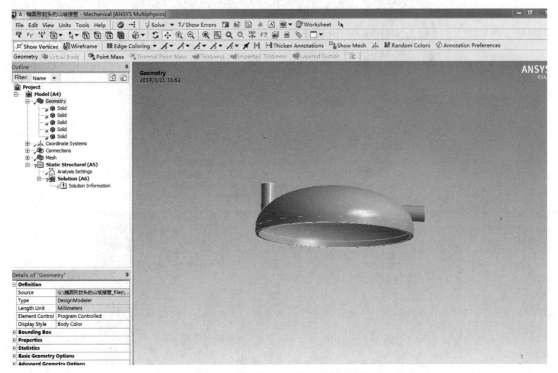

图 2.20 调出椭圆形封头+山坡接管

（3）点导航树中的 Mesh，设置 Element Size=10mm，层数 3，见图 2.21 和图 2.22。

（4）右键点 Mesh→Insert→**Method**，先选体，共计 3 个体，详细窗口设置，见图 2.23。

Details of "Mesh"	
Display	
Display Style	Use Geo...
Defaults	
Physics Preference	Mechani...
Element Order	Program ...
☐ Element Size	10.0 mm

Inflation	
Use Automatic In...	None
Inflation Option	Smooth Transiti...
☐ Transition Ratio	0.272
☐ Maximum Lay...	3
☐ Growth Rate	1.2
Inflation Algorithm	Pre
View Advanced O...	No

Definition	
Suppressed	No
Method	MultiZone
Mapped Mesh Type	Hexa
Surface Mesh Method	Program ...
Free Mesh Type	Hexa Do...
Element Order	Use Glob...
Src/Trg Selection	Automatic
Source Scoping Met...	Program ...
Source	Program ...
Sweep Size Behavior	Sweep El...
☐ Sweep Element Size	Default

图 2.21　设置单元尺寸　　　　图 2.22　控制层数　　　　图 2.23　Method 设置

（5）右键点 Mesh→Generate Mesh，生成六面体网格，两个内平齐接管与椭圆形封头分界面共节点，见图 2.24。

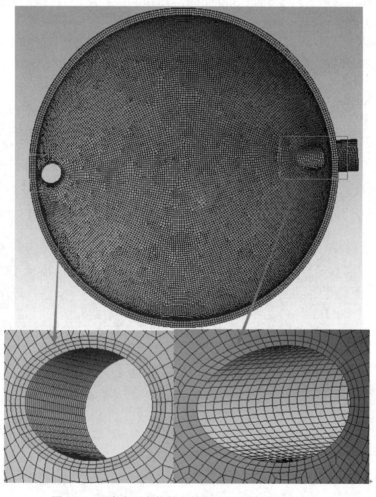

图 2.24　两个内平齐接管与椭圆形封头分界面共节点

（6）网格检查，仅含六面体单元直方图，见图2.25。

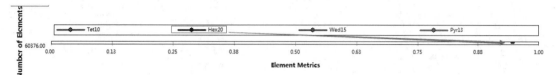

图 2.25　仅含六面体单元直方图

2.2.4　椭圆形封头+中央人孔接管

（1）在 WB 桌面的单元格上，右键点 Geometry→Import Geometry，滑到右侧，点 **DM** 保存的文件"**椭圆形封头+中央人孔接管**"，Geometry 格后打勾。

（2）双击单元格 Model，进入 Model 界面，图形区中调出**椭圆形封头+中央人孔接管**，见图 2.26。

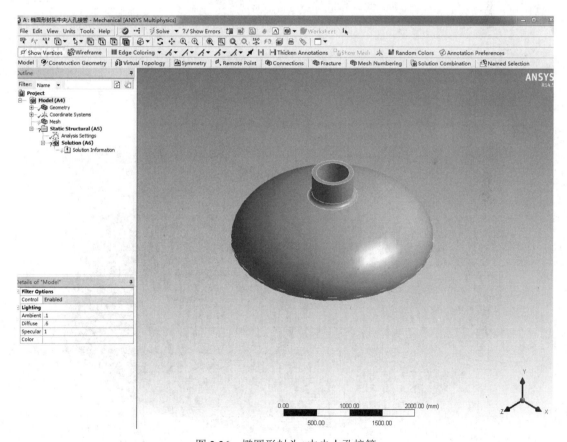

图 2.26　椭圆形封头+中央人孔接管

（3）点导航树中的 Mesh，确定物理场，见图2.27。

（4）确定全局网格设置，点 Mesh，在详细窗口中，主要控制单元尺寸和 Inflation 项目，见图 2.28 和图 2.29。

（5）右键点 Mesh→Insert→Method，设置见图 2.30。

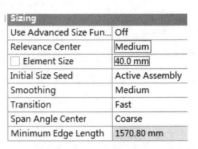

Sizing	
Use Advanced Size Fun...	Off
Relevance Center	Medium
☐ Element Size	40.0 mm
Initial Size Seed	Active Assembly
Smoothing	Medium
Transition	Fast
Span Angle Center	Coarse
Minimum Edge Length	1570.80 mm

Details of "Mesh"	
Defaults	
Physics Preference	Mechanical
☐ Relevance	80

图 2.27　确定物理场　　　　　　　　　　图 2.28　控制尺寸

Inflation	
Use Automatic Inflation	None
Inflation Option	Smooth Transition
☐ Transition Ratio	0.272
☐ Maximum Layers	3
☐ Growth Rate	1.2
Inflation Algorithm	Pre
View Advanced Options	No

Details of "Hex Dominant Method" - Method	
Scope	
Scoping Method	Geometry Selection
Geometry	1 Body
Definition	
Suppressed	No
Method	Hex Dominant
Element Midside Nodes	Use Global Setting
Free Face Mesh Type	Quad/Tri
Control Messages	Yes, Click To Display...

图 2.29　控制层数　　　　　　　　　　图 2.30　Method 设置

（6）右键点 Mesh→Generate Mesh，生成六面体网格，见图 2.31。

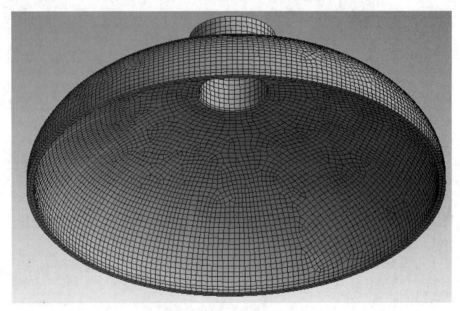

图 2.31　生成六面体网格

（7）网格检查，见图 2.32 和图 2.33。

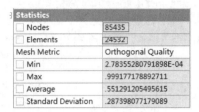

图 2.32 网格检查

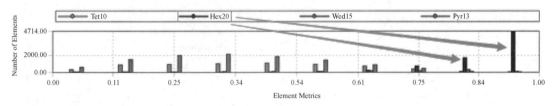

图 2.33 混合单元直方图

2.2.5 半球形封头+中央人孔接管

（1）在 WB 桌面的单元格上，右键单击 Geometry→Import Geometry，鼠标滑到右侧，找到 **DM** 保存的文件"半球形封头+中央人孔接管"。Geometry 格后打勾。

（2）双击单元格 Model，进入 Model 界面，图形区中调出"**半球形封头+中央人孔接管**"，见图 2.34。

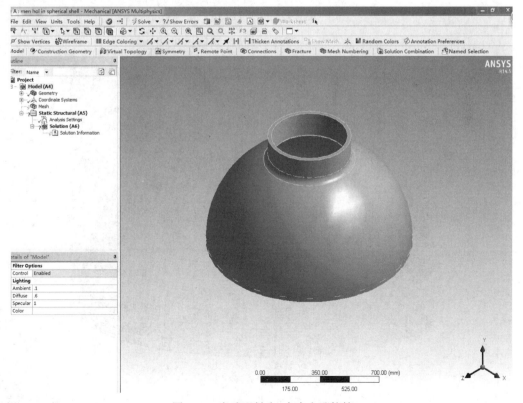

图 2.34 半球形封头+中央人孔接管

（3）点导航树中的 Mesh，确定物理场，见图 2.27。

（4）确定全局网格的设置，点 Mesh，在详细窗口中，主要控制单元尺寸和 Inflation 项目，见图 2.35 和图 2.36。

Sizing	
Use Advanced Size F...	Off
Relevance Center	Medium
Element Size	15.0 mm
Initial Size Seed	Active Assembly
Smoothing	Medium
Transition	Fast
Span Angle Center	Coarse
Minimum Edge Length	1413.70 mm

图 2.35　控制尺寸

Inflation	
Use Automatic Inflati...	None
Inflation Option	Smooth Transition
Transition Ratio	0.272
Maximum Layers	2
Growth Rate	1.2
Inflation Algorithm	Pre
View Advanced Opti...	No

图 2.36　控制层数

（5）右键点 Mesh→Insert→Method，设置见图 2.37。

Scope	
Scoping Method	Geometry Selection
Geometry	1 Body
Definition	
Suppressed	No
Method	MultiZone
Mapped Mesh Type	Hexa
Surface Mesh Method	Program Controlled
Free Mesh Type	Hexa Core
Element Midside Nodes	Use Global Setting

图 2.37　Method 设置

（6）右键点 Mesh→Generate Mesh，生成六面体网格，见图 2.38。

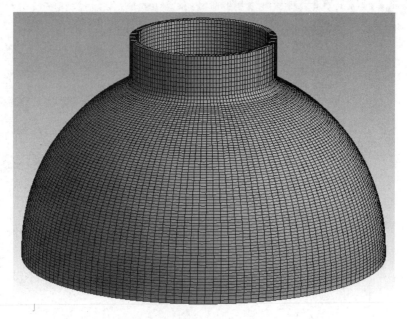

图 2.38　生成六面体网格

（7）网格检查，见图 2.39 和图 2.40。

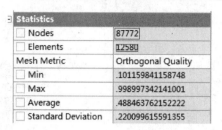

图 2.39 网格检查

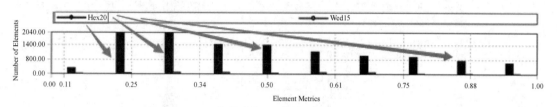

图 2.40 六面体单元为主,含少量楔形体的混合单元

2.2.6 半球形封头+非中心部位的接管

（1）在 WB 桌面的单元格上,右键点 Geometry→Import Geometry,滑到右侧,点 **DM** 保存的文件"**半球形封头+非中心部位的接管**"。点 Create Boolean,明细窗口给出求和,点管环和接管,点 Apply,点生成,点另存为,和原文件名一样。Geometry 格后打勾。

（2）双击单元格 Model,进入 Model 界面,图形区中调出**半球形封头+非中心部位的接管**,见图 2.41。

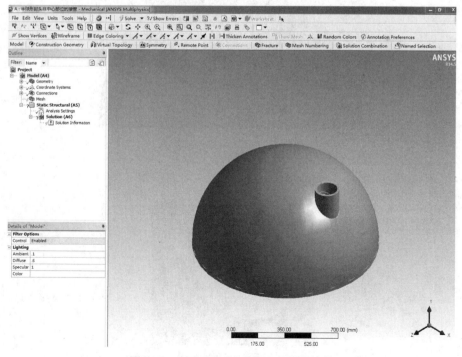

图 2.41 半球形封头+非中心部位的接管

（3）确定全局网格设置，点 Mesh，在详细窗口中，主要控制单元尺寸和层数项目，见图 2.42 和图 2.43。

Details of "Mesh"	
Display	
Display Style	Use Geo...
Defaults	
Physics Preference	Mechani...
Element Order	Program ...
Element Size	15.0 mm

图 2.42　控制单元尺寸

Inflation	
Use Automatic Inflati...	None
Inflation Option	Smooth ...
Transition Ratio	0.272
Maximum Layers	3
Growth Rate	1.2
Inflation Algorithm	Pre
View Advanced Opti...	No

图 2.43　控制层数

（4）右键点 Mesh→Insert→Method，设置见图 2.44。

Details of "Hex Dominant Metho...	
Scope	
Scoping Method	Geometry Sel...
Geometry	2 Bodies
Definition	
Suppressed	No
Method	Hex Dominant
Element Order	Use Global Se...
Free Face Mesh Type	Quad/Tri
Control Messages	Yes, Click To ...

图 2.44　Method 设置

（5）右键点 Mesh→Generate Mesh，生成含有六面体网格，见图 2.45。

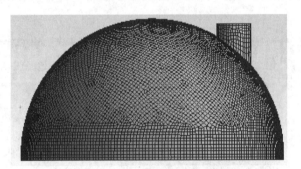

图 2.45　含有六面体的网格

（6）非中心部位内平齐接管与球形封头共节点，见图 2.46。

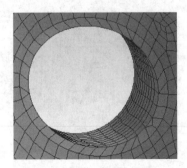

图 2.46　非中心部位内平齐接管与球形封头共节点

（7）网格检查，见图 2.47。

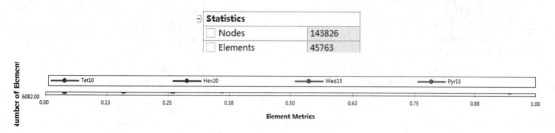

图 2.47　混合单元的直方图

2.2.7　半球形封头上两个径向接管

（1）在 WB 桌面的单元格上，右键点 Geometry→Import Geometry，滑到右侧，点 **DM** 保存的文件"**半球形封头上两个径向接管**"。点 Create Boolean，明细窗口给出求和，点管环和接管，点 Apply，点生成，点另存为，和原文件名一样。Geometry 格后打勾。

（2）双击单元格 Model，进入 Model 界面，图形区中调出**半球形封头上两个径向接管**，见图 2.48。

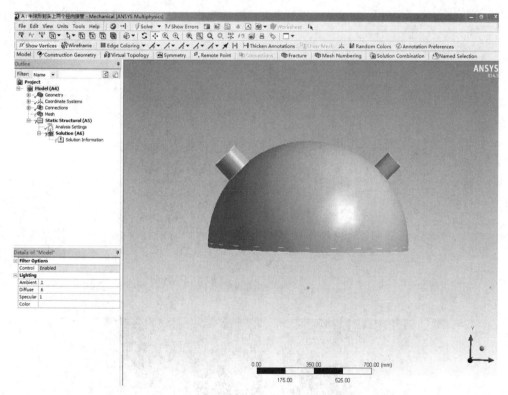

图 2.48　调出**半球形封头上两个径向接管**

（3）点导航树中的 Mesh，确定全局网格的设置，在详细窗口中，主要控制单元尺寸和层数，见图 2.49 和图 2.50。

（4）右键点 Mesh→Insert→Method，设置见图 2.51。

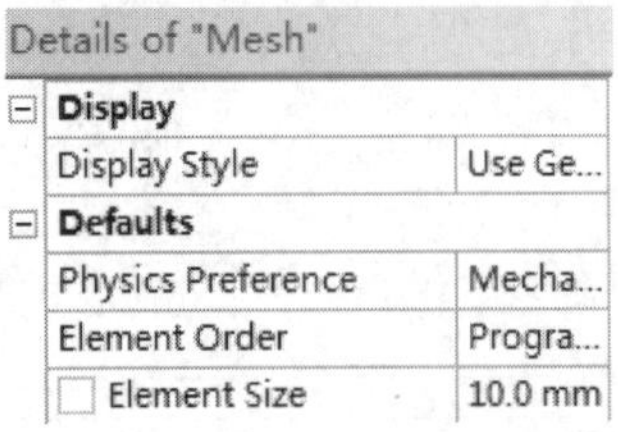

Details of "Mesh"	
Display	
Display Style	Use Ge...
Defaults	
Physics Preference	Mecha...
Element Order	Progra...
Element Size	10.0 mm

图 2.49　控制 Element Size

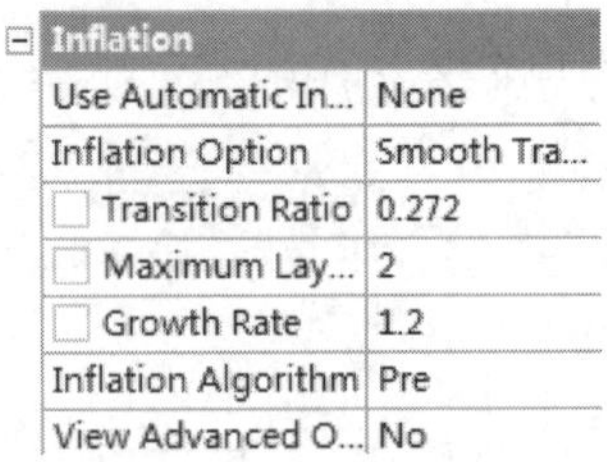

Inflation	
Use Automatic In...	None
Inflation Option	Smooth Tra...
Transition Ratio	0.272
Maximum Lay...	2
Growth Rate	1.2
Inflation Algorithm	Pre
View Advanced O...	No

图 2.50　控制 Inflation

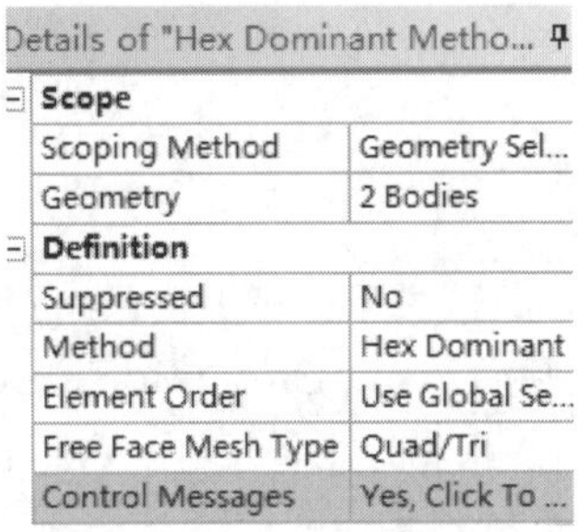

Details of "Hex Dominant Metho...	
Scope	
Scoping Method	Geometry Sel...
Geometry	2 Bodies
Definition	
Suppressed	No
Method	Hex Dominant
Element Order	Use Global Se...
Free Face Mesh Type	Quad/Tri
Control Messages	Yes, Click To ...

图 2.51　Method 设置

（5）右键点 Mesh→Generate Mesh，生成六面体网格，且内平齐两个接管与封头共节点，见图 2.52。

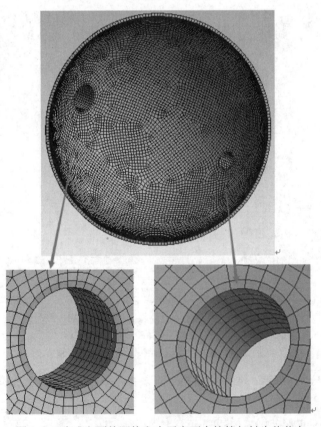

图 2.52　生成六面体网格和内平齐两个接管与封头共节点

（6）网格检查，仅有六面体单元直方图，见图 2.53。

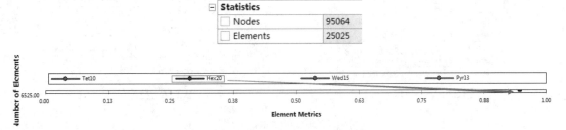

图 2.53　仅有六面体单元直方图

2.2.8　圆筒纵向截面上径向接管

（1）在 WB 桌面的单元格上，右键点 Geometry→Import Geometry，滑到右侧，点 **DM** 保存的文件"**圆筒纵向截面上径向接管**"。Geometry 格后打勾。

（2）双击单元格 Model，进入 Model 界面，图形区中调出文件名为**圆筒纵向截面上径向接管**，见图 2.54。

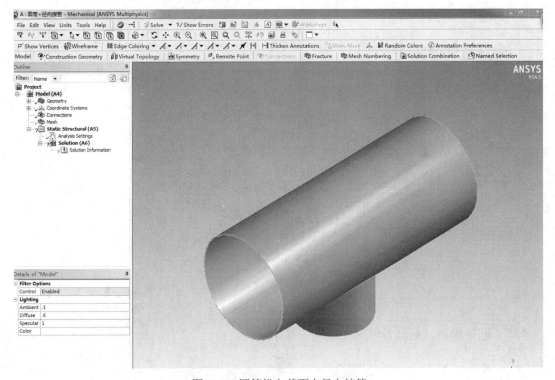

图 2.54　圆筒纵向截面上径向接管

（3）点导航树中的 Mesh，确定物理场，见图 2.27。

（4）确定全局网格的设置，点 Mesh，在网格详细窗口中，主要控制单元尺寸和 Inflation，控制项目，见图 2.55 和图 2.56。

（5）右键点 Mesh，点 Insert→**Method**，先选体，共计 **3 个体**，详细窗口设置，见图 2.57。

Sizing	
Use Advanced Size Fun...	Off
Relevance Center	Medium
☐ Element Size	Default
Initial Size Seed	Active Assembly
Smoothing	Medium
Transition	Fast
Span Angle Center	Coarse
Minimum Edge Length	5654.90 mm

图 2.55　控制单元尺寸

Inflation	
Use Automatic Inflation	None
Inflation Option	Smooth Transition
☐ Transition Ratio	0.272
☐ Maximum Layers	2
☐ Growth Rate	1.2
Inflation Algorithm	Pre
View Advanced Options	No

图 2.56　控制层数

Details of "MultiZone" - Method	
Scope	
Scoping Method	Geometry Selection
Geometry	3 Bodies
Definition	
Suppressed	No
Method	MultiZone
Mapped Mesh Type	Hexa
Surface Mesh Method	Program Controlled
Free Mesh Type	Hexa Core
Element Midside Nodes	Use Global Setting
Src/Trg Selection	Automatic
Source	Program Controlled

图 2.57　Method 设置

（6）右键点 Mesh→Generate Mesh，生成全六面体网格，见图 2.58。

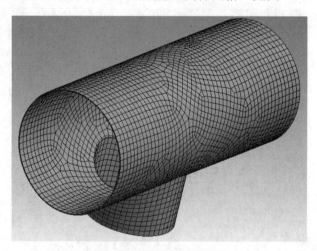

图 2.58　生成全六面体网格

（7）网格检查，见图 2.59 和图 2.60。

Statistics	
☐ Nodes	26046
☐ Elements	3657
Mesh Metric	Orthogonal Quality
☐ Min	.612865589591365
☐ Max	.999551781550909
☐ Average	.976803724044295
☐ Standard Deviation	5.38283425251756E-02

图 2.59　网格检查

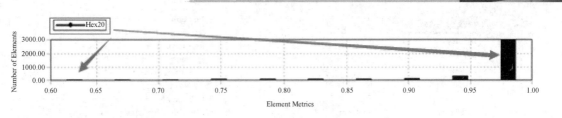

图 2.60　全六面体网格

2.2.9　圆筒纵向截面斜接管

（1）在 WB 桌面的单元格上，右键点 Geometry→Import Geometry，滑到右侧，点 **DM** 保存的文件"圆筒纵向截面斜接管"。点 Create Boolean，明细窗口给出求和，点管环和接管，点 Apply，点生成，点另存为，和原文件名一样。Geometry 格后打勾。

（2）双击单元格 Model，进入 Model 界面，图形区中调出**圆筒纵向截面斜接管**，见图 2.61。

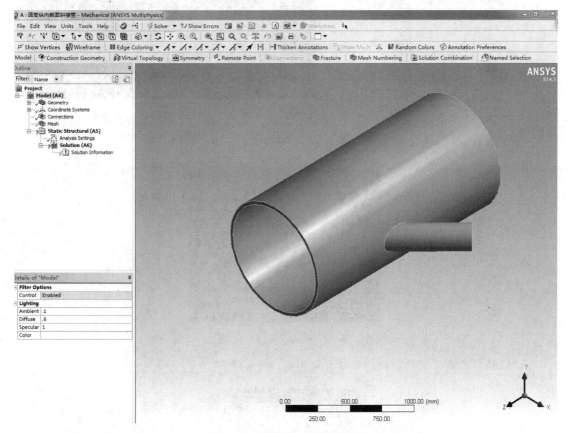

图 2.61　圆筒纵向截面斜接管

（3）确定全局网格的设置，点 Mesh，在网格详细窗口中，主要控制单元尺寸和 Inflation，见图 2.62 和图 2.63。

（4）右键点 Mesh→Insert→Method，设置见图 2.64。

（5）右键点 Mesh→Generate Mesh，生成六面体网格，见图 2.65。

Details of "Mesh"	
□ **Display**	
Display Style	Use Geom...
□ **Defaults**	
Physics Preference	Mechanical
Element Order	Program C...
□ Element Size	20.0 mm

图 2.62 控制单元尺寸

□ **Inflation**	
Use Automatic Inflation	None
Inflation Option	Smooth Tr...
□ Transition Ratio	0.272
□ Maximum Layers	3
□ Growth Rate	1.2
Inflation Algorithm	Pre
View Advanced Options	No

图 2.63 控制层数

Details of "MultiZone" - Method	
□ **Scope**	
Scoping Method	Geom...
Geometry	2 Bodies
□ **Definition**	
Suppressed	No
Method	MultiZ...
Mapped Mesh Type	Hexa
Surface Mesh Method	Progra...
Free Mesh Type	Hexa ...
Element Order	Use Gl...
Src/Trg Selection	Autom...
Source Scoping Method	Progra...
Source	Progra...
Sweep Size Behavior	Sweep...
□ Sweep Element Size	Default

图 2.64 Method 设置

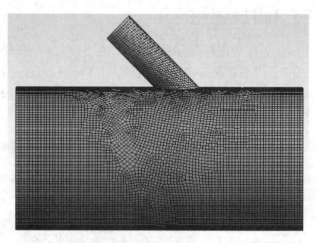

图 2.65 生成六面体网格

（6）内平齐斜接管与圆筒分界面共节点，见图 2.66。

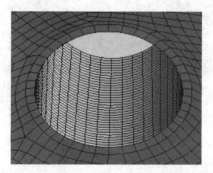

图 2.66 内平齐斜接管与圆筒分界面共节点

（7）网格检查，仅含有六面体单元直方图，见图 2.67。

□ **Statistics**	
□ Nodes	240311
□ Elements	47477

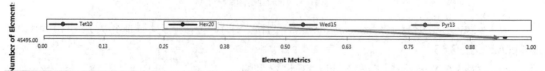

图 2.67 仅含有六面体单元直方图

2.2.10　圆筒横截面上切向接管

（1）在 DM 界面上，做一次修改：点击 Create→Boolean，在明细窗口给出下面的图 2.68，点管环和接管，点 Apply，点生成。接管与管环合并一体，见图 2.69。在 DM 界面上点另存为，保存文件名同为**圆筒横截面上切向接管**。

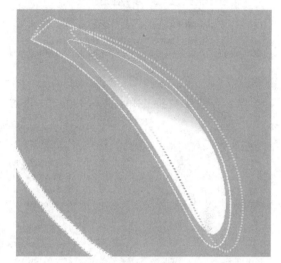

Details of Boolean8		
Boolean	Boolean8	
Operation	Unite	
Tool Bodies	Apply	Cancel

图 2.68　布尔求和　　　　　　　　　　　图 2.69　接管与管环合并一体

（2）在 WB 桌面的单元格上，右键点 Geometry→Import Geometry，滑到右侧，点 **DM** 保存的文件"**圆筒横截面上的切向接管**"。Geometry 格后打勾。

（3）双击单元格 Model，进入 Model 界面，图形区中调出**圆筒横截面上切向接管**，见图 2.70。

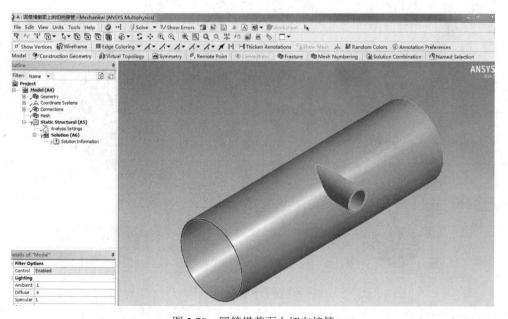

图 2.70　圆筒横截面上切向接管

（4）确定全局网格的设置，点 Mesh，在详细窗口中，主要控制单元尺寸和 Inflation 项目，见图 2.71 和图 2.72。

Details of "Mesh"	
Display	
Display Style	Use Geom...
Defaults	
Physics Preference	Mechanical
Element Order	Program C...
☐ Element Size	20.0 mm

图 2.71　控制尺寸

Inflation	
Use Automatic Inflation	None
Inflation Option	Smooth Tr...
☐ Transition Ratio	0.272
☐ Maximum Layers	3
☐ Growth Rate	1.2
Inflation Algorithm	Pre
View Advanced Options	No

图 2.72　控制层数

（5）右键点 Mesh→Insert→Method，设置见图 2.73。

Details of "MultiZone" - Method	
Scope	
Scoping Method	Geom...
Geometry	2 Bodies
Definition	
Suppressed	No
Method	MultiZ...
Mapped Mesh Type	Hexa
Surface Mesh Method	Progra...
Free Mesh Type	Hexa ...
Element Order	Use Gl...
Src/Trg Selection	Autom...
Source Scoping Method	Progra...
Source	Progra...
Sweep Size Behavior	Sweep...
☐ Sweep Element Size	Default

图 2.73　Method 设置

（6）右键点 Mesh→Generate Mesh，生成六面体网格，见图 2.74。

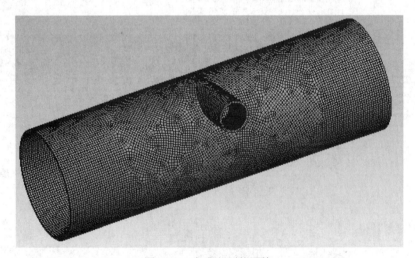

图 2.74　生成六面体网格

（7）切向接管与圆筒分界面共节点，见图 2.75。

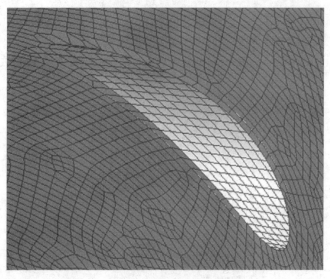

图 2.75　切向接管与圆筒分界面共节点

（8）网格检查，仅有六面体网格直方图，见图 2.76。

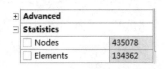

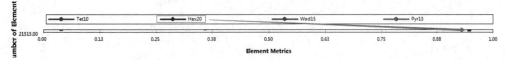

图 2.76　仅有六面体网格直方图

2.2.11　圆筒横截面上山坡接管

（1）在 DM 界面上，做一次修改：点击 Create→Boolean，点管环和接管，点 Apply，点生成。接管与管环合并一体，见图 2.77。在 DM 界面上点另存为，保存文件名同为**圆筒横截面上山坡接管**。

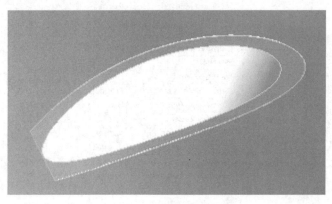

图 2.77　接管与管环合并

（2）在 WB 桌面的单元格上，右键点 Geometry→Import Geometry，滑到右侧，点 **DM** 保存的文件"**圆筒横截面上山坡接管**"。Geometry 格后打勾。

（3）双击单元格 Model，进入 Model 界面，图形区中调出**圆筒横截面上山坡接管**，见图 2.78。

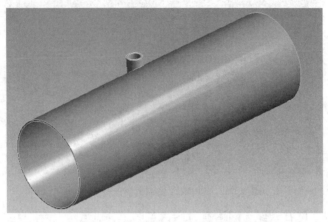

图 2.78　圆筒横截面上山坡接管

（4）确定全局网格的设置，点 Mesh。在详细窗口中，主要控制单元尺寸和 Inflation，见图 2.79 和图 2.80。

Details of "Mesh"	垔
Display	
Display Style	Use Geom...
Defaults	
Physics Preference	Mechanical
Element Order	Program C...
☐ Element Size	15.0 mm

图 2.79　控制尺寸

⊟ **Inflation**	
Use Automatic Inflation	None
Inflation Option	Smooth Tr...
☐ Transition Ratio	0.272
☐ Maximum Layers	3
☐ Growth Rate	1.2
Inflation Algorithm	Pre
View Advanced Options	No

图 2.80　控制层数

（5）右键点 Mesh→Insert→Method，在详细窗口中，选中两个几何体后，设置见图 2.81。

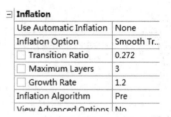

Details of "MultiZone" - Method	
⊟ **Scope**	
Scoping Method	Geom...
Geometry	2 Bodies
⊟ **Definition**	
Suppressed	No
Method	MultiZ...
Mapped Mesh Type	Hexa
Surface Mesh Method	Progra...
Free Mesh Type	Hexa ...
Element Order	Use Gl...
Src/Trg Selection	Autom...
Source Scoping Method	Progra...
Source	Progra...
Sweep Size Behavior	Sweep...
☐ Sweep Element Size	Default

图 2.81　Method 设置

（6）右键点 Mesh→Generate Mesh，生成六面体网格，见图 2.82。

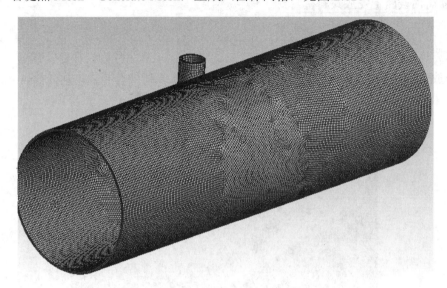

图 2.82 生成六面体网格

（7）山坡接管与圆筒分界面共节点，见图 2.83。

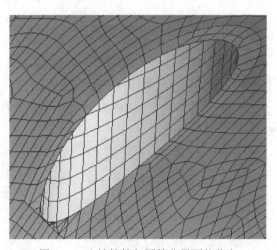

图 2.83 山坡接管与圆筒分界面共节点

（8）网格检查，仅有六面体的网格，见图 2.84。

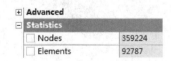

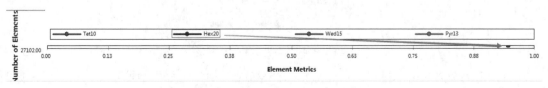

图 2.84 仅有六面体的网格

2.2.12 圆筒横截面上安放式斜接管

（1）在 DM 界面上，做一次修改：点击 Create→Boolean，点管环和圆筒，点 Apply，点生成。圆筒与管环合并为一体，见图 2.85。在 DM 界面上点另存为，保存文件名同为**圆筒横截面上安放式斜接管**。所谓**安放式**接管就是接管不插入壳体的开孔内，而是坐落在该合并的壳体的外面上，见第 1 章的 **1.4.12 圆筒横截面上安放式斜接管**。

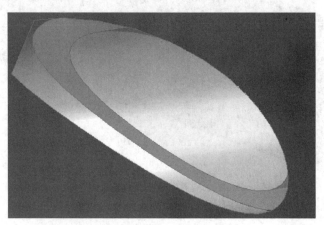

图 2.85　圆筒与管环合并为一体

（2）在 WB 桌面的单元格上，右键点 Geometry→Import Geometry，滑到右侧，点 **DM** 保存的文件"圆筒横截面上安放式斜接管"。Geometry 格后打勾。双击单元格 Model，进入 Model 界面，图形区中调出**圆筒横截面上安放式斜接管**，见图 2.86。

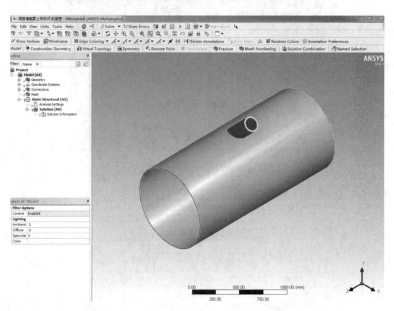

图 2.86　圆筒横截面上安放式斜接管

（3）确定全局网格的设置，点 Mesh，在详细窗口中，主要控制单元尺寸和层数，见图 2.87 和图 2.88。

Details of "Mesh"	무
Display	
Display Style	Use Geometry S...
Defaults	
Physics Preference	Mechanical
Element Order	Program Contr...
☐ Element Size	10.0 mm

图 2.87　控制单元尺寸

Inflation	
Use Automatic Inflation	None
Inflation Option	Smooth Transition
☐ Transition Ratio	0.272
☐ Maximum Layers	2
☐ Growth Rate	1.2
Inflation Algorithm	Pre
View Advanced Options	No

图 2.88　控制层数

（4）右键点 Mesh→Insert→Method，设置见图 2.89。

Details of "MultiZone" - Method	
Scope	
Scoping Method	Geometry...
Geometry	2 Bodies
Definition	
Suppressed	No
Method	MultiZone
Mapped Mesh Type	Hexa
Surface Mesh Method	Program ...
Free Mesh Type	Hexa Do...
Element Order	Use Glob...
Src/Trg Selection	Automatic
Source Scoping Met...	Program ...
Source	Program ...
Sweep Size Behavior	Sweep Ele...
☐ Sweep Element Si...	Default

图 2.89　Method 设置

（5）右键点 Mesh→Generate Mesh，生成六面体网格，见图 2.90。

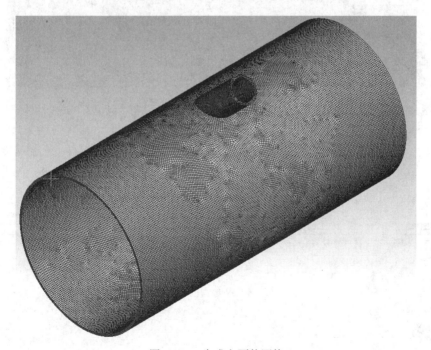

图 2.90　生成六面体网格

（6）坐落在管环与壳体合并的外表面上的安放式斜接管内径与壳体内径同大且共节点，见图 2.91。

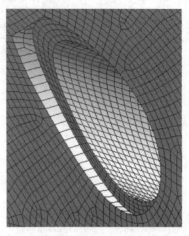

图 2.91　安放式斜接管内径与壳体内径同大且共节点

（7）安放式斜接管与壳体外表面的分界面上也共节点，见图 2.92。

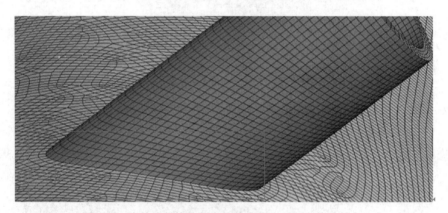

图 2.92　安放式斜接管与壳体外表面分界面上的共节点

（8）网格检查，仅含六面体网格，见图 2.93。

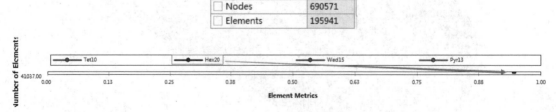

图 2.93　仅含六面体网格

2.2.13　锥壳

（1）在 WB 桌面的单元格上，右键点 Geometry→Import Geometry，滑到右侧，在右侧点

DM 保存的文件"**锥壳**"。Geometry 格后打勾。

（2）双击单元格 Model，进入 Model 界面，图形区中调出**锥壳**，见图 2.94。

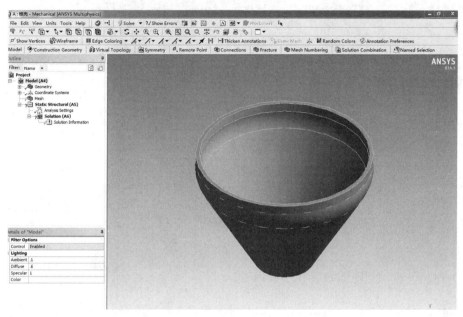

图 2.94　锥壳

（3）点导航树中的 Mesh，确定物理场，见图 2.27。

（4）确定全局网格的设置，点 Mesh。在详细窗口中，主要控制单元尺寸和 Inflation，见图 2.95 和图 2.96。

Sizing	
Use Advanced Size Fun...	Off
Relevance Center	Medium
Element Size	Default
Initial Size Seed	Active Assembly
Smoothing	Medium
Transition	Fast
Span Angle Center	Coarse
Minimum Edge Length	857.650 mm

图 2.95　控制尺寸

Inflation	
Use Automatic Inflation	None
Inflation Option	Smooth Transition
Transition Ratio	0.272
Maximum Layers	3
Growth Rate	1.2
Inflation Algorithm	Pre
View Advanced Options	No

图 2.96　控制层数

（5）右键点 Mesh→Insert→Method，选中锥壳后，设置见图 2.97。

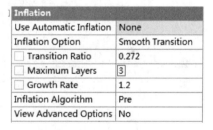

Geometry	1 Body
Definition	
Suppressed	No
Method	MultiZone
Mapped Mesh Type	Hexa
Surface Mesh Method	Program Controlled
Free Mesh Type	Hexa Dominant
Element Midside Nodes	Use Global Setting
Src/Trg Selection	Automatic
Source	Program Controlled

图 2.97　Method 设置

（6）右键点 Mesh→Generate Mesh，生成六面体网格，见图 2.98。

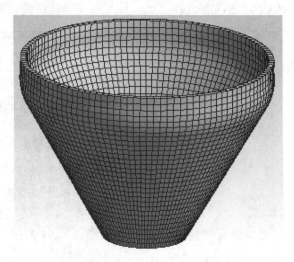

图 2.98　生成六面体网格

（7）网格检查，见图 2.99 和图 2.100。

Statistics	
Nodes	26302
Elements	3734
Mesh Metric	Orthogonal Quality
Min	.478521711890063
Max	.999985811262497
Average	.989551940609544
Standard Deviation	3.42135552005754E-02

图 2.99　网格检查

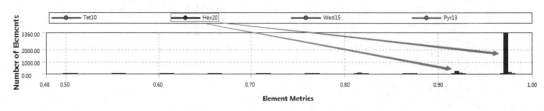

图 2.100　混合单元直方图

2.2.14　锥壳+径向接管

（1）在 DM 界面上，做一次修改：点击 Create→Boolean，点管环和接管，点 Apply，点生成。管环和接管合并为一体。在 DM 界面上点另存为，保存文件名同为**锥壳+径向接管**。

（2）在 WB 桌面的单元格上，右键点 Geometry→Import Geometry，滑到右侧，点 **DM** 保存的文件"**锥壳+径向接管**"。Geometry 格后打勾。

（3）双击单元格 Model，进入 Model 界面，图形区中调出**锥壳+径向接管**，见图 2.101。

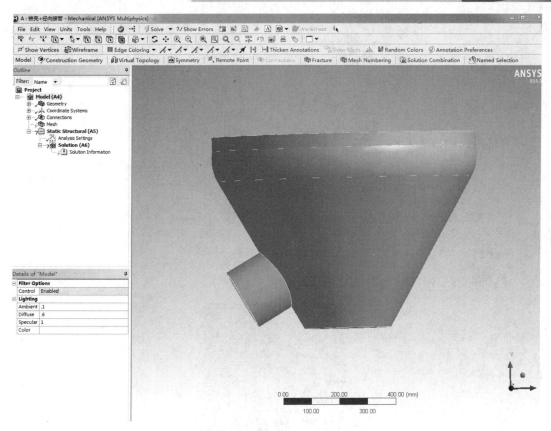

图 2.101　调出锥壳+径向接管

（4）确定全局网格的设置，点 Mesh，在详细窗口中，主要控制单元尺寸和 Inflation 见图 2.102 和图 2.103。

（5）右键点 Mesh，点 Insert→Method，先选体，共计 2 个体，Method 详细窗口设置，见图 2.104。

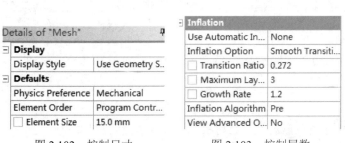

图 2.102　控制尺寸　　　　图 2.103　控制层数　　　　图 2.104　Method 选项

（6）右键点 Mesh→Generate Mesh，生成六面体网格，见图 2.105。

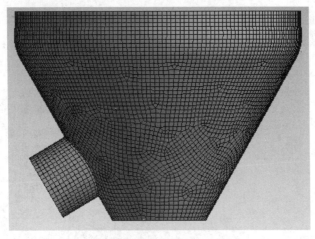

图 2.105　生成六面体网格

（7）径向接管与锥壳共节点，见图 2.106。

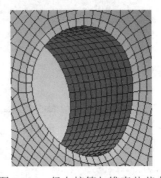

图 2.106　径向接管与锥壳共节点

（8）网格检查，仅含六面体单元直方图，见图 2.107 和图 2.108。

Statistics	
Nodes	81945
Elements	20372

图 2.107　节点和单元

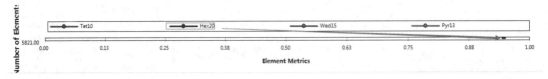

图 2.108　仅含六面体单元直方图

2.2.15　锥壳+水平接管

（1）在 DM 界面上，做一次修改：点击 Create→Boolean，点管环和接管，点 Apply，点生成。管环和接管合并为一体。在 DM 界面上点另存为，保存文件名同为**锥壳+水平接管**，Geometry 格后打勾。

（2）双击单元格 Model，进入 Model 界面，图形区中调出**锥壳+水平接管**，见图 2.109。

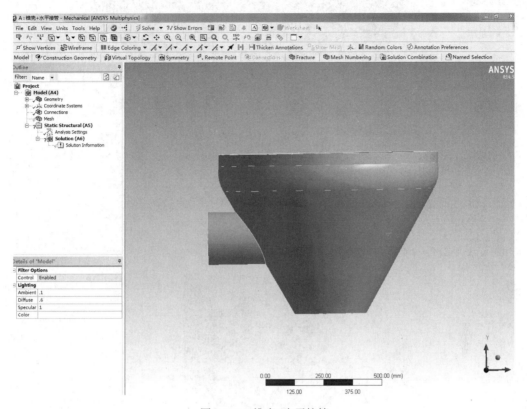

图 2.109　锥壳+水平接管

（3）确定全局网格的设置，点 Mesh。在网格详细窗口中，主要控制单元尺寸和 Inflation 见图 2.110 和图 2.111。

（4）右键点 Mesh，点 Insert→Method，先选体，共计 **2** 个体，Method 选项详细窗口设置，见图 2.112。

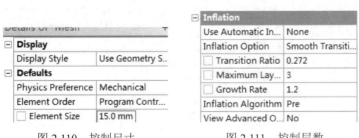

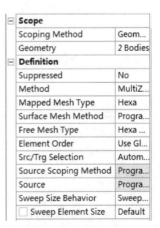

Scope	
Scoping Method	Geom...
Geometry	2 Bodies
Definition	
Suppressed	No
Method	MultiZ...
Mapped Mesh Type	Hexa
Surface Mesh Method	Progra...
Free Mesh Type	Hexa ...
Element Order	Use Gl...
Src/Trg Selection	Autom...
Source Scoping Method	Progra...
Source	Progra...
Sweep Size Behavior	Sweep...
Sweep Element Size	Default

图 2.110　控制尺寸　　　　　图 2.111　控制层数　　　　　图 2.112　Method 设置

（5）右键点 Mesh→Generate Mesh，生成六面体网格，见图 2.113。

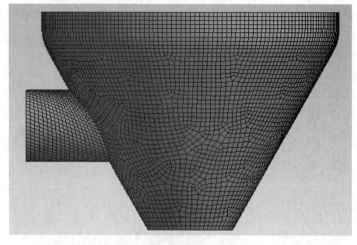

图 2.113　生成六面体网格

（6）水平接管与锥壳共节点，见图 2.114。

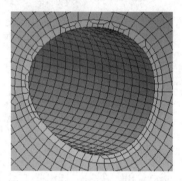

图 2.114　水平接管与锥壳共节点

（7）网格检查，见图 2.115 和图 2.116。

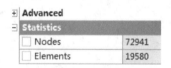

图 2.115　网格检查

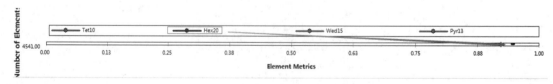

图 2.116　仅含六面体单元直方图

2.2.16　锥壳+竖直接管

（1）在 DM 界面上，做一次修改：点击 Create→Boolean，点管环和接管，点 Apply，点生成。接管与管环合并为一体。在 DM 界面上点另存为，保存文件名同为**锥壳+竖直接管**。

（2）双击单元格 Model，进入 Model 界面，图形区中调出**锥壳+竖直接管**，见图 2.117。

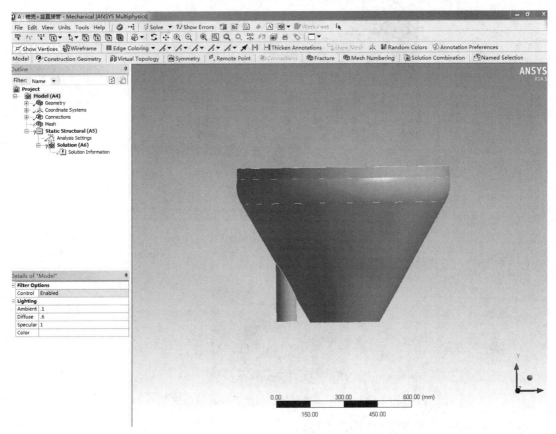

图 2.117　调出锥壳+竖直接管

（3）确定全局网格的设置，点 Mesh。在详细窗口中，主要控制单元尺寸和 Inflation 见图 2.118 和图 2.119。

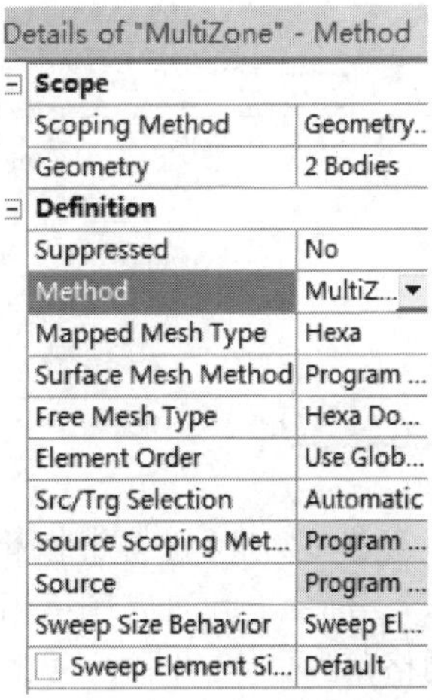

（4）右键点 Mesh→Insert→Method，设置见图 2.120。

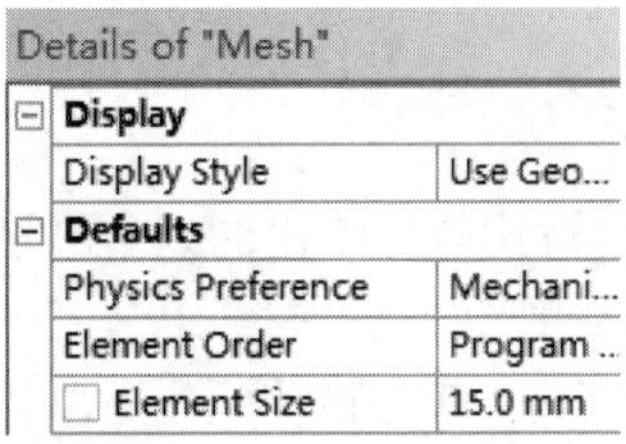

图 2.118　控制单元尺寸　　　　图 2.119　控制层数　　　　图 2.120　Method 设置

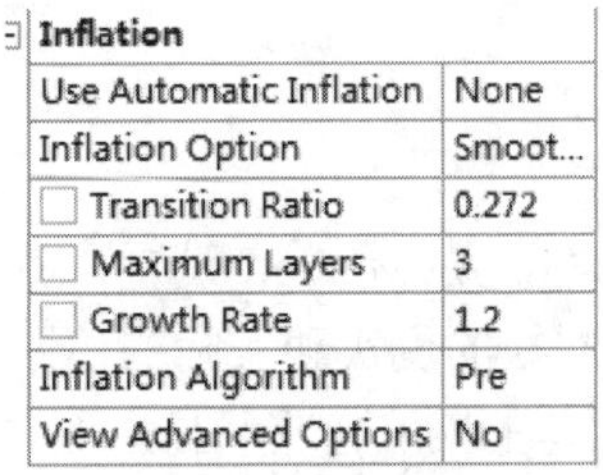

（5）右键点 Mesh→Generate Mesh，生成六面体网格，见图 2.121。

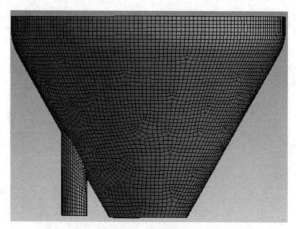

图 2.121　生成六面体网格

（6）内平齐竖直接管与锥壳内表面共节点，见图 2.122。

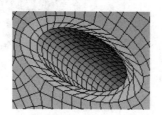

图 2.122　内平齐竖直接管与锥壳内表面共节点

（7）网格检查，见图 2.123 和图 2.124。

图 2.123　网格检查

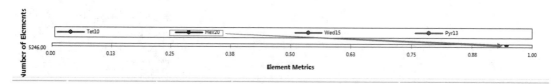

图 2.124　仅含六面体单元直方图

2.3　小结

本章给出 16 个划分网格的实例，从 Method 设置（就是组合运用软件给出的划分网格的方法）、混合单元直方图给出生成网格的现实和实际的体网格的效果来看，不同的组合产生不同网格，四面体的网格可改为六面体的网格，或凸显六面体的网格，扫掠方法不适用。总体特点如下。

（1）椭圆形封头+5 个接管，Method 设置，见图 2.15，网格检查，见图 2.19。

（2）圆筒纵向截面上径向接管。Method 设置，见图 2.57，网格检查，见图 2.60。

（3）椭圆形封头+中央人孔接管（图 2.28）、半球形封头+中央人孔接管（图 2.35）和圆筒纵向截面斜接管（图 2.67）的全局网格控制中给出单元尺寸。

（4）椭圆形封头和锥壳，均将下表中 Free Mesh Type 由原对应 Xexa Core 改为 Hexa Dominant 后，由四面体占主导的成分改为六面体占主导成分，见图 2.8 和图 2.97，相应的网格检查，见图 2.11 和图 2.100。

（5）对于图 2.3、图 2.6、图 2.7、图 2.9、图 2.10、图 2.11、图 2.12、图 2.14、图 2.15、和图 2.16，均给出内平齐接管与壳体分界面的分网后的共节点图，其一见图 2.52。

这 10 个图的有些混合单元直方图中，仅有六面体网格存在，见其一的图 2.116。

设定单元尺寸，一般 15～20 为宜。

（6）没采用扫掠法（Swept Meshing），也没有采用自动划分法。

（7）本章除小结（3）中的 3 个实例之外，按全局网格默认设置划分网格，控制尺寸和确定层数。

（8）没有对局部网格的设置，因为内平齐接管与壳体分网后多为不共节点。

在接管与壳体划分界面后，分界面应**共节点**。

（9）混合单元直方图中，红色 ━━●━━ Tet10 代表四面体，深紫色 ━━●━━ Hex20 代表六面体，绿色 ━━●━━ Wed15 代表楔形体，兰色 ━━●━━ Pyr13 代表棱锥体。

（10）椭圆形封头+5 个接管，共 22 个体，划分网格没遇到困难。因此，在创建几何模型时，不必采用将每一接管处的 3 个体（壳体外侧的接管、管环体和壳体）选中，点右键快捷菜单选 From New Part。

（11）清除网格的方法是，点右键弹出快捷菜单，选中 Clear Generated Data，又弹出对话框，见图 2.125，回答"是"。

（12）**不带接管的压力容器壳体是不存在的**，在 Workbench 课件上提出没有意义。本章对 16 个基本几何模型进行了划分网格，大体上浏览了压力容器的分网效果，积累了划分网格的方法。

（13）本章的方法涵盖换热器的管、壳程的接管。

第**3**章
炼油厂制氢装置 PSA 吸附器的低周疲劳分析

炼油厂制氢装置 PSA 吸附器是该装置的重要设备。多年来,每年(按 8400h 计)PSA 吸附器的**吸附**压力载荷循环次数均为 **14000** 次,属于低周疲劳分析的容器。

3.1 制氢工艺简介

PSA 吸附器主要应用于炼油厂的制氢装置。

制氢工艺有多种路线,如干气制氢、电解制氢、水煤气制氢、甲醇裂解制氢、轻油制氢和重油制氢等。

齐鲁石化公司胜利炼油厂 1991 年 9 月初投产的生产工业氢 4 万标准立方米/h 的第 2 制氢装置,作为 140 万吨/年重油加氢装置的配套装置。该装置以天然气、重油加氢装置脱硫瓦斯和焦化干气为主的原料气→脱硫→蒸汽转化→中温变换→低温变换→变压吸附,生产氢纯度>99.9%,供给重油加氢。

蒸汽转化:原料气加压到 3.2~3.5MPa,加温到 300℃~360℃,经氧化锌脱硫。脱硫合格后的原料气与蒸汽混合加热到 533℃,2.8MPa 下从 240 根转化炉管的顶部进入,在转化炉管内的转化催化剂的作用下生成气体有 H_2,CO,CO_2,未转化的甲烷和未参加反应的 H_2O。气体出口温度 784℃,压力 2.6MPa,进入转化废热锅炉,这就是蒸汽转化。

中温变换:从转化废热锅炉出来的气体,经换热后,温度从 784℃降为 336℃,从上部进入中温变换反应器,在中变催化剂的作用下,气体中的 CO 与调用转化废热锅炉生产的,进入汽包的工艺蒸汽反应,生成 CO_2 和 H_2,出口温度 381℃,这就是一氧化碳中温变换。

低温变换:温度控制在 200℃的中变气与饱和热态水从顶部进入低变反应器,在催化剂的作用下,生成 CO_2 和 H_2,这就是一氧化碳低温变换。

富氢气经冷却后,在 30℃~40℃,2.35MPa 下进入 10 台变压吸附器。

吸附物质的固体称为吸附剂。被吸附的物质称为吸附质,如上述的原料气。

吸附有化学吸附和物理吸附。化学吸附是吸附质的分子与吸附剂表面分子间发生反应生成表面络合物。通常情况下,化学吸附的吸附与解吸要比物理吸附慢。物理吸附是由于气体分子与吸附剂表面分子间的引力所引起的吸附，吸附与解吸速度也比较快。变压（Pressure Swing Adsorption）吸附是纯物理吸附，没有化学反应发生。

PSA 吸附器装填的吸附剂，从下向上依次装有：硅酸+氧化铝，吸附明水；中部活性碳，吸附 CH_4+CO_2；上部分子筛，吸附 CO。**吸附剂的使用寿命同吸附器。**

通常 **PSA 吸附器**分为一组 10 台，**每台吸附器都是间歇操作。**富氢气首先进入 10 台 PSA 吸附器中的 1 台，1 台吸附器完成吸附后，再计入四次均压降，一次顺方，一次逆方，一次清洗，四次均压升。10 台都是一样的，当该台完成吸附时，另 1 台吸附操作完成 1/2，而第 3 台刚开始吸附，就是这样交替切换即构成了连续 **PSA** 提纯过程。10 台吸附器全部完成吸附需要约 216×10÷3600=0.6 小时/次。**这是制氢车间总结出来的确定设计循环次数的方法。**

因此，**每年循环次数为 8400÷0.6=14000 次，取 14000 次为设计的循环次数。**

除 H_2 以外的杂质组分被上述多种吸附剂吸附，氢纯度＞99.9%的产品从吸附器顶部排出，供给重油加氢。富氢气从吸附器的下部进入 1 台吸附器，穿过吸附剂床层，从上部排出提纯 H_2 后，步骤是：

（1）均压降，四次，不进气，顺方（即上出）：一均降，压力降到 1.65MPa；二均降，压力降到 1.07MPa；三均降，压力降到 0.61MPa；四均降，压力降到 0.44MPa。

（2）顺方一次（上出），压力降到 0.22MPa，进顺方罐。

（3）逆方一次（下出），压力降到 0.04MPa，送转化炉做燃料。

（4）用顺方气冲洗，一次（上进下出），在压力 0.03MPa 下排出，（冲洗约为 300 秒）送转化炉做燃料。

（5）均压升，四次（上进）：四均升，压力升到 0.2MPa；三均升，压力升到 0.6MPa；二均升，压力升到 1.1MPa；一均升，压力升到 1.66MPa。用四次均压降的气体进行四均升。

（6）终压升（上进），压力升到 2.14MPa，用高纯度的 H_2 进行终压升。经终压升后的吸附器，将迎接下一循环。

PSA 吸附器是疲劳分析容器，但它完成压力载荷的升降压的一次循环伴随着吸附剂的吸附与解吸的工艺过程。

3.2　PSA 吸附器结构的设计条件

PSA 吸附器是裙座自支承式的轴对称立式容器，设计条件见表 3.1。

表 3.1　PSA 吸附器设计条件

执行标准	ASME Ⅷ-2-2015
设计压力，MPa	2.59
设计温度，℃	100
操作压力，MPa	2.35 / 0.03
操作温度，℃	50
腐蚀裕量，mm	2
焊接接头系数	1.0
试验压力，MPa	3.2（立置）/ 3.3（卧置）

执行标准	ASME Ⅷ-2-2015
物料名称	富氢气（H_2，CO，CO_2，CH_4）
介质特性	易燃爆炸
容器类别	二类
无损检测 UT，XT，MT，PT	100%
热处理	YES
圆筒 DN3000×5970（长）	厚度 34/26（前者厚度为国外图纸，后者为本设计）
椭圆形封头 EHA3000	厚度 46/30（前者厚度为国外图纸，后者为本设计）
筒体、椭圆形封头材质 Q345	$[\sigma]$ =181MPa
椭圆形上封头中央人孔接管（配进气管 159×13）	厚度 65/40（前者厚度为国外图纸，后者为本设计）
椭圆形下封头中央接管（配进气管 273×13）	厚度 57/32（前者厚度为国外图纸，后者为本设计）
上封头中央人孔接管和下封头中央开孔接管 16Mn	$[\sigma]$ =178MPa，R_m=480MPa
16Mn 的弹性模量（50℃）	200812MPa（按 GB/T 150－2011 确定）
16Mn 的泊松比	0.3
压力交变次数/年	**14000**
疲劳寿命，年	357 年（美国）或无限循环（俄罗斯）/**20**（**本设计**）
保温层厚度，mm	60

3.3 创建 PSA 吸附器的几何模型

本章创建 PSA 吸附器几何模型依据日本 UNION CARBIDE SERVICES K. K. TOKYO JAPAN 于 1988 年 8 月为齐鲁石化公司设计的 50m³ PSA 吸附器总图，山东齐鲁石化工程有限公司 2010 年为齐鲁石化胜利炼油厂制氢装置更新设计一台 PSA 吸附器。

本设计的几何尺寸和结构见图 3.1～图 3.4，与 UCS 和山东齐鲁石化的比较见表 3.2。

表 3.2　几何尺寸和结构对比

图样特点	UCS K.K. TOKYO.JAPAN	山东齐鲁石化工程公司 （按 20 年）	本设计（无限/20 年）
几何尺寸（见图 3.1）			
10400，2600，6070，1730，508，1800，1214，16，500，600，ID3000 圆筒壁厚 33 封头壁厚 40，使用 **46** 封头直边 75 人孔壁厚 65 下部开孔接管壁厚 **57**	同左	10400，2600，6070，1730，**533**，1800，**1250**，**18.4**，**462**，600，ID3000， 圆筒壁厚 **26** 封头壁厚最小 **34** 封头直边 **50** 人孔壁厚**未注尺寸** 下部开孔接管壁厚未注尺寸	10400，2600，6070，1730，508，1800，1214，16，500，600，ID3000 圆筒壁厚 **26** 封头壁厚 **30** 封头直边 **50** 人孔壁厚 **40** 下部开孔接管壁厚 **32**

结构		
裙座与下封头的连接	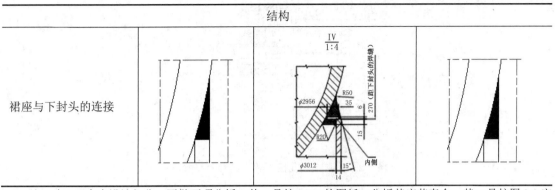	

注：表 3.2 中本设计部分，要做两项分析：其一是按 UCS 的图纸，分析其疲劳寿命；其二是按图 3.1 完成本设计的 20 年疲劳寿命分析。

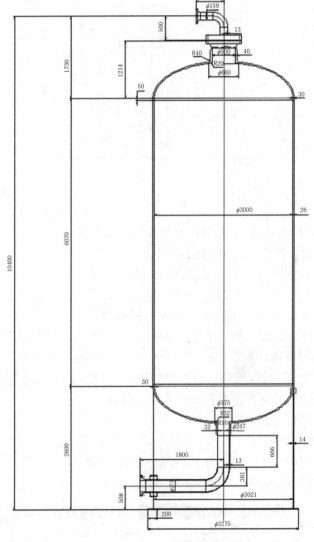

图 3.1　设备简图

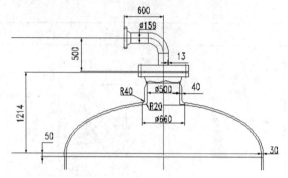

图 3.2　上封头人孔接管和出气管 $\phi159\times13$

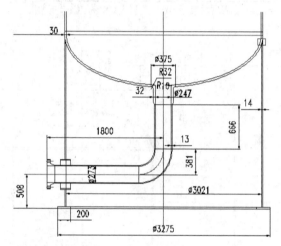

图 3.3　下封头进气管 $\phi273\times13$

另外，将 UCS 的 SPV36 改为 Q345，$\phi500$ 人孔接管为内伸式，改为平齐式，封头直边 75mm 改为 50mm 等几何尺寸，但圆筒 DN3000×5970（长），封头 EHA3000，上封头中央人孔接管厚度 65mm 和下封头中央进气管接管厚度由 57.5mm 改为 57mm，其他计算不变，50m³ 容积不变。原设计总图没有给出压力交变次数/年和设计寿命。

图 3.4　下封头与裙座的对接焊缝

PSA 吸附器是轴对称体，建立 2D 模型。分为上部和下部两个模型。

应以一个草图创建 2D 几何模型。创建 2D 模型并非容易，如果不能生成面体，这样的几何模型就有错误。确定的几何模型要在 **DM 桌面上保存**。

1. PSA 吸附器上部几何模型

椭圆形封头 EHA3000×46。

（1）打开 WB，双击工具箱 Component Systems 的 Geometry，出现 A 单元格，右键 A2 格，点 Properties，将右侧 Analysis Type 设置为 2D，见图 3.5。

17	⊟ Advanced Geometry Options	
18	Analysis Type	2D

图 3.5　2D 设置

（2）右键点 A2 格→New Geometry，打开 DM 界面，点 XYPlane，点草图 **Sketch1**，点正视图。切换到 Sketching→Draw→Ellipse。并注尺寸 Dimensions。采用 Modify→Trim 修剪，加上直边高度 V15=50，削薄后下端圆筒厚度 H17=34，直边削薄符合 GB/T 150－2011 的规定。

（3）画椭圆形封头中央人孔接管 ϕ 500×65。

点 **Sketch1**，切换到 Sketching→Draw，点 Line，在 Y 轴右侧画竖直线 H5=250mm，在其右侧，画出 1 条竖直线，两条竖直线间距 H6= 65mm。

点 Modify→Fillet，见图 3.6，点人孔的外壁线和椭圆线的外壁线，生成外转角 R9=65，同理，生成人孔内转角 R8=12。

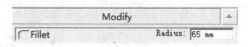

图 3.6　画转角

（4）画圆筒。在 **Sketch1** 上，点 Draw→Rectangle，在直边下端厚度 H17=34mm 处，画圆筒，V16=350mm。

（5）椭圆形上封头+中央人孔接管+圆筒的组合及尺寸，见图 3.7。

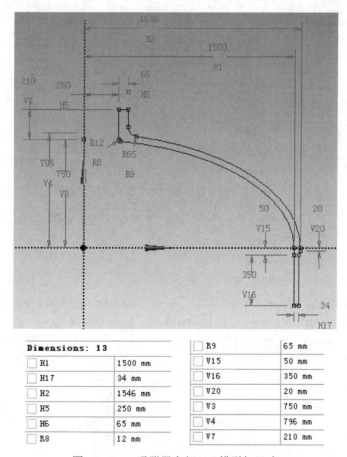

Dimensions: 13			
H1	1500 mm	R9	65 mm
H17	34 mm	V15	50 mm
H2	1546 mm	V16	350 mm
H5	250 mm	V20	20 mm
H6	65 mm	V3	750 mm
R8	12 mm	V4	796 mm
		V7	210 mm

图 3.7　PSA 吸附器上部 2 D 模型与尺寸

（6）PSA 吸附器上部 2D 几何模型。点 **Sketch1**，点 Concept→Surfaces From Sketches，

详细窗口，见图 3.8，点 Apply，出现 1Sketch，点生成，见图 3.9。

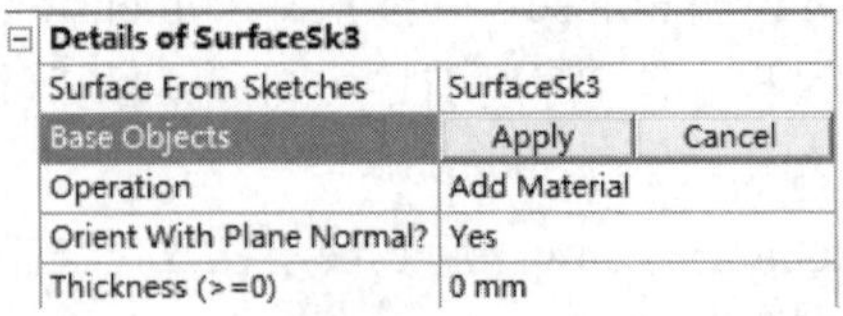

Details of SurfaceSk3
Surface From Sketches
SurfaceSk3
Base Objects
Apply
Cancel
Operation
Add Material
Orient With Plane Normal?
Yes
Thickness (>=0)
0 mm

图 3.8 面体设置

H2
H1
H6
H5
V7
R8
R9
V3
V4
V15
V20
V16
H17

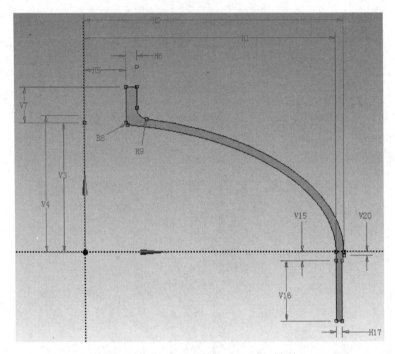

图 3.9 PSA 吸附器上部 2 D 几何模型

（7）保存文件。在 DM 桌面上，将图 3.9 的面体几何模型另存到 G 盘上。

2. PSA 吸附器下部 2D 几何模型

椭圆形封头 EHA3000×46。

（1）将 Analysis Type 设置为 2D，见图 3.5。

（2）点 XYPlane，点 **Sketch1**，点正视图。切换到 Sketching→Draw→Ellipse→Dimensions，H2=1500mm / 短半轴 V6=750mm，H3=1546mm / 短半轴 V7=796mm。采用 Modify→Trim 修剪，加上直边 V20=50mm，削薄尺寸，见图 3.10～图 3.12。

V20
V21

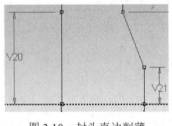

图 3.10 封头直边削薄

H10	205 mm		
H15	120.5 mm		
H16	57 mm		
H2	1500 mm	V11	24 mm
H25	34 mm	V14	2600 mm
H26	1510.5 mm	V17	215 mm
H27	14 mm	V20	50 mm
H3	1546 mm	V21	20 mm
H9	1425 mm	V24	350 mm
R18	10 mm	V6	750 mm
R19	57 mm	V7	796 mm

图 3.11　PSA 吸附器下部 2D 几何模型设定尺寸

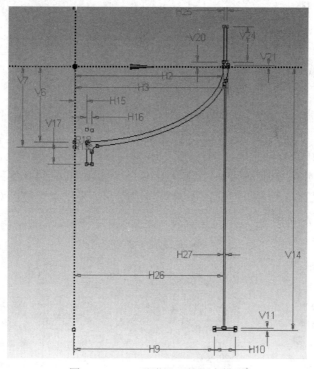

图 3.12　PSA 吸附器下部组合模型

（3）画椭圆形下封头中央开孔接管。将日本原图（UCS K.K. TOKYO.JAPAN），即图 3.13 中 φ356 改为 φ355，将接管壁厚 57.5 改为 57。中央接管内径=355-2×57=241mm，配进气管 273-2×16=241mm，内径相同。

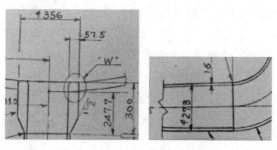

图 3.13　UCS K.K. TOKYO.JAPAN

切换到 Sketching→Draw，画中央开孔接管，点 Line，在 Y 轴反方向右侧画竖直线，H15=120.5mm，在其右侧画 1 条竖直线，间距 H16=57mm。

画内外转角，点 Modify→Fillet，在 Fillet 的右侧框内输入 57，见图 3.14，点外壁的椭圆线和接管外壁的竖直线，形成外圆角 R19=57，见图 3.15。

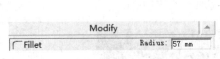

图 3.14　设置转角半径

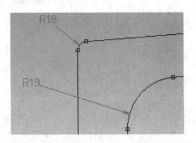

图 3.15　中央开孔接管内外转角半径

同样，输入 Fillet=10，点内壁的椭圆线和 H15=120.5mm 的竖直线，画出内转角 R18=10，见图 3.15。

（4）画圆筒。点 Draw→Rectangle，在封头直边左侧上顶点上，画出长方形，标尺寸 V24=350，H25=34。

（5）画裙座。在坐标轴下面，画一水平线，标此线与 X 轴间距 V14=2600。标注尺寸 H9=1425，点 Rectangle，画出基础板，H10=205，H27=14，H26=1510.5，V11=24。

圆筒形裙壳板上部与下封头相交，下封头与裙座壳，采用全焊透的对接焊缝，连接结构见图 3.16。所有尺寸，见图 3.11。

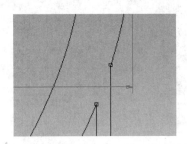

图 3.16　下封头与裙座壳全焊透的对接焊缝

PSA 吸附器下部的下封头+中央开孔接管+封头直边上的圆筒+裙壳板和基础环的组合模型，见图 3.12。

（6）生成面体。点 Sketch 1→Concept →Surfaces From Sketches，出现如图 3.17 所示面体设置对话框，点图 3.8 中的 Apply，出现 1Sketch，点生成，结果**失败**。

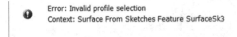

图 3.17　生成面体失败

（7）剪切。图 3.12 的模型，因不能生成面体，是无用的模型。剪切的目的是切掉某一部分，使之生成面体。

封头及直边、中央接管、直边以上的圆筒是不能切掉的，因为它们要承受压力载荷。裙座的作用是在基础板上施加固定约束。这是轴对称体，使 Y 方向的自由度=0。因此，基础板和部分裙座壳被切掉，**V28=2250**，在未切掉的裙座壳下面，仍然可施加固定约束。

（8）再生成面体。点 Sketch 1→Concept→Surfaces From Sketches，点生成，结果**成功**。见图 3.18。

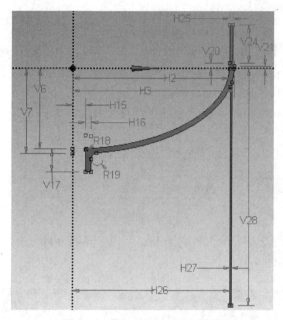

图 3.18　剪切后的 2D 几何模型

（9）保存文件。在 DM 桌面上，点另存为，保存图 3.18，输入文件名：PSA 吸附器下部 2D 几何模型，见图 3.19。

图 3.19　保存文件

3.4 PSA 吸附器的压力应力分析

3.4.1 PSA 吸附器下部 2D 几何模型的压力应力分析

（1）调用 PSA 吸附器下部 2D 几何模型。

1）打开 WB 桌面，点工具箱 Static Structural，在图形区出现 A 单元格。在 A7 格下面输入文件名：PSA 吸附器下部 2D 几何模型的压力应力分析，点"另存为"，在 G 盘保存。

2）确定使用单位。压力容器长度使用单位是"mm"，压力使用单位是"MPa"。因此，必须提前设置。点 WB 工具栏的 Units，在 Metric（kg，mm，…N…）和 Display Values in Project Units 前打勾，并点 Unit Systems，在弹出的下列序号表中，选图 3.20 中的序号。

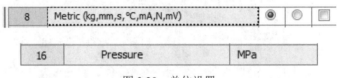

图 3.20　单位设置

3）材料属性。双击 A2 格，填入材料 16Mn，点 Isotropic Elasticity，输入 E=1.97E+05MPa，μ=0.3，见图 3.21。返回到 WB。

图 3.21　材料属性

4）设置 2D。点 WB 工具栏 View→Properties，点 2D，见图 3.22。

图 3.22　设置 2D

5）右键 A3 格 Geometry→Import Geometry→PSA 吸附器下部 2D 几何模型，A3 格后打勾。

6）双击 A4 格 Model，调出 PSA 吸附器下部 2D 几何模型，见图 3.23。

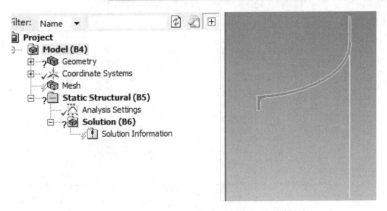

图 3.23　调出 PSA 吸附器下部 2D 几何模型

（2）划分网格。

1）点导航树上部的 Geometry，在详细窗口中，2D Behavior 的右侧，点 Axisymmetric，见图 3.24。

2）点导航树的 Mesh，设置 Relevance=100，Relevance Center=Fine，见图 3.25。

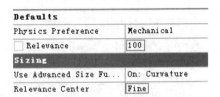

图 3.24　设置 **Axisymmetric**　　　　　图 3.25　设置 Relevance

3）右键点 Mesh→Insert→Mapped Face Meshing，框选面体，点 Apply，出现 1 Face。右键点 Mesh→Insert→Sizing，选人孔内转角边，在详细窗口 Element Size=5mm，加密。点 Mesh→Generate Mesh，生成四边形网络，见图 3.26。

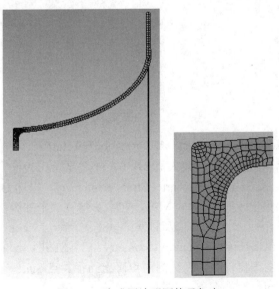

图 3.26　生成四边形网格及加密

4）生成网格及检查，见图 3.27。

Statistics	
☐ Nodes	1832
☐ Elements	473
Mesh Metric	Element Quality
☐ Min	.743027774487839
☐ Max	.999469496895076
☐ Average	.929937775494577
☐ Standard Deviation	5.25381385922...

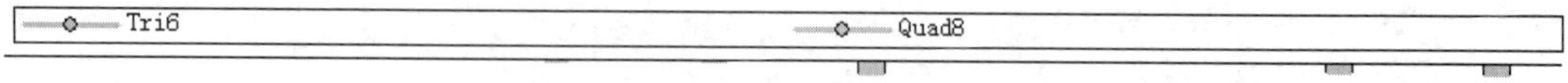

◇── Tri6　　　　　　　　　　　　　　◇── Quad8

图 3.27　网格检查

（3）加载。施加载荷和约束，点导航树的 Analysis Settings，点工具栏上的 Loads→Pressure，在内表面线上，按住鼠标沿线左键从下向上滑动，终止后，点 Apply，出现 5 Edges，在详细窗口 magnitude 右侧施加内压 2.59MPa，在中央接管下部施加轴向面载荷-2.21MPa，圆筒上部施加轴向面载荷-41.59MPa，在裙座板下面施加 Displacement，见图 3.28。

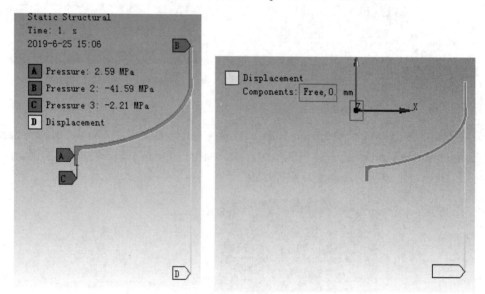

图 3.28　施加载荷和约束

（4）求总变形，点 Solution→Insert→Deformation→Total，在详细窗口中，框选 Geometry 后，详细窗口出现 1 个体，点求解，最大值 2.4661mm，见图 3.29。

（5）求应力强度，点 Solution→Insert→Stress→Intensity，框选 Geometry，详细窗口出现 1 个体，点求解，最大的应力强度 159.65MPa，在中央接管的上部内拐点处，见图 3.30。

（6）在中央接管拐点上应力线性化与评定。

1）右键点 Model→Insert→Construction Geometry，在导航树上出现 Construction Geometry，点工具栏上的 Path，在明细窗口中，确认由两点确定路径。点 Start→Location→Apply。同样，点 End→Location→Apply，设置路径，见图 3.31。

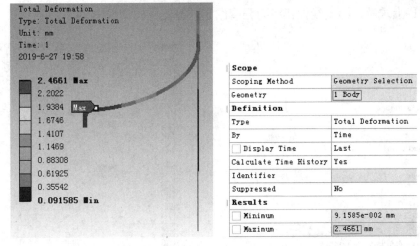

图 3.29　总变形

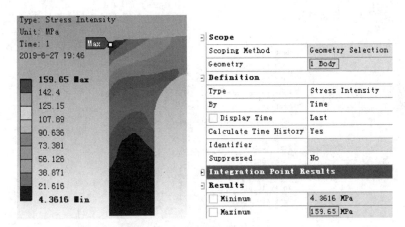

图 3.30　应力强度

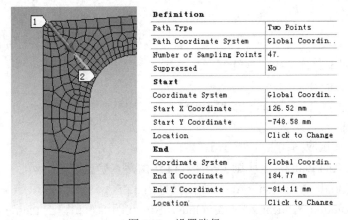

图 3.31　设置路径

2）右键点 Solution→Linearized Stress Intensity，在明细窗口，点 Path→Path，框选 Geometry，出现 1 个体，详细窗口 2D Behavior：选 Axisymmetric，见图 3.32。

点工具栏上求解，给出线性化应力强度结果，见图 3.33 和图 3.34。

Scoping Method	Path
Path	Path
Geometry	1 Body
Definition	
Type	Lineari...
Subtype	All
By	Time
☐ Display Time	Last
Coordinate System	Global ...
2D Behavior	Axisy... ▼
Average Radius of Curvature	-1. mm
Through-Thickness Bending Stress	Include

图 3.32　设置轴对称

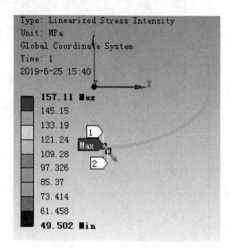

图 3.33　线性化应力强度

Membrane	103.22 MPa
Bending (Inside)	57.73 MPa
Bending (Outside)	57.112 MPa
Membrane+Bending (Inside)	158.75 MPa
Membrane+Bending (Center)	105.14 MPa
Membrane+Bending (Outside)	51.795 MPa
Peak (Inside)	22.707 MPa
Peak (Center)	9.7222 MPa
Peak (Outside)	29.463 MPa
Total (Inside)	157.11 MPa
Total (Center)	101.4 MPa
Total (Outside)	49.502 MPa

Tabular Data						
	Length [mm]	☑ Membrane [MPa]	☐ Bending [MPa]	☑ Membrane+Bending [MPa]	☐ Peak [MPa]	☑ Total [MPa]
1	0.	103.22	57.73	158.75	22.707	157.11

图 3.34　明细窗口和列表法给出结果

3）评定。

中央接管处属于总体结构不连续。

P_L=103.22≤178MPa

P_L+P_b+Q=158.75MPa≤3.0×178=534MPa

结论：评定通过。

（7）在圆筒上端应力线性化处理与评定。

1）点工具栏上的 Path2，在明细窗口中，确认由两点确定路径。然后点 Start→Location→Apply。同样，点 End→Location→Apply，设置见图 3.35。

2）右键点 Solution→Linearized Stress Intensity，在明细窗口，点 Path→Path，框选，出现 1 个体，点 2D Behavior：选 Axisymmetric，见图 3.32。

3）点工具栏上求解，给出下列结果：

图形区给出应力线性化结果，见图 3.36，图示法和列表法，见图 3.37。

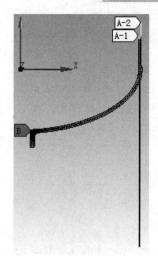

Path Type	Two Points
Path Coordinate System	Global Coordin..
Number of Sampling Points	47.
Suppressed	No
Start	
Coordinate System	Global Coordin..
Start X Coordinate	1500.8 mm
Start Y Coordinate	398.58 mm
Location	Click to Change
End	
Coordinate System	Global Coordin..
End X Coordinate	1533.4 mm
End Y Coordinate	399.48 mm
Location	Click to Change

图 3.35　设置路径

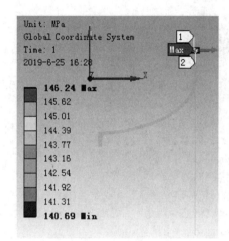

Results	
Membrane	143.45 MPa
Bending (Inside)	2.7832 MPa
Bending (Outside)	2.7624 MPa
Membrane+Bending (Inside)	146.23 MPa
Membrane+Bending (Center)	143.46 MPa
Membrane+Bending (Outside)	140.68 MPa
Peak (Inside)	0.12639...
Peak (Center)	6.0752e...
Peak (Outside)	3e-002 MPa
Total (Inside)	146.24 MPa
Total (Center)	143.42 MPa
Total (Outside)	140.69 MPa

图 3.36　应力线性化结果

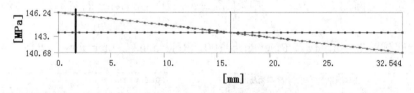

	Length [mm]	Membrane [MPa]	Bending [MPa]	Membrane+Bending [MPa]	Peak [MPa]	Total [MPa]
1	0.	143.45	2.7832	146.23	0.12639	146.24

图 3.37　应力线性化结果的列表法

4）评定。

圆筒上端为总体结构连续区。

$P_m = 143.45 < 178 \text{MPa}$

$P_m + P_b = P_L + P_b = 146.23 \text{MPa} \leqslant 1.5 \times 178 = 267 \text{MPa}$

结论：评定通过。

3.4.2　PSA 吸附器上部 2D 几何模型的压力应力分析

（1）调用 PSA 吸附器上部 2D 几何模型。

1）打开 WB 桌面，点工具箱 Static Structural，在图形区出现 A 单元格。在 A7 格下面输入文件名：PSA 吸附器上部 2D 几何模型的压力应力分析，点另存为，在 G 盘保存。

2）确定使用单位。

见图 3.20。

3）材料属性。

见图 3.21。

4）设置 2D。

见图 3.22。

5）右键 A3 格 Geometry→Import Geometry→PSA 吸附器上部 2D 几何模型，A3 格后打勾。

6）双击 A4 格 Model，调出 PSA 吸附器上部 2D 几何模型，见图 3.38。

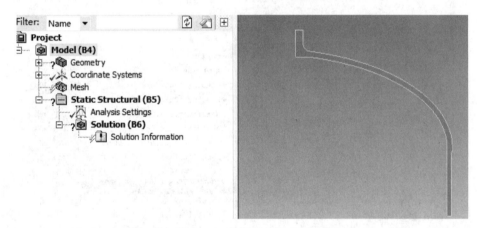

图 3.38　调出 PSA 吸附器上部 2D 几何模型

（2）划分网格。

1）点导航树上部的 Geometry，在详细窗口中，2D Behavior 的右侧，点 Axisymmetric，见图 3.39。

2）点导航树的 Mesh，设置 Relevance=100，Relevance Center=Fine，见图 3.40。

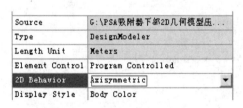

图 3.39　设置 Axisymmetric

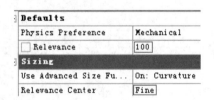

图 3.40　设置 Relevance

3）点 Mesh→Insert→Method，框选面体，点 Apply，出现 1 Body，点详细窗口，在 Method 的右侧点 Quadrilateral Dominant，见图 3.41。

4）网格加密，点 Mesh→Insert→Sizing，选内转角边，Element Size=5，见图 3.42。

Scope	
Scoping Method	Geometry Selection
Geometry	1 Body
Definition	
Suppressed	No
Method	Quadrilateral Dominant
Element Midside Nodes	Use Global Setting
Free Face Mesh Type	Quad/Tri

图 3.41　四边形网格设置

Scope	
Scoping Method	Geometry Selection
Geometry	1 Edge
Definition	
Suppressed	No
Type	Element Size
☐ Element Size	5. mm
Behavior	Soft

图 3.42　加密

5）点 Mesh→Generate Mesh，生成四边形网络，见图 3.43。

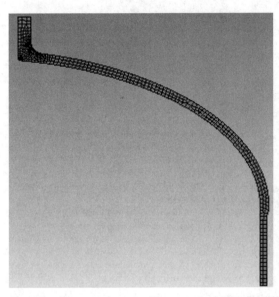

图 3.43　生成四边形网格及加密

6）生成网格及检查，见图 3.44。

Statistics	
☐ Nodes	1653
☐ Elements	466
Mesh Metric	Element Quality
☐ Min	.784121911025738
☐ Max	.994977277050505
☐ Average	.947667912927436
☐ Standard Deviation	3.68699518636...

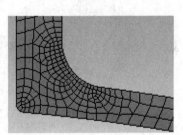

图 3.44　网格检查

（3）加载。施加载荷和约束，点工具栏上的 Loads→Pressure，沿内壁线，施加内压载荷 2.59MPa，在中央人孔上部，施加轴向面载荷-4.4MPa，在圆筒下端，施加 Displacement，只约束 Y 向=0mm，见图 3.45。

（4）求总变形，点 Solution→Insert→Deformation→Total，框选面体，1 个体，点求解，最大值 2.1031mm，见图 3.46。

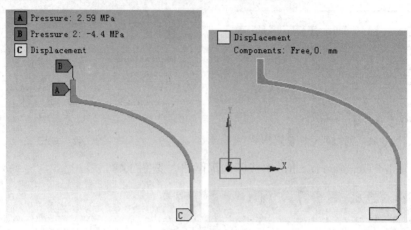

图 3.45　施加载荷和约束

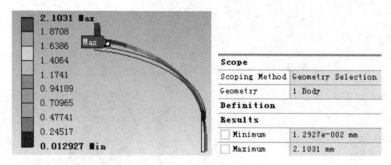

图 3.46　总变形

（5）求应力强度，点 Solution→Insert→Stress→Intensity，框选面体，点求解，最大值 162.69MPa，出现在人孔内拐点处对面的外壁上，见图 3.47。人孔内拐点处也是红色标志区。

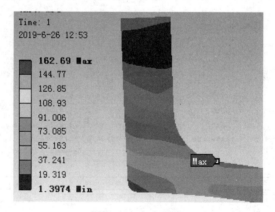

图 3.47　应力强度

（6）应力线性化处理。

1）右键点 Model→Insert→Construction Geometry，在导航树上出现 Construction Geometry，点工具栏上的 Path，在明细窗口中，确认由两点确定路径。选应力强度最高值的点，然后点 Start→Location→Apply。同样，点 End→Location→Apply，如图 3.48 所示。

Path Type	Two Points
Path Coordinate System	Global Coordin..
Number of Sampling Points	47.
Suppressed	No
Start	
Coordinate System	Global Coordin..
Start X Coordinate	352.87 mm
Start Y Coordinate	778.05 mm
Location	Click to Change
End	
Coordinate System	Global Coordin..
End X Coordinate	351.08 mm
End Y Coordinate	729.17 mm
Location	Click to Change

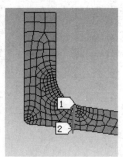

图 3.48　设置路径

2）右键点 Solution→Linearized Stress Intensity，在明细窗口，点 Path→Path，框选，出现 1 个体，在详细窗口设置 2D 轴对称，见图 3.49，求解 1-2 路径线性化结果，见图 3.50 和图 3.51。列表法，见图 3.52。

Scoping Method	Path
Path	Path
Geometry	1 Body
Definition	
Type	Lineari...
Subtype	All
By	Time
Display Time	Last
Coordinate System	Global ...
2D Behavior	Axisy...
Average Radius of Curvature	-1. mm
Through-Thickness Bending Stress	Include
Suppressed	No

图 3.49　轴对称

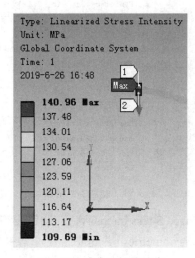

图 3.50　应力线性化结果

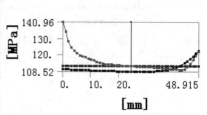

Results		
Membrane	111.96	MPa
Bending (Inside)	55.195	MPa
Bending (Outside)	60.937	MPa
Membrane+Bending (Inside)	110.02	MPa
Membrane+Bending (Center)	108.56	MPa
Membrane+Bending (Outside)	122.33	MPa
Peak (Inside)	84.403	MPa
Peak (Center)	14.444	MPa
Peak (Outside)	18.244	MPa
Total (Inside)	140.96	MPa
Total (Center)	112.09	MPa
Total (Outside)	121.43	MPa

图 3.51　详细窗口和图示法给出应力线性化结果

49	48.915	111.96	60.937	122.33

图 3.52　应力线性化列表法

（7）评定。

图 3.52 给出的最高应力强度属于总体结构不连续处。

P_L=111.96≤178MPa

P_L+P_b+Q=122.33MPa≤3.0×178=534MPa

结论：评定通过。

（8）在上封头人孔内拐点处设置路径。

1）点工具栏上的 Path2，在上封头人孔内拐点处，选最高应力点，然后在详细窗口点 Start→Location→Apply。同样，在最高应力点对面，选点后，点详细窗口 End→Location→Apply，见图 3.53。

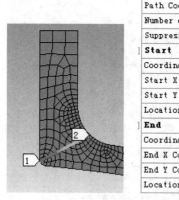

Path Type	Two Points
Path Coordinate System	Global Coordin..
Number of Sampling Points	47.
Suppressed	No
Start	
Coordinate System	Global Coordin..
Start X Coordinate	251.13 mm
Start Y Coordinate	746.51 mm
Location	Click to Change
End	
Coordinate System	Global Coordin..
End X Coordinate	333.87 mm
End Y Coordinate	788.52 mm
Location	Click to Change

图 3.53　设置 1-2 路径

2）右键点 Solution→Linearized Stress Intensity，在明细窗口，点 Path→Path，框选，出现 1 个体，点 2D Behavior：选 Axisymmetric，并建立路径，见图 3.54。

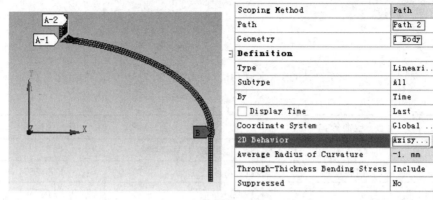

图 3.54　建立路径和设置轴对称

3）点导航树的 Solution→Linearized Stress Intensity，点工具栏上求解，图形区、图示法和列表法给出结果，分别见图 3.55、图 3.56 和图 3.57。

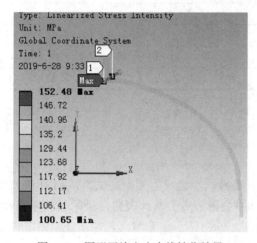

图 3.55　图形区给出应力线性化结果

Membrane	121.06	MPa
Bending (Inside)	45.811	MPa
Bending (Outside)	43.882	MPa
Membrane+Bending (Inside)	164.71	MPa
Membrane+Bending (Center)	125.52	MPa
Membrane+Bending (Outside)	89.177	MPa
Peak (Inside)	29.505	MPa
Peak (Center)	17.238	MPa
Peak (Outside)	36.726	MPa
Total (Inside)	152.48	MPa
Total (Center)	119.89	MPa
Total (Outside)	101.19	MPa

图 3.56　详细窗口给出线性化结果

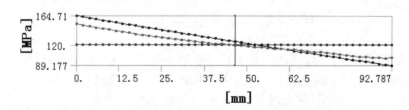

	Length [mm]	Membrane [MPa]	Bending [MPa]	Membrane+Bending [MPa]	Peak [MPa]	Total [MPa]
1	0.	121.06	45.811	164.71	29.505	152.48

图 3.57　列表法

（9）评定。

路径所在位置属于总体结构不连续处。

P_L=121.06≤178MPa

P_L+P_b+Q=164.71MPa≤3.0×178=534MPa

结论：评定通过。

3.4.3 评定表

按 ASME Ⅷ-2-2015 评定，UCS K.K. TOKYO.JAPAN 的分析结果见表 1。

表 1

路径	应力分类	应力强度计算值，MPa	应力强度评定，MPa
PSA 吸附器上部 2D 几何模型			
Path1	P_L（人孔内转角边缘处）	111.96	≤1.5×178=267
	P_L+P_b+Q	122.33	≤3.0×178=534
Path2	P_L（人孔下端内拐点处）	**121.06**	≤1.5×178=267
	P_L+P_b+Q	**164.71**	≤3.0×178=534
PSA 吸附器下部 2D 几何模型			
Path1	P_L（接管上端内拐点处）	103.22	≤1.5×178=267
	P_L+P_b+Q	158.75	≤3.0×178=534
Path2	P_m（圆筒上端处）	143.45	≤181
	P_L+P_b	146.23	≤1.5×181=271.5

结论：全部评定通过。

3.5 疲劳分析特点与评定

从表 1 可以看出，PSA 吸附器上部人孔下端内拐点处应力强度最大，P_L=121.06MPa，P_L+P_b+Q=164.71MPa。因此，**以 PSA 吸附器上部模型的疲劳分析代表整台吸附器的疲劳计算。**

根据规范规定，疲劳分析使用操作压力：在 2.35MPa 下，富氢气的杂质在吸附器内被吸附剂吸附，在 0.03MPa 下冲洗，排出的杂质，送转化炉做燃料。

PSA 吸附器的疲劳分析属于生产操作的一种特殊的疲劳设备，一次载荷循环图中，加载或卸载不是 Ramped，而是阶梯式或断崖式，如在 2.35MPa 下，经 216 秒，完成吸附，然后，依以下步骤：

（1）均压降，四次，不进气，顺方（即上出）：一均降，压力降到 1.65MPa；二均降，压力降到 1.07MPa；三均降，压力降到 0.61MPa；四均降，压力降到 0.44MPa。

（2）顺方一次（上出），压力降到 0.22MPa，进顺方罐。

（3）逆方一次（下出），压力降到 0.04MPa，送转化炉做燃料。

（4）用顺方气冲洗，一次（上进下出），在压力 0.03MPa 下排出，（冲洗约为 300 秒）送转化炉做燃料。

（5）均压升，四次（上进）：四均升，压力升到 0.2MPa；三均升，压力升到 0.6MPa；二均升，压力升到 1.1MPa；一均升，压力升到 1.66MPa。用四次均压降的气体进行四均升。

（6）终压升（上进），压力升到 2.14MPa，用高纯度的 H_2 进行终压升。

经终压升后的吸附器，将迎接下一循环。

上面显示一台 PSA 吸附器的循环一次的载荷循环图，是一个事件。但炼油厂没有提出各时间点上规定的不同的断崖式载荷与时间的关系，因为这是间歇操作。只有计入 10 台吸附时间才能构成连续的生产操作，这就是吸附器的疲劳分析的特点。

因此，将最低操作压力 0.03MPa，在疲劳分析时视为零。

3.5.1　在 2.35MPa 下 PSA 吸附器的应力强度与线性化处理

（1）加载。在模型的内壁面上施加内压载荷 2.35MPa，在人孔上端面上施加轴向面载荷 -4.0MPa，在圆筒下部端面施加 Y 向自由度= 0mm，见图 3.58。

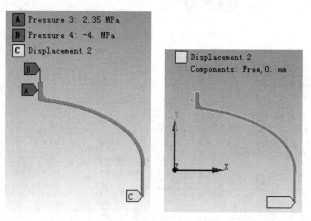

图 3.58　施加载荷与约束

（2）求总变形。点 Solution→Insert→Deformation→Total，框选上部模型，共 1 个体，点求解，最大值 1.9089mm，见图 3.59。

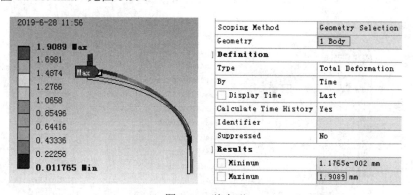

图 3.59　总变形

（3）求应力强度。点 Solution→Insert→Stress→Intensity，框选 1 个体，点求解，最大值 147.74MPa，见图 3.60。

（4）应力线性化处理。

1）右键点 Model→Insert→Construction Geometry，在导航树上出现 Construction Geometry，点工具栏上的 Path，在明细窗口中，确认由两点确定路径。然后点 Start→Location→Apply。同样，点 End→Location→Apply，见图 3.61。

2）右键点 Solution→Linearized Stress Intensity，在明细窗口，点 Path→Path，框选，出现 1 个体，在 Definition→2D Behavior→Axisymmetric，点求解，见图 3.62。

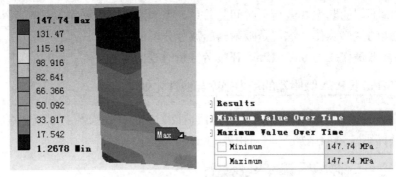

图 3.60　应力强度

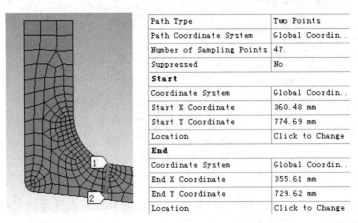

图 3.61　设置路径

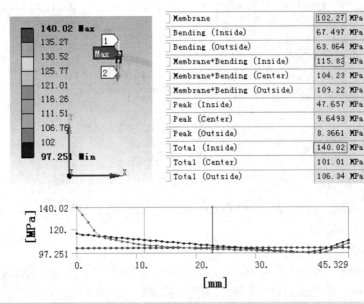

图 3.62　应力线性化给出的结果

（5）评定。

应力评定线 1-2 所在位置是总体结构不连续的部位。

P_L=102.27≤178MPa

P_L+P_b+Q=115.82MPa≤3.0×178=534MPa

结论：评定通过。

3.5.2 疲劳分析与评定

（1）定义。总当量应力范围：两个载荷工况下线性化后的总应力之差，即图 3.63 上的总应力差，即 140.02-0=140.02MPa。

（2）16Mn 锻件，屈服极限=305，强度极限=480，305/480=0.635。根据规范5.5.6.1规定，$\Delta S_{n,k}$=115.82MPa≤3×178=534MPa，所以，按规范式（5.31）确定 k^{th} 循环的疲劳损失系数 $K_{e,k}$=1.0。按规范表5.11和表5.12查取全焊透焊态，经受XT、UT、MT、PT和VT的检验，质量2级，计算循环应力幅或循环应力范围所使用的疲劳强度的降低系数 K_f=1.2。

按规范式（5.36）计算有效的交变当量应力 $S_{alt,k}$

$$S_{alt,k} = \frac{K_f \cdot K_{e,k} \cdot \Delta S_{p,k}}{2} = \frac{1.2 \times 1.0 \times 140.02}{2} = 84 \text{ MPa=12.2ksi}$$

$$S_{alt,k}=12.2 \times 195000/197000=12.1 \text{ ksi}$$

查本书第 9 章表 3-F.9 中 **3-F.1**，12.5 的循环次数是 1E6。插值取 12.1 的循环次数为 5000000 次，5000000÷14000=**357** 年。

（3）用 **ГОСТ Р 52857.6** 的式（13）计算许用循环次数

$$[N] = \frac{1}{n_N}\left[\frac{A}{(\bar{\sigma}_a - B/n_\sigma)}C_t\right]^2$$

式中，对于低合金 A=0.45×10⁵MPa，B=0.4$R_{m/t}$=0.4×480=192MPa。

温度修正系数 $C_t = \frac{2300-t}{2300} = \frac{2300-50}{2300} = 0.978$，$t$ 为计算温度。

对于钢制容器，n_N=10，n_σ=2.0，

$$\bar{\sigma}_a = \max\left\{\sigma_a; \frac{B}{n_\sigma}\right\} = \max\left\{70; \frac{192}{2}\right\} = 70\text{MPa}$$

如果 $\sigma_a \leq \frac{B}{n_\sigma}$，则相应形式的循环次数无限制，且不考虑循环次数对强度的影响。

结论：357 年或无限循环。

3.5.3 本设计 PSA 吸附器上部 2D 几何模型 1

更改封头厚度为 30mm、更改圆筒厚度为 26mm、更改人孔接管厚度为 40mm，其他尺寸不变。

（1）点 Geometry，出现 A 单元格，右键点 A2 格，点 Properties，将 Analysis Type 设置为 2D，见图 3.63。

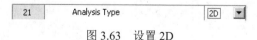

图 3.63　设置 2D

（2）右键点 A2 格→New Geometry，打开 DM 界面，点 XYPlane，点草图 **Sketch1**，点正视图。切换到 Sketching→Draw→Ellipse。并注尺寸 Dimensions，采用 Modify→Trim 修剪，加上直边高度 V11=50mm，削薄后下端圆筒厚度 H18=26mm。

（3）画椭圆形封头中央人孔接管 ϕ500 ×40。点 **Sketch1**，切换到 Sketching→Draw，点 Line，在 Y 轴右侧画竖直线 H5=250mm，在其右侧，画出 1 条竖直线，两条竖直线间距 H8= 40mm。

点 Modify→Fillet，点人孔的外壁线和椭圆线的外壁线，生成外转角 R19=40，同理，生成人孔内转角 R20=12。

（4）画圆筒。在 **Sketch1** 上，点 Draw→Rectangle，在封头直边下端厚度 H18=26mm 处，画圆筒，V16=350mm。

（5）PSA 吸附器上部 2D 几何模型 **1**。点 **Sketch1**，点 Concept→Surfaces From Sketches，在详细窗口点 Apply，出现 1Sketch，点生成，见图 3.64。更改后的尺寸，见图 3.65。

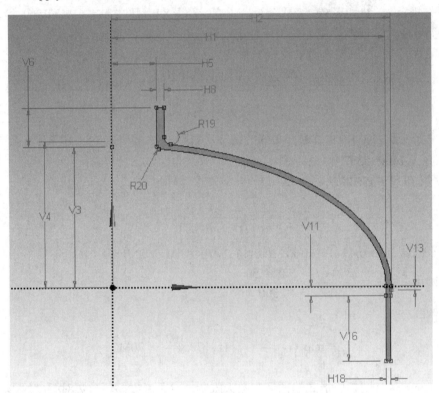

图 3.64　生成 PSA 吸附器上部 2D 几何模型 1

R20	12 mm			
H1	1500 mm	V11	50 mm	
H18	26 mm	V13	20 mm	
H2	1530 mm	V16	350 mm	
H5	250 mm	V3	750 mm	
H8	40 mm	V4	780 mm	
R19	40 mm	V6	210 mm	

图 3.65　更改尺寸

3.5.4 在 2.35MPa 下 PSA 吸附器上部 2D 几何模型 1 的压力应力分析

打开 WB 后，应先解决下述（1）、（2）和（3）的问题：

（1）右键 A2 格，打开 Engineering Data，加入 16Mn 材料、弹性模量=200812MPa 和泊松比=0.3。

（2）设置长度 mm，压力单位 MPa。右键 A3 格，打开 PSA 吸附器上部几何模型 1，A3 格后打勾。

（3）双击 A4 格，**调出** PSA 吸附器上部几何模型 **1**。

点导航树 Geometry，在详细窗口设置 **Axisymmetric**，见图 3.66。点 Mesh，设置 Relevance=100，Relevance Center=Fine，见图 3.67。

ails of "Geometry"	
Definition	
Source	G:\PSA吸附器上部2D几何模型更..
Type	DesignModeler
Length Unit	Meters
Element Control	Program Controlled
2D Behavior	Axisymmetric
Display Style	Body Color

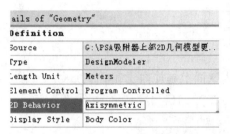

图 3.66 设置 Axisymmetric

tails of "Mesh"	
Defaults	
Physics Preference	Mechanical
Relevance	100
Sizing	
Use Advanced Size Function	On: Curvature
Relevance Center	Fine
Initial Size Seed	Active Assembly
Smoothing	Medium

图 3.67 设置

（4）划分网格。点 Mesh→Insert→Method，设置见图 3.68，网格加密。网格检查，见图 3.69。

tails of "Automatic Method" - Method	
Scope	
Scoping Method	Geometry Selection
Geometry	1 Body
Definition	
Suppressed	No
Method	Quadrilateral Dominant
Element Midside Nodes	Use Global Setting
Free Face Mesh Type	Quad/Tri

etails of "Edge Sizing" - Sizing	
Scope	
Scoping Method	Geometry Selection
Geometry	1 Edge
Definition	
Suppressed	No
Type	Element Size
Element Size	5
Behavior	Soft
Curvature Normal Angle	Default
Growth Rate	Default
Bias Type	No Bias
Local Min Size	Default (0. mm)

图 3.68 设置四边形网格和加密

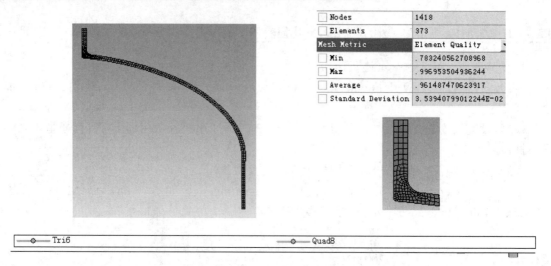

Nodes	1418
Elements	373
Mesh Metric	Element Quality ▾
Min	.783240562708968
Max	.996953504936244
Average	.961487470623917
Standard Deviation	3.53940799012244E-02

Tri6   Quad8

图 3.69　生成网格及检查

（5）加载。在模型的内壁面上施加内压载荷 2.35MPa，在人孔上端面上施加轴向面载荷 -6.8MPa，在圆筒下部端面施加 Y 向自由度=0mm，见图 3.70。

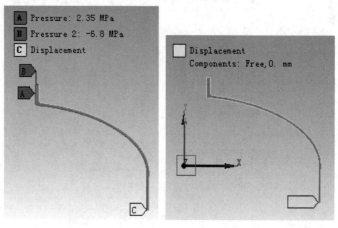

A	Pressure: 2.35 MPa
B	Pressure 2: -6.8 MPa
C	Displacement

Displacement
Components: Free,0. mm

图 3.70　加载

（6）求总变形。点 Solution→Insert→Deformation Total，框选 1 个体，点求解，总变形为 3.1568mm，见图 3.71。

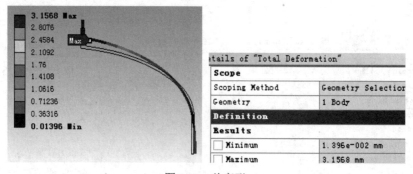

| 3.1568 Max |
| 2.8076 |
| 2.4584 |
| 2.1092 |
| 1.76 |
| 1.4108 |
| 1.0616 |
| 0.71236 |
| 0.36316 |
| 0.01396 Min |

Details of "Total Deformation"	
Scope	
Scoping Method	Geometry Selection
Geometry	1 Body
Definition	
Results	
Minimum	1.396e-002 mm
Maximum	3.1568 mm

图 3.71　总变形

（7）求应力强度。点 Solution→Insert→Stress→Intensity，框选 1 个体，点求解，最高应力强度为 242.18MPa，出现在人孔内拐点对面的外转角线的红色区域上，见图 3.72。

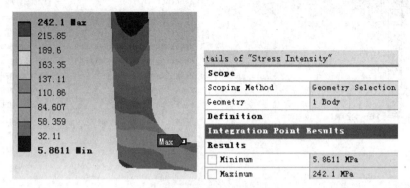

图 3.72　最高应力强度

（8）应力线性化。

1）右键点 Model→Insert→Construction Geometry，在导航树上出现 Construction Geometry，点工具栏上的 Path，在明细窗口中，确认由两点确定路径。然后点 Start→Location→Apply。同样，点 End→Location→Apply，见图 3.73。

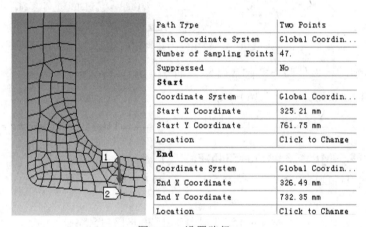

图 3.73　设置路径

2）右键点 Solution→Linearized Stress Intensity，在明细窗口，点 Path→Path，框选，出现 1 个体，在 Definition→2D Behavior→Axisymmetric，见图 3.66，点求解，见图 3.74。

3）评定。

1-2 路径所在位置是总体结构不连接部位。

P_L=179.82≤1.5×178MPa=267MPa

P_L+P_b+Q=208.59MPa≤3.0×178=534MPa

结论：评定通过。

（9）疲劳强度评定。

1）定义。将最低操作压力 0.03MPa 视为零。总当量应力范围：两个载荷工况下线性化后的总应力之差，即图 3.74 上的总应力差，即 219.95-0=219.95MPa。

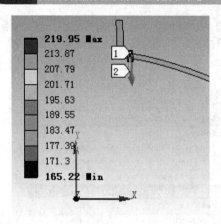

Membrane	179.82	MPa
Bending (Inside)	122.23	MPa
Bending (Outside)	113.52	MPa
Membrane+Bending (Inside)	208.59	MPa
Membrane+Bending (Center)	183.88	MPa
Membrane+Bending (Outside)	206.53	MPa
Peak (Inside)	51.186	MPa
Peak (Center)	9.7715	MPa
Peak (Outside)	45.631	MPa
Total (Inside)	219.95	MPa
Total (Center)	177.86	MPa
Total (Outside)	199.46	MPa

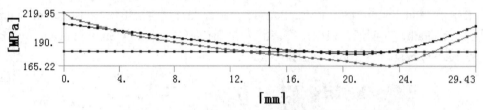

Tabular Data

	Length [mm]	☑ Membrane [MPa]	☐ Bending [MPa]	☑ Membrane+Bending [MPa]	☐ Peak [MPa]	☑ Total [MPa]
1	0.	179.82	122.23	208.59	51.186	219.95

图 3.74　给出应力线性化结果

总当量应力幅：总当量应力范围的一半，即 **219.95/2=110**MPa。

2）用 ASME Ⅷ-2:5.5.3 式（5.36）求解

$$S_{alt,k} = \frac{K_f \cdot K_{e,k} \cdot \Delta S_{p,k}}{2} = \frac{1.0 \times 1.0 \times 219.95}{2} = 110 \text{ MPa} = 15.95 \text{ksi}$$

P_L+P_b+Q=208.59MPa≤3.0×178=534MPa

因此，$K_{e,k}$=1.0。查规范表 5.11 和表 5.12，K_f=1.0（**取 1 级，打磨**）。

则

$$K_{alt,k} = 15.95 \times 195000 / 200813 = 15.5 \text{ ksi}$$

查本书第 9 章 3-F.9，得许用循环次数 N_k=300000 次。

计算疲劳损伤系数：

$$D_{f,k} = \frac{n_k}{N_k} = \frac{14000 \times 20}{300000} = 0.93$$

结论：评定通过。

3.5.5　PSA 吸附器下部 2D 几何模型 1

PSA 吸附器下部 2D 几何模型 1 和尺寸，见图 3.75。

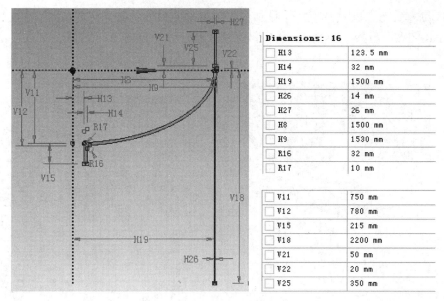

图 3.75　PSA 吸附器下部 2D 几何模型 1 和尺寸

3.5.6　在 2.35MPa 下 PSA 吸附器下部 2D 几何模型 1 的压力应力分析

打开 WB 后，应先解决下述（1）、（2）和（3）的问题：

（1）右键 A2 格，打开 Engineering Data，加入 16Mn 材料、弹性模量=200812MPa 和泊松比=0.3。设置长度 mm，压力单位 MPa。

（2）点另存为，保存文件"**PSA 吸附器下部 2D 几何模型 1 的压力应力分析**"。右键 A3 格，打开 PSA 吸附器下部几何模型 1，A3 格后打勾。

（3）双击 A4 格，**调出** PSA 吸附器下部几何模型 1。点导航树 Geometry，在详细窗口设置 **Axisymmetric**，见图 3.66。点 Mesh，设置 Relevance=100，Relevance Center=Fine，见图 3.67。

（4）划分网格。点 Mesh→Insert→Method，设置、加密和网格检查，见图 3.76。

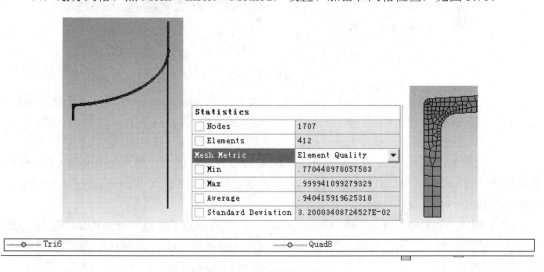

图 3.76　划分网格及检查

（5）加载。在模型的内壁面上施加内压载荷 2.35MPa，在开孔下端面上施加轴向面载荷-4.015MPa，在圆筒上部端面施加轴向面载荷-58.2MPa，在裙座板下端施加 Y 向自由度=0mm，见图3.77。

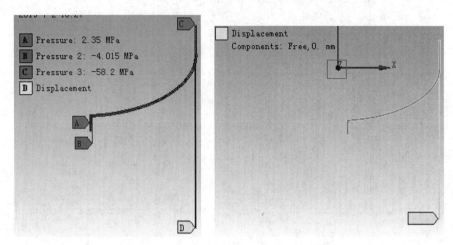

图 3.77　加载

（6）求总变形。点 Solution→Insert→Deformation Total，框选 1 个体，点求解，总变形为最大值 2.8631mm，见图3.78。

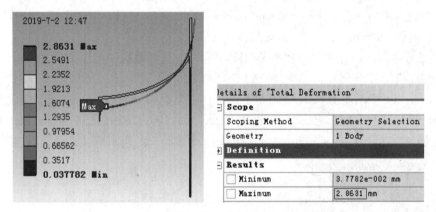

图 3.78　总变形

（7）求应力强度。点 Solution→Insert→Stress→Intensity，框选 1 个体，点求解，最高应力强度为 227.64MPa，出现在中央开孔接管内拐点的红色区域上，见图3.79 和图3.80。

（8）应力线性化。

1）右键点 Model→Insert→Construction Geometry，在导航树上出现 Construction Geometry，点工具栏上的 Path，在明细窗口中，确认由两点确定路径。然后点 Start→Location→Apply。同样，点 End→Location→Apply，见图3.81。

2）右键点 Solution→Linearized Stress Intensity，在明细窗口，点 Path→Path，框选，出现一个体，设置路径，见图3.81，在 Definition→2D Behavior→Axisymmetric，见图3.82，点求解，见图3.83。

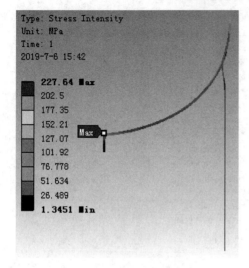

Type: Stress Intensity
Unit: MPa
Time: 1
2019-7-6 15:42

227.64 Max
202.5
177.35
152.21
127.07
101.92
76.778
51.634
26.489
1.3451 Min

图 3.79　图形区的应力强度

etails of "Stress Intensity"

Geometry	1 Body
Definition	
Integration Point Results	
Display Option	Averaged
Average Across Bodies	No
Results	
☐ Minimum	1.3451 MPa
☐ Maximum	227.64 MPa

图 3.80　详细窗口给出应力强度

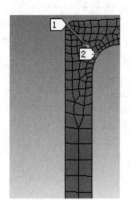

Path Type	Two Points
Path Coordinate System	Global Coordin...
Number of Sampling Points	47.
Suppressed	No
Start	
Coordinate System	Global Coordin...
Start X Coordinate	125.85 mm
Start Y Coordinate	-752.83 mm
Location	Click to Change
End	
Coordinate System	Global Coordin...
End X Coordinate	161.19 mm
End Y Coordinate	-787.24 mm
Location	Click to Change

图 3.81　设置路径

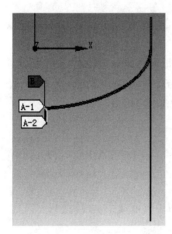

etails of "Linearized Stress Intensity"

Scope	
Scoping Method	Path
Path	Path
Geometry	1 Body
Definition	
Type	Lineari..
Subtype	All
By	Time
☐ Display Time	Last
Coordinate System	Global ..
2D Behavior	Axisy..
Average Radius of Curvature	-1. mm
Through-Thickness Bending Stress	Include
Suppressed	No

图 3.82　设置轴对称

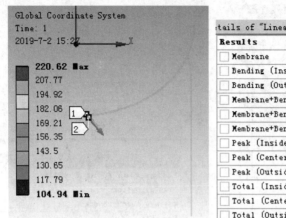

图 3.83　线性化结果

3）图示法和列表法线性化结果，见图 3.84。

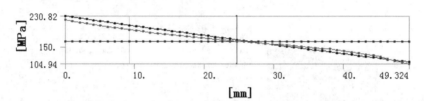

图 3.84　图示法和列表法线性化结果

4）评定。

1-2 路径所在位置是总体结构不连接部位。

P_L=164.96≤1.5×178MPa=267MPa

P_L+P_b+Q=230.82MPa≤3.0×178=534MPa

结论：评定通过。

3.5.7　疲劳强度评定

（1）定义。将最低操作压力 0.03MPa 视为零。总当量应力范围：两个载荷工况下线性化后的总应力之差，即图 3.83 上的总应力差，即 220.62-0=220.62MPa。

总当量应力幅：总当量应力范围的一半，即 **220.62/2=110.3MPa**。

（2）用 ASMEⅧ-2:5.5.3 式（5.36）求解

$$S_{alt,k} = \frac{K_f \cdot K_{e,k} \cdot \Delta S_{p,k}}{2} = \frac{1.0 \times 1.0 \times 220.62}{2} = 110.3\,\text{MPa} = 15.99\,\text{ksi}$$

P_L+P_b+Q=230.82MPa≤3.0×178=534MPa

因此，$K_{e,k}$=1.0。查规范表 5.11 和表 5.12，K_f=1.0（**取 1 级，打磨**）。

则

$$K_{alt,k} = 15.99 \times 195000 / 200812 = 15.53\,\text{ksi}$$

查本书**第 9 章 3-F.9**，得许用循环次数 N_k=300000 次。

计算疲劳损伤系数：

$$D_{f,k} = \frac{n_k}{N_k} = \frac{14000 \times 20}{300000} = 0.93$$

结论：评定通过。本设计的上下模型疲劳损伤系数相等。

3.6　小结

（1）本章按 **UCS K.K. TOKYO.JAPAN** 的总图，采用 WB 流程图，按设计压力进行压力分析，包括新建几何模型、划分网格、求总变形、应力强度、线性化和应力评定。按操作压力进行了疲劳分析。寿命是无限循环或 357 年。

（2）山东齐鲁石化工程公司按其 20 年的设计总图与 **UCS K.K. TOKYO.JAPAN** 的总图相同的尺寸，见表 3.2，本书也按 20 年寿命进行了分析，但上部人孔厚度和下部进气管的厚度，是本书作者确定的，不知道山东齐鲁石化工程公司的设计厚度。上部和下部模型给出的疲劳损伤系数均为 **0.93**。本书分析 PSA 吸附器上部和下部模型，分别见图 3.64 和图 3.75。

（3）关于轴对称设置。

1）打开 WB，双击 Model，调用在 DM 界面上保存的几何模型后，点导航树上的 Geometry，在详细窗口，对照 2D Behavior 的右面选定 Axisymmetric。

2）线性化，查看详细窗口，对照 2D Behavior 的右面选定 Axisymmetric。

因 PSA 吸附器是轴对称体，见图 3.1，不能漏掉。

（4）关于 $K_{e,k}$=1.2。

ASMEⅧ-2:5 的 **5.5.3 的 5.5.3.2 评定方法**，规范式（5.36）为

$$S_{alt,k} = \frac{K_f \cdot K_{e,k} \cdot \Delta S_{p,k}}{2}$$

式中，疲劳损失系数 $K_{e,k}$ 见规范表 5.11 和表 5.12，焊态焊缝经全范围检验（RT、UT）且焊缝表面经 MT、PT 检验和 VT 检验，质量 1 级，$K_{e,k}$=1.2，若焊缝**打磨**，$K_{e,k}$=1.0。

俄罗斯标准 **ГОСТ Р 52857.6 规定**，全焊透且平滑过渡的对接焊缝，全焊透且平滑过渡的 T 形焊缝，考虑焊接接头形式的系数 ξ=1.0。

ГОСТ Р 52857.6 适用于 GB/T 150－2011 的钢号，中国钢号仅适用于 ASMEⅧ-2:5 的弹性应力分析。

（5）在使用 WB 的条件下，解决疲劳分析的方法可为：

1）做应力线性化后，按 ASMEⅧ-2:5 的 **5.5.3** 的弹性应力分析，由两个载荷工况确定总当量应力范围，其值的一半就是总当量应力幅。

2）考虑弹性模量的修正，按本书第 9 章 3-F. 9 疲劳曲线数据，得许用循环次数。

3）疲劳损伤评定通过。

第4章
压力容器 3D 模型的应力分析

4.1 压力容器 3D 模型压力应力分析

4.1.1 半球形封头+中央人孔接管+圆筒结构分析

该模型由第 1 章 1.4.5 节半球形封头 HHA 1200×16，中央人孔接管 ϕ**500**，在半球形封头直边下面新加一段长 400mm 的 ϕ**1200×16** 圆筒组成。人孔与半球形封头的转角内外半径不变。人孔接管与半球形封头两件焊接。

（1）打开 WB→DM 界面，修改模型为半球形封头+人孔+圆筒**剖分结构**，见图 4.1。

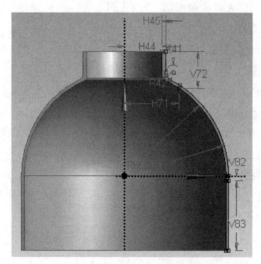

Dimensions: 10	
☐ H44	225 mm
☐ H45	22 mm
☐ H71	325 mm
☐ R41	45 mm
☐ R42	8 mm
☐ R65	600 mm
☐ R66	616 mm
☐ V72	210 mm
☐ V82	25 mm
☐ V83	400 mm

图 4.1　半球形封头+人孔+圆筒剖分结构

（2）双击 Static Structural，双击 A2 格，添加壳体材料 Q345 和人孔 16Mn（许用应力178MPa），弹性模量为 199000MPa，泊松比为 0.3，设计压力 2.8MPa，设计温度 60℃，单位：mm，MPa。设置 3D。确定文件名"半球形封头+人孔+圆筒的剖分结构的压力应力分析"。

（3）双击 A4 格，调用半球形封头+人孔+圆筒的剖分结构，见图 4.2。

图 4.2　调用半球形封头+人孔+圆筒的剖分结构

（4）划分网格。

1）点 Mesh，设置单元尺寸为 16mm，层数为 3，见图 4.3。

Details of "Mesh"			Inflation	
Display			Use Automatic In...	None
Display Style	Use Geomet...		Inflation Option	Smooth Tra...
Defaults			Transition Ratio	0.272
Physics Preference	Mechanical		Maximum Lay...	3
Element Order	Program Co...		Growth Rate	1.2
Element Size	16.0 mm		Inflation Algorithm	Pre
			View Advanced O...	No

图 4.3　设置单元尺寸和层数

2）点 Mesh→Insert→Method，设置后，点生成，见图 4.4 和图 4.5。网格检查，见图 4.6。

Details of "MultiZone" - Method	
Scope	
Scoping Method	Geom...
Geometry	1 Body
Definition	
Suppressed	No
Method	MultiZ...
Mapped Mesh Type	Hexa
Surface Mesh Method	Progra...
Free Mesh Type	Hexa ...
Element Order	Use Gl...
Src/Trg Selection	Autom...
Source Scoping Method	Progra...
Source	Progra...
Sweep Size Behavior	Sweep...
Sweep Element Size	Default

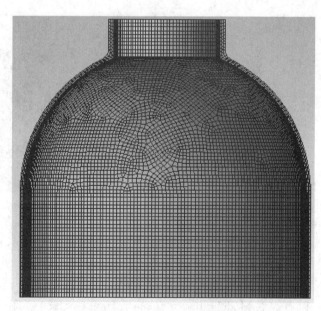

图 4.4　Method 设置   图 4.5　生成全六面体网格

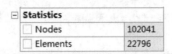

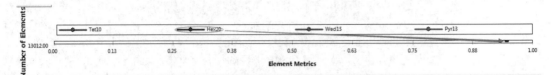

图 4.6　网格检查

（5）加载。点工具栏 Pressure，选圆筒、封头和人孔 4 个内表面，在详细窗口输入设计压力 2.8MPa。点 Pressure，选圆筒下端面，输入-51.8MPa，，选人孔接管上端面，输入 Fixed Support，选剖分面上施加 Frictionless Support，见图 4.7。

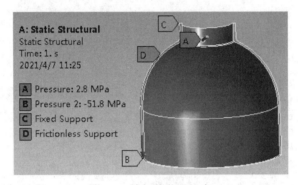

图 4.7　施加载荷及约束

（6）求总变形。点 Solution→Insert→Deformation→Total，框选体，求解，给出结果，见图 4.8。

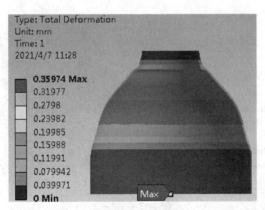

图 4.8　总变形

（7）应力强度。点 Solution→Insert→Stress→Intensity，框选体，1 个体，求解，给出结果，最高应力点落在人孔转角下边红色区域的半周上，见图 4.9。

（8）应力线性化。

1）右键点 Model→Insert→Construction Geometry，在导航树上出现 Construction Geometry，点工具栏上的 Path，在明细窗口中，确认由两点确定路径。然后在圆筒下部的内壁上，点 Start

→Location→Apply。同样，在外壁对应处，点 End→Location→Apply。路径设置结果，见图 4.10。

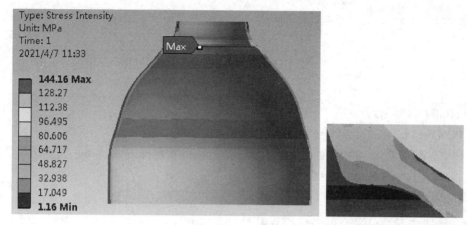

图 4.9　应力强度

2）右键点 Solution→Linearized Stress Intensity，在明细窗口，点 Path→Path，框选体，1个体，点求解，给出线性化结果，见图 4.11～图 4.14。

Start	
Coordinate System	Global..
Start X Coordinate	245.4 ...
Start Y Coordinate	548.12 ..
Start Z Coordinate	-7.276...
Location	Click t..
End	
Coordinate System	Global..
End X Coordinate	261.07 ..
End Y Coordinate	560. mm
End Z Coordinate	7.276e...
Location	Click t..

图 4.10　明细窗口应力线性化设置

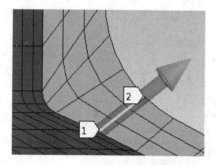

图 4.11　应力线性化设置

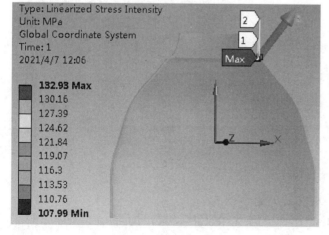

图 4.12　应力线性化

Results	
Membrane	110.09 MPa
Bending (In...	71.028 MPa
Bending (O...	71.028 MPa
Membrane...	139.74 MPa
Membrane...	110.09 MPa
Membrane...	123.42 MPa
Peak (Inside)	23.119 MPa
Peak (Center)	12.066 MPa
Peak (Outsi...	25.897 MPa
Total (Inside)	132.93 MPa
Total (Center)	108.38 MPa
Total (Outsi...	131.71 MPa

图 4.13　线性化结果

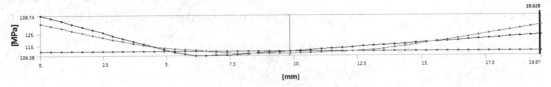

图 4.14　图示法线性化结果

（9）评定。

Pm=110.09≤178MPa

PL+Pb+Q=139.74≤3.0×178=534MPa

- 从图 4.14 看出，半球形封头厚 16mm，人孔接管厚度为 22mm，设置路径是转角下边，厚度=19.67mm。

结论：评定通过。

4.1.2　椭圆形封头+5 个接管+圆筒结构分析

该模型由第 1 章 1.4.2 节创建椭圆形封头+5 个接管，新加一段长 400mm 的 φ900×30 的圆筒组成。

（1）创建几何模型。在 DM 界面上，打开图 1.32，加长一段为 400mm 的圆筒 φ900×30。点 DM 另存为，文件名为"椭圆形封头+5 个接管+圆筒的压力应力分析"。

打开 WB 的 A2 格，添加壳体材料 Q345（屈服极限=325MPa，抗拉强度=500MPa）和 5 个接管均为 16Mn 锻件（150℃许用应力=167MPa），弹性模量 194000MPa。设计压力 2.365MPa，设计温度 150℃。设置 3D。使用"mm"和"MPa"。

双击 A3 格，右移点 Browse，找到文件名"椭圆形封头+5 个接管+圆筒结构分析"后打勾。

双击 A4 格，打开 Model 界面，调出 DM 界面保存的文件名"椭圆形封头+5 个接管+圆筒结构分析"，见图 4.15。

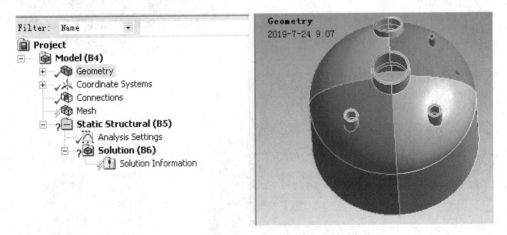

图 4.15　调出椭圆形封头+5 个接管+圆筒模型

（2）点 Mesh，设置 Relevance 为 80，层数为 2。

（3）右键点 Mesh→Insert→Method，选体，总体网格设置，见图 4.16。生成网格，见图 4.17。

Scope	
Scoping Method	Geometry Selection
Geometry	26 Bodies
Definition	
Suppressed	No
Method	MultiZone
Mapped Mesh Type	Hexa
Surface Mesh Method	Program Controlled
Free Mesh Type	Hexa Core
Element Midside Nodes	Use Global Setting
Src/Trg Selection	Automatic
Source	Program Controlled

图 4.16 总体网格设置

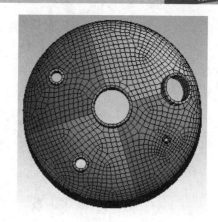

图 4.17 生成六面体网格（椭圆形封头与接管分接面共节点）

（4）网格直方图检查，见图 4.18。

图 4.18 直方图

（5）单元数和节点数，见图 4.19。

Statistics	
☐ Nodes	42399
☐ Elements	7486
Mesh Metric	Orthogonal Quality
☐ Min	.245368141098192
☐ Max	.999717428658289
☐ Average	.977071610963622
☐ Standard Deviation	6.47392515158274...

图 4.19 全六面体网格

（6）加载。点工具栏 Pressure，选圆筒、封头和接管共 **35** 个内表面，在详细窗口输入设计压力 2.365MPa。见图形区（图 4.20）和明细窗口（图 4.21）。

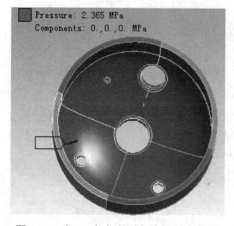

图 4.20 在 35 个内表面上施加压力载荷

Scope	
Scoping Method	Geometry Selection
Geometry	35 Faces
Definition	
Type	Pressure
Define By	Normal To
☐ Magnitude	2.365 MPa (ramped
Suppressed	No

图 4.21 施加内压（35 个面）

点 Pressure，选中央开孔接管上端面，输入轴向平衡面力-9.05MPa，选 $\phi168\times12$ 切向接管上端面，轴向平衡面力-6.55MPa，选 $\phi83\times11$ 接管上端面，输入轴向平衡面力-2.8MPa，两个，选 $\phi36\times6$ 接管上端面，输入轴向平衡面力-1.39MPa ，选圆筒下端 4 个面施加 Fixed Support，见图 4.20，图 4.21，图 4.22 和图 4.23。

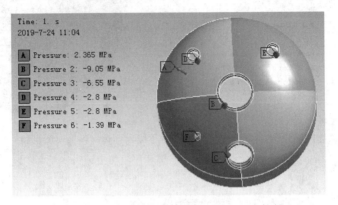

图 4.22　施加接管端面平衡轴向面力（5 个接管）

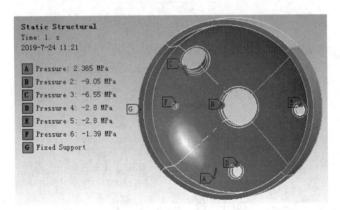

图 4.23　施加载荷及约束

（7）求总变形。点 Solution→Insert→Deformation→Total，框选体，求解，给出结果，见图 4.24。

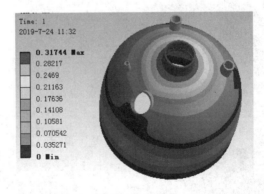

图 4.24　总变形

（8）应力强度。点 Solution→Insert→Stress→Intensity，框选体，求解，给出结果，最高

应力点落在中央开孔接管与椭圆形封头相贯区域内壁的半周上，见图 4.25。

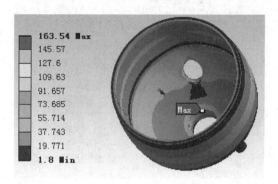

图 4.25　应力强度

（9）应力线性化。

1）右键点 Model→Insert→Construction Geometry，在导航树上出现 Construction Geometry，点工具栏上的 Path，在明细窗口中，确认由两点确定路径。然后在内壁应力强度最高点处（网格**记忆法**），点 Start→Location→Apply。同样，在外壁对应处，点 End→Location→Apply。设置结果，见图 4.26。

Start	
Coordinate System	Global Coordin..
Start X Coordinate	97.5 mm
Start Y Coordinate	249.83 mm
Start Z Coordinate	0. mm
Location	Click to Change
End	
Coordinate System	Global Coordin..
End X Coordinate	109.5 mm
End Y Coordinate	248.46 mm
End Z Coordinate	0. mm
Location	Click to Change

图 4.26　详细窗口给出路径设置

2）右键点 Solution→Linearized Stress Intensity，在明细窗口，点 Path→Path，框选体，点求解，线性化结果见图 4.27、图 4.28。

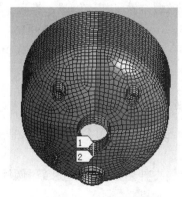

图 4.27　路径设置

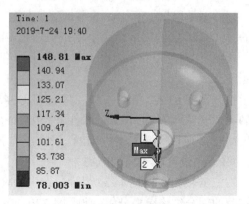

图 4.28　线性化结果

3）列表法和图示法给出线性化结果，见图 4.29 和图 4.30。

Membrane	106.54 MPa
Bending (Inside)	45.279 MPa
Bending (Outside)	45.279 MPa
Membrane+Bending (Inside)	148.52 MPa
Membrane+Bending (Center)	106.54 MPa
Membrane+Bending (Outside)	76.245 MPa
Peak (Inside)	1.7602 MPa
Peak (Center)	0.89779 MPa
Peak (Outside)	81.858 MPa
Total (Inside)	148.81 MPa
Total (Center)	106.45 MPa
Total (Outside)	98.95 MPa

图 4.29　明细窗口给出线性化结果

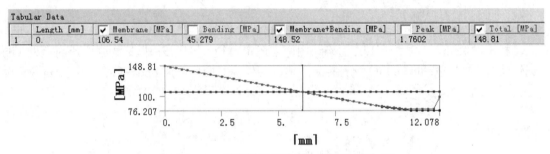

图 4.30　列表法图示法给出线性化结果

（10）评定。

路径所在位置属于总体结构不连续。

P_L=106.54≤1.5×167=267MPa

P_L+P_b+Q=148.52≤3.0×167=501MPa

● 从图 4.30 看出，图示法横坐标给出 12.078mm，而接管是 ϕ219×12，路径长度逼近接管壁厚，误差 0.078 是带坐标值的小"十"点击的结果。可信。

结论：评定通过。

4.1.3　锥壳+竖直接管+圆筒+锥壳小端接管的剖分结构应力分析

该模型是以第 1 章 1.4.16 节锥壳+竖直接管为基本模型，做了相应修改：锥壳上端加 300 长的 ϕ900×20 的圆筒，锥壳小端接管加长 140 的 ϕ273×20。竖直接管改为 ϕ89×16。

（1）创建几何模型。在 DM 界面上，打开"第 1 章 1.4.16"，按上述修改完成模型设计，见图 4.31。

打开 WB 的 A2 格，添加壳体材料 Q345（屈服极限=325MPa，抗拉强度=500MPa）和 ϕ89×16 竖直接管为 16Mn 锻件（150℃许用应力 167MPa，屈服极限=305MPa，抗拉强度=480MPa），弹性模量 194000MPa。设计压力 2.365MPa，设计温度 150℃。设置 3D。使用"mm"和"MPa"。设置后 A2 格和 A3 格后打勾。

双击 A4 格，打开 Model 界面，调出 DM 界面保存的文件名**锥壳+竖直接管+圆筒+锥壳小端接管的剖分结构应力分析**，见图 4.32。

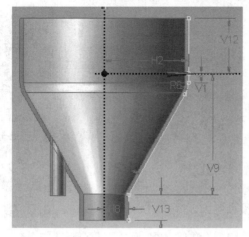

Dimensions: 8	
A7	30 °
H2	470 mm
H8	136.5 mm
R6	135 mm
V1	50 mm
V12	300 mm
V13	140 mm
V9	660 mm

图 4.31　几何模型

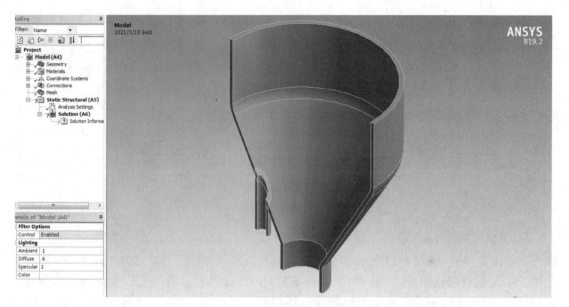

图 4.32　调出锥壳+竖直接管+圆筒+锥壳小端接管的剖分结构应力分析

（2）点 Mesh，设置 Element Size=20，层数为 2，见图 4.33 和图 4.34。

Details of "Mesh"	
Display	
Display Style	Use Ge…
Defaults	
Physics Preference	Mecha…
Element Order	Progra…
Element Size	20.0 mm

图 4.33　设置 Element Size

Inflation	
Use Automatic In…	None
Inflation Option	Smooth Transiti.
Transition Ratio	0.272
Maximum Lay…	2
Growth Rate	1.2
Inflation Algorithm	Pre
View Advanced O…	No

图 4.34　设置层数

（3）右键点 Mesh→Insert→Method，选体，总体网格设置，见图 4.35。

（4）右键点 Mesh，点 Generate Mesh，生成六面体网格，见图 4.36。

Scope	
Scoping Method	Geome...
Geometry	3 Bodies
Definition	
Suppressed	No
Method	MultiZ...
Mapped Mesh Type	Hexa
Surface Mesh Method	Progra...
Free Mesh Type	Hexa C...
Element Order	Use Glo...
Src/Trg Selection	Autom...
Source Scoping Method	Progra...
Source	Progra...
Sweep Size Behavior	Sweep ...
☐ Sweep Element Size	Default

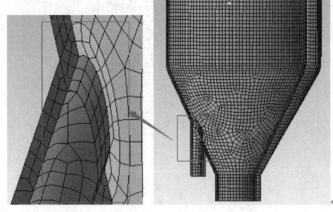

图 4.35　总体网格设置　　　　图 4.36　生成六面体网格（锥壳与竖直接管分界面共节点）

（5）生成单元和节点数，见图 4.37。

Statistics	
☐ Nodes	53963
☐ Elements	12112

图 4.37　生成单元和节点数

（6）网格直方图给出，只有六面体，见图 4.38。

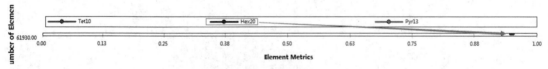

图 4.38　网格直方图检查

（7）加载。点导航树 Analysis Settings，点工具栏 Loads→Pressure，选面，在圆筒、锥壳、锥壳小端接管和竖直接管的 7 个内表面，在详细窗口输入设计压力 2.365MPa，点 Pressure，选锥壳小端接管端面，输入轴向平衡面力-6.34MPa，选竖直接管端面，输入轴向平衡面力-6.11MPa。选圆筒上端面，施加 Fixed Support 约束，选剖面，施加无摩擦约束，见图 4.39。

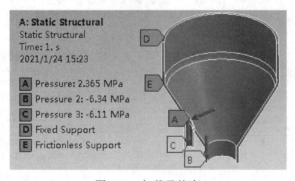

图 4.39　加载及约束

（8）求总变形。点 Solution→Insert→Deformation→Total，框选体，3 个体，求解，给出结果，见图 4.40。

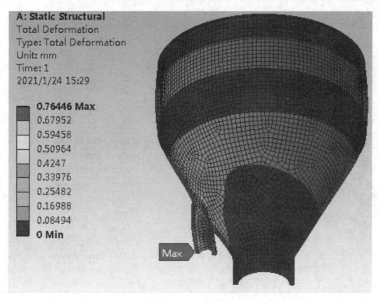

图 4.40　总变形

（9）应力强度。点 Solution→Insert→Stress→Intensity，框选体，3 个体，求解，给出结果，最高应力点落在竖直接管与锥壳相贯线的外壁上边缘，见图 4.41。

图 4.41　应力强度

（10）应力线性化。

1）右键点 Model→Insert→Construction Geometry，在导航树上出现 Construction Geometry，点工具栏上的 Path，在明细窗口中，确认由两点确定路径。然后在外壁最高应力点上，点 Start→Location→Apply。同样，在竖直接管内壁的对应处，点 End→Location→Apply。设置结果，见图 4.42。

2）右键点 Solution→Linearized Stress Intensity，在明细窗口，点 Path→Path，框选体，点

求解，结果见图 4.43～图 4.45。

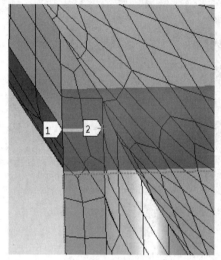

图 4.42 在竖直接管上设置路径

Start	
Coordinate System	Global..
Start X Coordinate	-303.2..
Start Y Coordinate	-371.3..
Start Z Coordinate	0. mm
Location	Click t..
End	
Coordinate System	Global..
End X Coordinate	-287.5..
End Y Coordinate	-371.3..
End Z Coordinate	0. mm
Location	Click t..

图 4.43 详细窗口给出路径结果

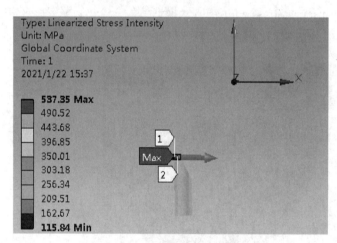

图 4.44 线性化结果

Results	
Membrane	214.97 MPa
Bending (Ins..	288.45 MPa
Bending (O..	288.45 MPa
Membrane+..	448.98 MPa
Membrane+..	214.97 MPa
Membrane+..	222.3 MPa
Peak (Inside)	377.45 MPa
Peak (Center)	108.46 MPa
Peak (Outsi..	141.17 MPa
Total (Inside)	432.22 MPa
Total (Center)	217.82 MPa
Total (Outsi..	115.84 MPa

图 4.45 明细窗口给出线性化结果

（11）评定。

路径所在位置属于总体结构不连续。

P_L=214.97≤1.5×167=267MPa

P_L+P_b+Q=448.98≤3.0×167=501MPa

- 图 4.46 的横坐标 **15.844**→竖直接管厚度 **16mm**。

结论：评定通过。

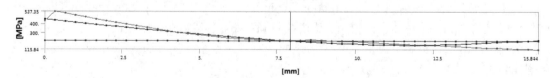

图 4.46 图示法给出线性化结果

（12）由图 4.42 的最高应力点 1 向锥壳做路径 1-2，详细窗口给出结果，见图 4.47～图 4.51。

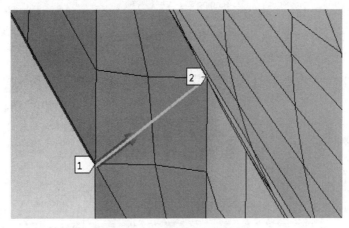

图 4.47　在锥壳上设置路径

Start	
Coordinate System	Global...
Start X Coordinate	-303.3...
Start Y Coordinate	-371.2...
Start Z Coordinate	0. mm
Location	Click t...
End	
Coordinate System	Global...
End X Coordinate	-287.4...
End Y Coordinate	-358.6...
End Z Coordinate	0. mm
Location	Click t...

图 4.48　详细窗口给出锥壳上路径结果

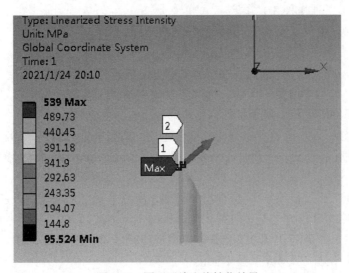

图 4.49　图形区给出线性化结果

Results	
☐ Membrane	183.17 MPa
☐ Bending (In...	274.18 MPa
☐ Bending (O...	274.18 MPa
☐ Membrane...	411.98 MPa
☐ Membrane...	183.17 MPa
☐ Membrane...	190.43 MPa
☐ Peak (Inside)	368.1 MPa
☐ Peak (Center)	137.46 MPa
☐ Peak (Outsi...	136.67 MPa
☐ Total (Inside)	428.7 MPa
☐ Total (Center)	193.38 MPa
☐ Total (Outsi...	95.524 MPa

图 4.50　详细窗口给出线性化结果

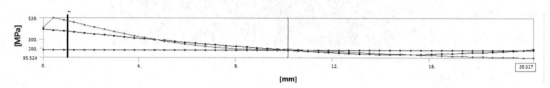

图 4.51　图示法给出线性化结果

（13）评定。

路径所在位置属于总体结构不连续。

P_L=183.17≤1.5×183=274.5MPa

P_L+P_b+Q=411.98≤3.0×183=549MPa

●图 4.51 的横坐标 20.317→锥壳厚度 20mm。

结论：评定通过。

4.2　小结

（1）本章给出下列 3 种 3D 模型：

1）**半球形封头+中央人孔接管+圆筒剖分结构分析。**

2）椭圆形封头+5 个接管+圆筒的结构分析。

3）锥壳+竖直接管+圆筒+锥壳小端接管的剖分结构应力分析。

上述模型中，有基本的受压元件：椭圆形封头、锥壳、圆筒。所带接管有径向接管，竖直接管和非中心部位接管，体现了压力容器的部分接管方位结构。

（2）除疲劳分析外，压力容器分析包括创建几何模型→划分网格→加载→求总变形→应力强度→应力线性化和评定。本章通过 **WB** 工具箱中 **Static Structural** 给出的单元格流程图完成了上述分析。

（3）因为 JB4732 不能给出弹-塑性材料模型，所以本章全部采用弹性应力分析方法。从这里可验证:弹性应力分析方法是不可替代的分析的主流方法。即使有人至今还对它说三道四，但所有认识都要回归到 ASMEⅧ-2:5 上来，无奈地叫喊多年，也要失败的，且延误了 JB4732 的技术发展。读者详见本书第 8 章技术评论。

只有使用 ASME 的钢号，才能使用 ASMEⅧ-2:5 的弹-塑性分析的材料模型。

（4）应力线性化时不显示应力云图，设置路径就从应力强度给定的最高应力点开始，在它对应的壁厚一侧上找到终点。因此，图示法给出应力线性化结果，其横坐标就是路径，也是元件的壁厚或逼近壁厚，见**图 4.30**，中央开孔接管为 $\phi 219 \times 12$，横坐标 12.078mm。

（5）椭圆形封头+5 个接管被切成 26 个体：

椭圆形封头被切成 4 个，中央接管被切成 4 个，管环被切成 4 个，$\phi 168$ 接管 2 个，管环 2 个，另 3 个接管+管环共 6 个，圆筒 4 个，总计 **26** 个体。

施加压力载荷时，要一个一个地选面，共有 **35** 个面：圆筒 4 个内表面，椭圆形封头 4 个面，还有和椭圆形封头内表面共面的，属于中央接管的有 4 个面，切向接管 2 个面，另 3 个竖直接管 3 个面，中央开孔接管 8 个面，切向接管 4 个面，另 3 个竖直接管 6 个面。

少 1 个面，也要给出错误提示。

（6）在 4.1.2 案例中，使用网格**记忆法**设置路径。

（7）在 4.1.3 锥壳+竖直接管+圆筒+锥壳小端接管的剖分结构应力分析中，最高应力点出现在锥壳与竖直接管的剖面外壁的交点上，能向竖直接管和锥壳两个方向设置路径，见图 4.42 和图 4.47。线性化后的评定都必须通过。

（8）在 4.1.1 和 4.1.3 案例中，都是用 WB 的带小十字箭头单击定点。WB 软件的这个功能远不如 ANSYS 经典好用，因为 ANSYS 经典在应力线性化时显示应力云图，给出节点编号。节点编号不动。而 WB 的带小十字箭头单击定点时会移动的，导致线性化时图形区中给出的最高应力可差 100MPa 以上。因此，设置路径须要多次操作，使路径长度逼近设置路径处的元件厚度，才能成功。

（9）文献[5]的 206 页 5.3.2 多体零件，在 DM 中，多个体可以组合为多体零件。多体零件共享边界，所以在交界面处的节点是共点的。此时无需接触。见图 4.36。

第**5**章
ANSYS Workbench 软件的
缺点

5.1 关于 ANSYS Workbench19.2 与 14.5 的异同

ANSYS Workbench 与 **ANSYS** 经典都是**压力容器分析设计**所用的软件。近年来,对 WB 推荐多。实际上,在**压力载荷作用下**,使用 WB 的工具箱中的 "Static Structural" 给出的单元格流程图能完成压力**应力分析与评定**。

ANSYS Workbench 界面的高低版本一样。

(1) DM 界面,高低版本差异很小。

1) 高版本 19.2 要删除布尔相交运算中的体或做半剖时,点 Create→Delete→Body Delete, 详细窗口给出, 见图 5.1, 按导航树的体,选定删除的体时, 显**黄色**,点图 5.1 的 Bodies 的 Apply, 变为**绿色**,点生成,删除。不使用在图形区单选点击。生成为壳体中无接管和接管中无壳体的模型, 见图 5.2。

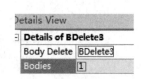

图 5.1 删除体操作

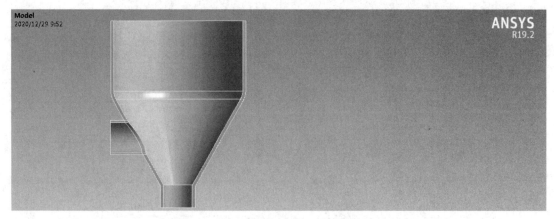

图 5.2 生成**半剖结构**几何模型

2）低版本 14.5。

在使用体操作，要用单选点击。

（2）Model 界面，高低版本有差异。

1）高版本 19.2，在总体网格设置时，直接设置 Element Size，除此再设置层数，见图 5.3。

2）低版本 14.5～18.2，要设置 Relevance，这个范围较大，从-100 到+100。压力容器常使用 80，见图 5.4。

Details of "Mesh"	
□ **Display**	
Display Style	Use Geometry S...
□ **Defaults**	
Physics Preference	Mechanical
Element Order	Program Control...
□ Element Size	20.0 mm

Defaults	
Physics Preference	Mechanical
□ Relevance	80
Sizing	
Use Advanced Size Fu...	Off
Relevance Center	Medium
□ Element Size	Default

图 5.3　WB19.2 使用设置　　　　　　　　图 5.4　WB14.5～18.2 使用设置

（3）使用高版本时，可调用低版本在 DM 保存的几何模型文件。

5.2　关于 ANSYS Workbench 软件的缺点

编写 **ANSYS Workbench** 一书的作者，对 **ANSYS Workbench** 没有提出该软件存在什么缺点，多为点赞。如，浦广益的《**ANSYS Workbench 基础教程与实例详解**》一书，在前言中说：2002 年，ANSYS 公司开发了新一代产品研发集成平台 **ANSYS Workbench**，其新颖的操作界面和操作思路一直深受用户欢迎，可以想象 **ANSYS Workbench** 具有多么强大的分析功能，**Workbench** 集成平台亦是 **ANSYS** 公司今后的重点发展方向。

写软件功能的缺点，必须准确，能给 **ANSYS Workbench** 的使用人员联想和思考，比写赞美之词更难。

（1）定义路径的功能差。

该软件不具有提供节点编号的功能，确定应力强度时，给出应力云图，但不给出节点编号。WB19.2 和低版本一样，除总变形、应力强度外，线性化时，只显示网格，由两点确定路径，**不显示应力云图和 Max 节点位置**，状态见图 5.5。

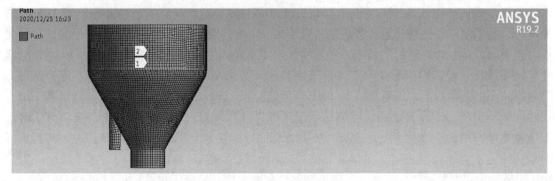

图 5.5　要做应力线性化的状态

压力容器专业要使用**应力线性化**处理。在线性化设置路径时，不显示 Max 及其所在节点。

设计人员只能根据应力强度的应力云图中的 Max 显示位置,记住或猜测此时 Max 在哪一位置,**摸着找"开始点"**。不知道找的点是不是偏离了应力强度显示的 Max 红色区域,只能是大体上在这一区域内,这是不准确的。

（2）WB 使用"带坐标值的小十"字,单击定点,但小"十"字还可移动,不能有 **ANSYS** 经典确定节点编号那样固定不动和准确,因为可移动小"十"字,但不保证恰好落在节点上,且小"十"字可移动,给线性化后的结果带来很大的影响。一旦点击 Start→Location→Apply 后,该点确定。

（3）使用 WB 线性化时,按给出的网格,确定 Start 点和 End 点,还要使路径垂直壳体或接管壁厚（在拐点处线性化不考虑坐标变换了）,这三个条件都是近似的。因此,线性化结果的图形区显示的最高应力值才会在明细窗口给出的应力线性化结果中,或列表法,或图示法中出现。虽然在图形区应力强度标尺中最高应力点做路径开始点,但结果或能出现,或不能出现在线性化的结果的明细窗口总当量应力强度中,这是软件的问题,文献[20]的作者在其第 19 章中确定线性化的第 1 点费了很多功夫,但该书的作者忽视了第 2 点的作用,它是导致路径长度等于或逼近线性化处元件厚度的关键点。结果设置的路径仅依据第 1 点没有成功。说明该书作者也感觉该软件有问题。

（4）**ANSYS** 经典**用两个节点编号**设置路径,可重复多次,完善数据,而 WB 只能做一次,第二次就不能重复到原样。

（5）无论采用 ANSYS 经典,还是采用 WB 确定路径时,路径长度代表设置路径处的元件厚度,如本书第 4 章图 4.46,图示法给出线性化结果的横坐标就是代表竖直接管的壁厚 15.884 →16mm。因此,**图示法线性化结果必须给出**,它可衡量线性化结果的一个准则。本书作者提出"逼近"就是这个意思。又如第 4 章 4.1.2,采用网格**记忆法定义路径**,见图 4.30,中央接管 ϕ219×12,图示法线性化结果给出路径 12.078mm。

5.3　Workbench 不能解决 ASMEⅧ-2:5.2.1.2 "模棱两可"的问题

ASMEⅧ-2:5.2.1.2 指出,三维应力场,对于**分类过程**可产生模棱两可的结果。规范 **5-A.3 也指出**对于弹性应力分析和应力线性化可产生**模棱两可**结果的情况,建议应用极限载荷分析方法和弹-塑性分析方法。规范只在上述两处提到"**模棱两可**"。

选取路径的过程就是分类过程。显然,确定一条 SCL,就有一个与之对应的分类结果。"**模棱两可**"是指对照已知的三维模型中的 SMX 节点,选择路径另一端点时,因看不见,寻找此点而出现路径的长短,得到不是唯一的结果,出现不准确的情况。就是说:出现多条路径的线性化结果,在分类过程中不能确定哪一条路径的线性化结果是正确的。这就是"**模棱两可**"的含义。在二维模型上,在两个节点间确定路径只有一条。在三维模型上,过一点,准确地去找对面壁厚上的另一点且路径长度**等于或逼近壁厚**,很困难。本书作者在作全模型分析时,作路径的过程中已经体会到上述情况,最后将总体坐标移到全模型 SMX 的节点上,将其拆下的最高应力节点子模型,翻转图形看到它,如同"指路明灯"一样,解决了这个问题。因为 WB 坐标变换,须要赋值,而设计人员不知道该值是多少。不能将总体坐标移到 SMX 节点上,作为"指路明灯"用,因此,WB 不能解决此类问题。

5.4 疲劳分析功能差

（1）打开 WB Engineering Data，输入 S-N 曲线数据，但 **ANSYS Workbench** 给出疲劳工具（**Fatigue Tool**）接受的载荷循环类型为**完全对称循环**（Fully Reversed）和**脉动循环**（zero-based）。很少适用于压力容器。因此，不是**完全**对称循环，或脉动循环的载荷循环图，按其**完全**对称循环，或脉动循环分析，必将得出错误结果。

参考文献［14］的锁斗，是煤化工设备中典型的疲劳设备。操作压力 0～6.78MPa，脉动循环，但该书作者用 **ANSYS Workbench** 求出 N2 接管上的最大应力强度 278.0MPa，却没有采用 **ANSYS Workbench** 给出疲劳工具进行评定，就是说明在 **ANSYS Workbench** 疲劳分析中的疲劳工具是不太好用的一例。

（2）ANSYS 经典的疲劳分析是，给出位置数（1 个）、事件数（1 个）和载荷数（2 个），输入 S-N 数据，输入设计的循环次数，疲劳计算给出疲劳损伤。没有 **ANSYS Workbench** 的那些安全系数、载荷类型等规定。

（3）最低操作压力很低时。为了简化载荷工况计算，分析人员可将最低操作压力视为零，增大了总当量应力范围，是允许的。

5.5 解决 WB 线性化的途径

设计人员在寻求解决线性化问题。

（1）使用 WB 的 ACT 插件。"随着 ACT 插件出现在经典版绝大部分高级功能已经移植到 **Workbench** 中"，但 WB 至今没有 **ANSYS** 经典版的定义路径的功能。

现在，**Workbench** 的设计人员大多使用 ACT 插件，使用它存在争议，因为没有纳入 **Workbench** 正版中。

（2）可做 1/2 剖面模型。一旦应力强度中的 Max，根据网格判断能出现在设置路径时的壁厚的棱边上，即在 **Frictionless Support** 面上做路径时，显得方便。

（3）Model 界面导航树的 Contacts，可展开模型接触部位，有抑制体功能，做路径。

（4）对于有规则网格的部位，应力强度显示是一片，或一周，或半周红色区域，可记住节点位置的办法做路径，这就叫做"网格**记忆法定义路径**"。

（5）路径长度=设置路径处的元件壁厚或逼近厚度。按 **ASMEⅧ-2:5.A.9** 的规定，路径应垂直元件的壁厚。实际上，很难。所以本书作者提出逼近壁厚。WB 的路径长度等于，或大于，或小于设置路径处的元件壁厚，详见第 4 章。

第6章
EN 13445-3:18 疲劳寿命的详细评定

6.1 概述

欧盟标准有焊接的专用术语，按我国《**焊接词典**》（中国机械工程学会焊接学会编，机械工业出版社 1985 年出版）的规定，在此对照说明。

（1）weld——焊缝（焊接后焊件中所形成的结合部分）。

（2）welded 和 welding——焊接。

（3）weld toe 或 toe of the weld——焊趾（焊缝表面与母材的交接处），见图 1.01。

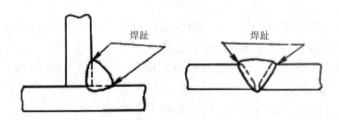

图 1.01 焊趾

（4）weld toe dressing 或 weld toe dressed 或 weld toe grinding——修磨焊趾。

（5）weld throat thickness——焊喉厚度，见图 1.02 中的 h_j。

（6）welding flaws——焊接缺陷。

（7）seam weld——缝焊（焊件经装配后，准备进行焊接的接口）。

（8）insert——嵌条（为改善焊缝根部成形预先放置在接头缝隙里的填充材料）。

（9）backing——焊接衬垫（为保证根部焊透和焊缝背面成形，沿接缝背面预置的一种衬托装置。）

backing strip——条状衬垫，**背垫条**（英汉科技大词典），沿接缝背面预置条状衬垫。

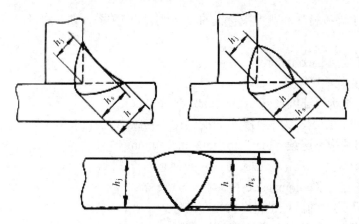

图 1.02 h_j 焊喉厚度（weld throat thickness）

（10）single pass weld——单道焊（只熔敷一条焊道完成整条焊缝所进行的焊接）。

（11）weld root pass——焊缝根部焊道。

（12）welded joint——焊接接头（包括焊缝、熔合区和热影响区）。

（13）welded flange——焊接法兰。JB/T 4700～4707，甲乙型平焊法兰，均译为"weld flange"，译错，应译为"welded flange"或"welding flange"。

（14）back-up weld——支撑焊缝（见英汉技术科学词典）。

（15）butt welded neck flange 长颈对焊法兰（而不是 JB/T 4703－2000 welding neck flange）。

6.2   标准正文

18   疲劳寿命详细评定

18.1   目的

18.1.1   本条对承受应力重复波动的压力容器及其元件的详细疲劳评定规定了各项要求。

18.1.2   评定过程认为，该容器按本标准的所有其他要求已经完成设计。

18.1.3   上述要求仅适用于 EN 13445-2:2014 规定的铁素体钢和奥氏体钢。

注：本要求也可适用于钢铸件，但若在钢铸件上完成焊接，焊接部位的要求适用。

18.1.4   这些要求不适用于测试组 4 压力容器。对测试组 3 焊接接头，见 18.10.2.1 中的特别规定。

18.1.5   该方法不供给包括弹性探索性设计之用（This method is not intended for design involving elastic follow-up）[见附录 N 中的参考文献[1]，译者注：题目是 **"Fatigue and inelastic analysis"**（疲劳与无弹性分析）]。

18.2   专用定义

除条款 3 的那些之外，下列术语和定义适用。

18.2.1   疲劳设计曲线（fatigue design curves）

本条给出用于焊接材料和非焊接材料的 $\Delta\sigma_R$ 对 N 的关系曲线，以及螺栓的 $\Delta\sigma_R/R_m$ 对 N 的关系曲线。

18.2.2 不连续（discontinuity）

形状或材料变化，影响应力分布。

18.2.3 总体结构不连续（gross structural discontinuity）

沿着整个壁厚，影响应力或应变分布的结构不连续。

18.2.4 局部结构不连续（local structural discontinuity）

沿着一小部分壁厚，局部影响应力或应变分布的不连续。

18.2.5 名义应力（nominal stress）

在没有任一不连续的区域中，必将存在的应力。

注 1　名义应力是采用结构基本理论计算的一个基准应力（薄膜+弯曲）。它排出结构不连续的影响（如焊缝、开孔和壁厚变化），见图 18-1。

注 2　允许使用名义应力用于对结构应力确定将是不复杂的某些特定的焊缝节点详图（weld details），名义应力也适用于螺栓。

注 3　名义应力是通常习惯于表示在单一轴向或弯曲载荷作用下，在实验室试样上完成疲劳试验结果的一种应力。因此，从这些数据得出的疲劳曲线**包括**在该试样上的任一缺口或其他结构不连续（例如焊缝）效应。

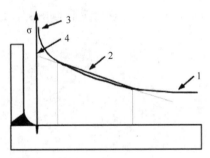

关键词
1　名义应力（Nominal stress）
2　结构应力（Structural stress）
3　缺口应力（Notch stress）
4　潜在裂纹萌生处给出结构应力的外推法

图 18-1　结构不连续处名义应力、结构应力和缺口应力的分布

18.2.6 缺口应力（notch stress）

位于缺口根部的总应力，包括应力分布的非线性部分。

注 1　见图 18-1，用于元件是焊接的情况，但是在非焊接件中局部结构不连续处可类似地找到缺口应力。

注 2　使用数值分析，通常计算缺口应力。或者，名义应力或结构应力结合有效应力集中系数 K_f 使用。

18.2.7 当量应力（equivalent stress）

和施加多轴应力产生相同疲劳损伤的单轴应力。

注 1　本条适用于 **Tresca** 准则，也允许使用"**von Mises**"准则。

注 2　C.4.1 给出当量应力（equivalent stress）的计算规则。C.4.2 给出两个单独载荷工况之间当量应力范围（the equivalent stress range）的计算规则。在本条中，对全载循环确定当量应力范围，即包括多种载荷工况的变化。18.6.2.2 对焊接件和 18.7.1.2 对非焊接件给出相应的规则。这些规则是不同的，取决于循环期间主应力方向是否保持不变。

18.2.8　焊喉上的应力（stress on the weld throat）

在角焊缝或部分焊透焊缝中焊**喉**厚度上的平均应力。

注 1　就一般非均布受载焊缝而论，它被计算为单位焊缝长度的最大载荷除以焊喉厚度，并假定**没有传递**由被焊接的元件之间承受的这种载荷。

注 2　如果通过焊喉有明显的弯曲，则应取线性化应力的最大值。

注 3　焊喉上的应力仅供角焊缝或部分焊透焊缝中焊接金属裂纹引起的疲劳失效评定用。

18.2.9　应力范围（$\Delta\sigma$）

一个名义应力，一个主应力，或一个应力分量在一次循环中从最大值变到最小值（见图 18-2），取决于应用的规范。

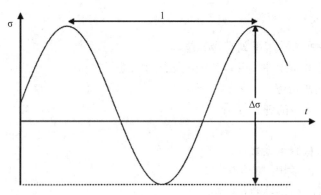

关键词：1—一次循环；$\Delta\sigma$—应力范围

图 18-2　应力范围

18.2.10　结构应力（structural stress）

由所施加的各种载荷（力，力矩，压力等）和特定结构部分的相应反力而产生的，沿截面壁厚线性分布的应力。

注1　结构应力包括总体结构不连续的作用（如接管连接件，锥壳与圆筒相交处，容器与封头连接处，壁厚过渡段，设计形状的偏差，某一附件的存在）。可是，它排除了沿截面壁厚产生非线性的应力分布的局部结构不连续的缺口效应（如焊趾）。见图18-1。

注2　对于疲劳评定来说，将在潜在的裂缝萌生处计算结构应力。

注3　结构应力可由下列一种方法确定：数值分析（如有限元分析（FEA））；应变测量或应力集中系数施加到分析所得的名义应力；附录N参考文献[2]给出的使用数值分析指南。

注4　在高热应力下，应考虑总应力，而不是线性分布的应力。

18.2.11　焊喉厚度（weld throat thickness）

焊缝横截面中最小厚度。

18.2.12　持久极限（endurance limit）

在没有任一预加载荷期间，假定在恒幅载荷下不发生低于疲劳损伤的循环应力范围。

18.2.13 切断极限（cut-off limit）

不考虑低于疲劳损伤的循环应力范围。

18.2.14 理论弹性应力集中系数（theoretical elastic stress concentration factor）

纯弹性基础上计算的缺口应力与同一点上结构应力的比值。

18.2.15 有效的缺口应力（effective notch stress）

在一个缺口上决定疲劳行为的应力。

18.2.16 有效的应力集中系数（effective stress concentration factor）

同一点上，有效的缺口应力（**总应力**）与结构应力的比值。

18.2.17 评定范围（critical area）

总疲劳损伤指标超过最大值D_{max}的范围，定义如下

$D_{max} = 0.8$　对于$500 < n_{eq} \leqslant 1000$

$D_{max} = 0.5$　对于$1000 < n_{eq} \leqslant 10000$

$D_{max} = 0.3$　对于$n_{eq} > 10000$

18.3 专用符号与缩写

除第4条的那些外，采用下列符号和缩写：

C, C_1 和 C_2－用于焊接件疲劳设计曲线公式中的常数；

D－累积疲劳损伤指标；

E－最高操作温度下的弹性模量；

F_e，F_s－系数；

f_b－用于螺栓的总修正系数；

f_c－压缩应力修正系数；

f_e－非焊接件厚度修正系数；

f_{ew}－焊接件和螺栓的厚度修正系数；

● **本书作者注：f_{ew} -is the thickness correction factor in welded components and bolts; 经查，f_{ew}只是焊接件的厚度修正系数，bolts厚度修正系数不是f_{ew}，而是f_e，见18.12.2.1。**

f_m－平均应力修正系数；

f_s－表面光洁度修正系数；

f_{T^*}－温度修正系数；

f_u－用于非焊接件总修正系数；

f_w－用于焊接件总修正系数；

g－修磨焊趾产生的沟槽深度；

K_f－式（18.7-3）给出的有效应力集中系数；

K_m－偏离设计形状引起的应力增大系数；

K_t－理论弹性应力集中系数；

k_e－由机械载荷引起的用于应力的塑性修正系数；

k_v－由热载荷引起的用于应力的塑性修正系数；

M－平均应力敏感性系数；

m, m_1, m_2－用于焊接件的疲劳设计曲线公式中的指数；

N—从疲劳设计曲线查得的许用循环次数（下标 i 指第 i 个应力范围下的寿命）；

n—应用的应力循环次数（下标 i 指第 i 个应力范围引起的循环次数）；

R—考虑点上的容器平均半径；

R_{min}—包括腐蚀裕量的圆筒最小内半径；

R_{max}—包括腐蚀裕量的圆筒最大内半径；

R_z—从波峰到波谷的高度；

r—修磨焊趾产生的沟槽半径；

S_{ij}—或主应力之差（$\sigma_i - \sigma_j$），或结构主应力之差（$\sigma_{struc,i} - \sigma_{struc,j}$）是适合的；

T_{max}—最高的操作温度；

T_{min}—最低的操作温度；

T^*—假定的平均循环温度；

$\Delta_{\varepsilon T}$—总应变范围；

$\Delta\sigma$—应力范围（下标 i 指第 i 个应力范围，下标 W 指焊缝）；

$\Delta\sigma_{eq}$—当量应力范围（下标 i 指第 i 个应力范围）；

$\Delta\sigma_R$—从疲劳设计曲线查得的应力范围；

$\Delta\sigma_D$—持久极限；

$\Delta\sigma_{Cut}$—切断极限（cut-off limit）；

$\Delta\sigma_{struc}$—结构应力范围；

$\Delta\sigma_f$—有效的总当量应力范围；

$\Delta\sigma_{eq,1}$—对应的当量线性分布变化的当量应力范围；

$\Delta\sigma_{eq,t}$—总（或切口）当量应力范围；

$\Delta\sigma_{eq,nl}$—对应的应力分布的非线性部分变化的应力范围；

δ—缝焊处由于壳体平均循环的总偏差；

δ_1—连接板中心线之偏移；

θ—连接板在某一焊缝处的切线间的夹角；

σ—表示的正应力或正应力范围（下标 W 用于焊接）；

$(\sigma_{eq,t})_{op}$—由操作压力引起的当量总应力（具体应用在18.4.6）；

$(\sigma_{eq,t})_{max}$—最大的当量总应力；

$(\sigma_{eq,t})_{min}$—最小的当量总应力；

$\bar{\sigma}_{eq}$—平均当量应力；

$\bar{\sigma}_{eq,r}$—减小的平均当量应力，用于弹-塑性工况；

σ_{struc1}—在给定时的结构主应力（1，2，3，用于轴向）；

σ_{total}—总的主应力；

σ_1—给定时的主应力（1，2，3，用于轴向）；

σ_{V1}，σ_{V2}—在18.9.3蓄水池循环计数范例中得到的应力范围；

τ—表示剪应力或剪应力范围（下标 W 用于焊接）。

18.4　限制

18.4.1　设计一台疲劳容器的地方，所有元件的制造方法，包括临时定位和修补，应由制造厂规定。

18.4.2　只要通过疲劳裂纹可能扩展的材料证明是足够韧性的，保证由某一疲劳裂纹引起的断裂将不会发生，对于在零下温度操作的容器，在疲劳设计曲线使用上没有限制。

18.4.3　这些要求只适用于在材料蠕变范围以下温度操作的容器，如，对于铁素体钢，疲劳设计曲线适用到380℃，对于奥氏体不锈钢，适用到500℃。

18.4.4　疲劳评定的所有部位（见18.10.5）易于检查和无损检测，以及确定合理的维修且包括使用说明的指令，是应用这些要求的一个条件。

注：附录 M 给出合理维修的推荐意见。

关于焊接缺陷：

除 EN 13445:5-2014 给出的焊接缺陷一般验收标准之外，应满足（EN 13445:5-2014 附录 G 所要求的）下列条件，作为本条规定：

—无咬边；

—无根部凹坑；

—对全焊透的焊缝，无未焊透；

—目视和无损 100%检测，结合 EN 13445-5:2014 附录 G 所规定的，所有评定区的验收准则。

18.4.5　腐蚀条件对钢的疲劳寿命是有害的。在波动应力水平比在空气中低，且波动应力传播速率较高的情况下，环境促成的疲劳裂纹，能够发生。规定的疲劳强度不包括任何腐蚀裕量。因此，提前发生腐蚀疲劳且不能保证有效防护腐蚀介质的地方，应基于经验和试验选择一个系数，以此将减少由这些要求所给定的疲劳强度来补偿腐蚀。如果因经验不足，不能肯定所选定的疲劳强度是足够低，应增加检查次数，直到有足够的经验证明所使用的该系数合理。

关于公差：

—制造公差不应超过EN 13445-4:2014给出的规定值；

—对于焊缝，制造商应假定某一公差，并导出疲劳评定所使用的相应的应力系数，然后，应校核假定公差，并在制造后应予保证。

18.4.6　对于由非奥氏体钢制造的水处理部件，在超过200℃的温度下操作，应确保磁力防护层的保护，如果与水接触的表面上任意点的应力始终保持在下列极限的范围内，则将得到保护：

$$(\sigma_{eq,t})_{max} \leqslant (\sigma_{eq,t})_{op} + 200(MPa) \tag{18.4-1}$$

$$(\sigma_{eq,t})_{min} \geqslant (\sigma_{eq,t})_{op} - 600(MPa) \tag{18.4-2}$$

注　假定，在磁力层成形的工作条件下，层中没有应力。

18.4.7　不能通过合适的加强、支承和缓冲消除振动（例如由机械，脉冲压力或风引起的）的地方，应采用本条的方法评定。

18.5   一般规定

18.5.1   有疲劳裂纹萌生的每一危险的所有部位，应进行疲劳评定。

注   推荐，完成疲劳评定，应使用工作载荷而不是设计载荷。

18.5.2   在疲劳状态中，焊接行为与平原（非焊接的）材料不同。因此，焊接材料与非焊接材料的评定过程是不同的。

18.5.3   **平原材料**可包括的磨平的焊缝修补，这种修磨的存在能导致材料疲劳寿命的减少。因此，**只有肯定是无焊接的材料，才应评定为非焊接的。**

18.5.4   疲劳容器设计的典型次序见表 18-1。

表 18-1   疲劳评定过程一览表

	项目	说明	有关条款
1	按静载荷设计容器	给出设计方案、节点详图和尺寸	3
2	确定疲劳载荷	基于操作技术条件，由制造商等确认的代表实施	18.5，18.9.1
3	确定要评定的容器部位	结构不连续，开孔，接头（焊接，螺栓连接），转角，修补等	18.5
4	在每一部位上，在操作条件的一次循环期间，确定应力范围	a）计算结构主应力 b）导出当量应力范围或主应力范围	焊接：18.6，18.8，18.10.4 非焊接：18.7，18.8 螺栓：18.7.2
5	在每一部位上，确定设计应力范围系列	a）完成循环的计数操作 b）施加那里相应的塑性修正系数 c）非焊接材料：导出有效的缺口应力范围	18.9 18.8 18.7
6	确认疲劳强度数据，包括总修正系数的修正值	a）焊接材料 b）非焊接材料 c）螺栓材料	18.10，表 18-4 和附录 P 18.11 18.12
7	注意有关的结论并报告有关的制造、检测人员	a）对焊缝的检测要求 b）关于不同轴度的控制或假定值 c）焊缝缺陷的验收标准	表 18-4 和附录 P 18.10.4 18.10.5
8	从疲劳设计推断许用的疲劳寿命并完成评定	a）焊接材料 b）非焊接材料 c）螺栓材料 d）评定方法	18.10，表 18-7 18.11，表 18-10 18.12 18.5.5，18.5.6
9	如果位置评定通不过，应进一步实施	a）采用更精确的应力分析，重新评定 b）增加壁厚*，降低应力 c）变更详图 d）采用修磨焊趾（如果适用）	18.6（焊接的），18.7（非焊接的） 表 18-4 和附录 P 18.10.2.2

*—对于机械载荷，大多数情况下增加壁厚可降低应力，但在某些情况下（具有不同壁厚的元件连接）壁厚较好的分布也能降低应力。

—对于热载荷，需要更多地调整修改，如结构的合适位置刚度减少，或薄弱部分疲劳强度增大

18.5.5 用于恒幅载荷的相应的疲劳设计曲线（焊接件、非焊接件和螺栓）查得的疲劳寿命是许用循环次数。

18.5.6 用于变幅载荷下累积损伤 D 的计算，由下式给出：

$$D = \frac{n_1}{N_1} + \frac{n_2}{N_2} + \cdots = \sum \frac{n_i}{N_i} \qquad (18.5\text{-}1)$$

应满足下列条件：

$$D \leqslant 1 \qquad (18.5\text{-}2)$$

18.6 焊接材料

18.6.1 应力

对于单一的连接件和对齐接缝的焊缝评定，只要它们不位于总体结构不连续的影响区域内，使用依据弹性基础计算的名义应力能够评定。

在直接受载的角焊缝或局部焊透焊缝根部区域的疲劳校核中，如 18.6.3 的说明，所使用的应力范围应基于焊喉上的应力，见 18.2.8。

在所有其他的情况下，应确定结构应力。它们是：

—或是在潜在的裂纹萌生处采用弹性理论从结构应力计算的，考虑全部的薄膜应力、弯曲应力和剪切应力。

—或是在容器上从所测量的应变推导并转换成线弹性条件。

使用图 18-3 的详细步骤，根据逼近由外推至焊缝处的法线方向作用的主应力，应能确定由详细的应力分析或测量在那里得到的结构应力。

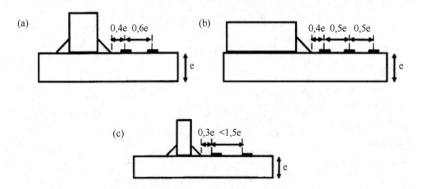

图 18-3　从 **FEA** 和应变仪结果(附录 N[2])得到结构应力的外推法

注 1　在得出结构主应力时，充分考虑结构不连续（如接管）和所有的应力源是必要的。后者可产生总体形状不连续，如圆筒与封头的连接处，厚度变化和焊上多个支承环；偏离预期的形状，如椭圆度，温度梯度，棱角和不同轴度的焊缝（注意某些不同轴度已经包括在一些疲劳设计曲线中）。本条和已发表的文献中的方法（见附录 N 参考文献[3]-[7]）提供用于许多几何形状的这样的应力评定，或至少使一个要进行的保守评定成为可能。

注 2　由于焊喉上最大的应力范围可表示为总和，则 $\Delta\sigma$ 就是循环期间不同应力工况之间的最大矢量之差的数量值。

外推到应力集中点处（本情况的焊趾）确定结构应力的应力位置：

a）低弯曲应力元件，计量长度≤0.2e，线性外推；

b）高弯曲应力元件，刚性弹性基础，计量长度≤0.2e，二次外推；

c）计量长度≥0.2e，线性外推。

上列"计量长度"是指应变仪或 FE 网格尺寸。

18.6.2　母材和对接焊缝中的应力范围

18.6.2.1　选择

对单一的连接件和对齐接缝的焊缝评定，只要它们不位于总体结构不连续的影响区域内，可使用名义当量应力范围（见表 18-4a 和表 18-4e）或名义主应力范围（见附录 P）。采用名义主应力代替结构主应力，和结构主应力范围［见式（18.6-4），式（18.6-5），式（18.6-6），式（18.6-7）］同样的方法来计算。

对于所有其他的焊接件，取决于计算方法：

—或从结构主应力范围和使用附录 P，将确定主应力范围；

—或从结构主应力确定**当量应力范围和表 18-4 一起使用**，将计算当量应力范围。

拉应力被认为是正的，压应力是负的，在两种情况中，重要方面是在多载荷作用下，结构主应力的方向**是否**保持不变。

如果适用，弹性计算的主应力范围或当量应力范围应根据 18.8 给出的塑性修正系数予以修正。

注：对于焊接件，不论施加的或有效的平均应力如何，都应使用满幅的应力范围。疲劳设计曲线考虑了拉伸残余应力的影响。在疲劳分析中，焊后热处理忽略不计。

18.6.2.2　当量应力范围 $\Delta\sigma_{eq}$

18.6.2.2.1　结构主应力方向不变

当结构主应力方向不变时，$\Delta\sigma_{eq}$ 计算如下。

将确定三个结构主应力随时间的变化，三个主应力差随时间的变化按下式计算：

$$S_{12} = \sigma_{struc1} - \sigma_{struc2} \tag{18.6-1}$$

$$S_{23} = \sigma_{struc2} - \sigma_{struc3} \tag{18.6-2}$$

$$S_{31} = \sigma_{struc3} - \sigma_{struc1} \tag{18.6-3}$$

应用 **Tresca** 准则，$\Delta\sigma_{eq}$ 为：

$$\Delta\sigma_{eq} = \max\left(|S_{12max} - S_{12min}|;|S_{23max} - S_{23min}|;|S_{31max} - S_{31min}|\right) \tag{18.6-4}$$

注：典型例子如图 18-4（a）和（b）所示，$\Delta\sigma_{eq}$ 为最大剪应力范围的 2 倍并出现在最大剪应力的三个平面之一上。

18.6.2.2.2　结构主应力方向变化

两个载荷工况之间的循环期间，结构主应力方向变化时，$\Delta\sigma_{eq}$ 将计算如下。

在每一载荷工况下，参照某些合适的固定坐标轴，确定六个主应力分量（三个正应力和三个剪应力）。对每一个应力分量，计算两个工况之间的差值，从结果的应力差并称为 $(\Delta\sigma)_1$，$(\Delta\sigma)_2$，$(\Delta\sigma)_3$，计算主应力，于是

$$\Delta\sigma_{eq} = \max\left(|(\Delta\sigma)_1 - (\Delta\sigma)_2|;|(\Delta\sigma)_2 - (\Delta\sigma)_3|;|(\Delta\sigma)_3 - (\Delta\sigma)_1|\right) \tag{18.6-5}$$

这里循环具有如此复杂的特性，哪两个载荷工况将导致最大值 $\Delta\sigma_{eq}$ 是不清楚的，对所有成对的载荷工况，通过执行上述方法来确定。

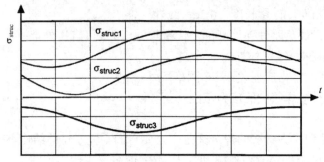

（a）典型的结构主应力随时间的变化

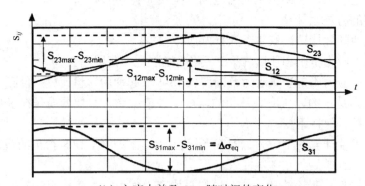

（b）主应力差及 $\Delta\sigma_{eq}$ 随时间的变化

图 18-4 当主应力方向保特不变时主应力变化的典型例子

导致最大值 $\Delta\sigma_{eq}$ 的两个载荷工况将被用作 **"min"** 和 **"max"** 载荷工况，采用式（18.7-7）按 **18.7.1.2.2** 用于计算平均当量应力。

注：该步骤和使用 **Tresca** 准则时用于该情况的 C.4.2 中所描述的是相同的。

18.6.2.3 主应力范围

18.6.2.3.1 应用

如果潜在疲劳裂纹萌生在焊趾或焊缝的表面上，需要在邻接焊缝的材料上的结构应力范围用于疲劳评定。在最大主应力的处理方法中，仅使用在各自的材料表面上的，本来（即 45°内）分别平行和垂直于焊缝方向作用的，两个结构主应力 struc1 和 struc2 来断定。

18.6.2.3.2 结构主应力方向不变

结构主应力方向保持不变的地方，$\Delta\sigma$ 确定如下。

$$\Delta\sigma_{struc1} = \sigma_{struc1max} - \sigma_{struc1min} \tag{18.6-6}$$

$$\Delta\sigma_{struc2} = \sigma_{struc2max} - \sigma_{struc2min} \tag{18.6-7}$$

注：可需要考虑两个主应力范围，取决于它们的方向和适用于每一方向的疲劳等级。

18.6.2.3.3 结构主应力方向变化

两个载荷工况之间的循环期间，结构主应力方向变化时，$\Delta\sigma$ 将计算如下。

参照某些合适的固定坐标轴，在每一载荷工况下，确定三个应力分量（二个正应力和一个剪应力）。对于每一个应力分量，计算两个工况之间差值。从结果的应力差计算主应力。

注：可需要考虑两个主应力范围，取决于它们的方向和适用于每一方向的疲劳等级。

这里循环具有如此复杂的特性，哪两个载荷工况将导致最大值 $\Delta\sigma$ 是不清楚的，对所有成对的载荷工况，由执行上述方法来确定。

另外，假定 $\Delta\sigma$ 是整个载荷循环期间存在的最大与最小主应力的代数差，不管它们的方向如何，并假定用于两个主应力方向的等级较低（见表 P.1－P.7）是保守的。

18.6.3 直接受载的角焊缝或部分焊透焊缝的焊喉上的应力范围

$\Delta\sigma$ 是焊喉上应力的最大范围，如 18.2.8 的定义。

这里循环的应力是由于简单载荷的施加和卸载而引起的。

$$\Delta\sigma = (\sigma_{\mathrm{w}}^2 + \tau_{\mathrm{w}}^2)^{1/2} \tag{18.6-8}$$

式中，σ_{w} 是焊喉上正应力范围；τ_{w} 是焊喉上剪应力范围。

这里循环应力是由多个加载源引起的，但是在焊喉上应力方向的应力向量保持固定。$\Delta\sigma$ 由每单位焊缝长度的最大载荷范围确定。

在两个极限载荷工况之间循环期间，焊喉上应力向量方向变化的地方，$\Delta\sigma$ 是两个应力向量间的向量差的大小。

这里循环具有如此复杂的特性，哪两个载荷工况将产生最大值 $\Delta\sigma$ 是不清楚的，对所有成对的极限载荷工况，应求得向量差。或者假定是保守的：

$$\Delta\sigma = \left[(\sigma_{\max} - \sigma_{\min})^2 + (\tau_{1\max} - \tau_{1\min})^2 + (\tau_{2\max} - \tau_{2\min})^2 \right]^{1/2} \tag{18.6-9}$$

式中，τ_1 和 τ_2 是焊喉处两个剪应力分量。

18.7 非焊接件和螺栓

18.7.1 非焊接件

18.7.1.1 应力

非焊接件的评定将基于有效当量总应力。或从结构应力，或从总应力，能计算有效当量总应力。

从结构应力计算时，有效的总应力范围由下式给出：

$$\Delta\sigma_{\mathrm{f}} = K_{\mathrm{f}} \Delta\sigma_{\mathrm{eq.struc}} \tag{18.7-1}$$

结合总体结构不连续的全部影响的一个模型将确定用于该计算的结构应力，但不是局部结构不连续（如缺口）。

从总应力计算时，有效的总应力范围由下式给出：

$$\Delta\sigma_{\mathrm{f}} = \frac{K_{\mathrm{f}}}{K_{\mathrm{t}}} \Delta\sigma_{\mathrm{eq.total}} \tag{18.7-2}$$

结合所有结构不连续的全部影响的一个模型将确定用于该计算的总应力，包括局部结构不连续（如缺口）。

假使那样的话，只要式（18.7-2）中计算的比率 $K_{\mathrm{f}}/K_{\mathrm{t}} = 1$，如同保守地简化，避免理论应力集中系数 K_{t} 的计算是允许的。

有效应力集中系数由下式给出：

$$K_{\mathrm{f}} = 1 + \frac{1.5(K_{\mathrm{t}} - 1)}{1 + 0.5\max\left\{1; K_{\mathrm{t}} \cdot \dfrac{\Delta\sigma_{\mathrm{struc.eq}}}{\Delta\sigma_{\mathrm{D}}}\right\}} \tag{18.7-3}$$

式中，$\Delta\sigma_{\mathrm{D}} = \Delta\sigma_{\mathrm{R}}$——对于非焊接材料 $N \geqslant 2 \times 10^6$；

$\Delta \sigma_{\text{struc.eq}}$——已修正的结构当量应力范围，表明塑性修正（如果恰当，见 18.8）。

注：这个系数反映缺口对疲劳寿命的有效影响，来自疲劳试验。

定义理论应力集中系数并计算如下：

$$K_{\text{t}} = \frac{\sigma_{\text{total}}}{\sigma_{\text{struc}}} \qquad (18.7\text{-}4)$$

如果根据文献上得到的分析公式给出理论应力集中系数，它必须基于该定义。

如果直接由分析（如 FEA）或实验确定（应变仪）计算总应力，可将结构应力和峰值应力分类（如附录 C 的描述），给出总应力如下：

$$\sigma_{\text{total}} = \sigma_{\text{struc}} + \sigma_{\text{peak}} \qquad (18.7\text{-}5)$$

于是

$$K_{\text{t}} = 1 + \frac{\sigma_{\text{peak}}}{\sigma_{\text{struc}}} \qquad (18.7\text{-}6)$$

注：要了解原理，对于单轴应力状态的简单情况，列出式（18.7-4）到（18.7-6）。多轴应力状态的一般情况，采用当量应力范围（见 18.7.1.2.1），将应用式（18.7-5）用于应力分量（见 C.4.4），将应用式（18.7-4）用于理论应力集中系数的计算。如果由分析（FEA）直接确定当量总应力，则模型将包括作为足够精细详图表示的任意缺口。如果实验确定（应变仪），则应在缺口范围内进行测定，或足够接近于经外推法要确定的可能的总应力（见附录 N 文献[2]）。假定是线弹性条件，将应变转化成应力。

将要确定当量应力范围 $\Delta \sigma_{\text{eq,l}}$ 和当量平均应力 $\bar{\sigma}_{\text{eq}}$，对此，给出两种方法，取决于在多载荷作用下，结构主应力方向是否保持不变，拉应力被认为是正的，压应力是负的。

18.7.1.2　当量应力范围和当量平均应力

18.7.1.2.1　主应力方向不变

当主应力方向保持不变时，$\Delta \sigma_{\text{eq}}$ 应按 18.6.2.2.1 和式（18.6-4）确定。

注 1：对于多轴应力状态，计算应力范围作为应力分量范围的当量应力（两种状态之间的差）和不作为该两个状态的（对照 C.4.2）当量应力之间的（差值）范围。

相应的平均当量应力 $\bar{\sigma}_{\text{eq}}$ 是产生 $\Delta \sigma_{\text{eq}}$ 的两个总主应力 $\sigma_{\text{total},i}$ 和 $\sigma_{\text{total},j}$ 求和的循环期间所取的最大与最小值的平均值，于是：

$$\bar{\sigma}_{\text{eq}} = \frac{1}{2}\left[(\sigma_{\text{total},i} + \sigma_{\text{total},j})_{\max} + (\sigma_{\text{total},i} + \sigma_{\text{total},j})_{\min} \right] \qquad (18.7\text{-}7)$$

注 2：典型的示例如图 18-5 所示，$\bar{\sigma}_{\text{eq}}$ 是垂直最大剪应力范围平面上的，超时平均的，正应力平均值的 2 倍。

18.7.1.2.2　主应力方向变化

当主应力方向变化时：

——将计算 18.6.2.2.2 中所描述的当量应力范围 $\Delta \sigma_{\text{eq}}$。

——将按式（18.7-7）计算当量平均应力 $\bar{\sigma}_{\text{eq}}$，其中：

——所考虑的载荷工况"min"和"max"将是 18.6.2.2.2 中所定义的那样；

——$(\sigma_{\text{total,i}} + \sigma_{\text{total,j}})_{\max}$ 是按照"**max**"载荷工况的最大差的两个主应力（下标 *i* 和 *j*）的和；

— $(\sigma_{\text{total},i} + \sigma_{\text{total},j})_{\min}$ 是按照"**min**"载荷工况的最大差的两个主应力（下标 **i** 和 **j**）的和。

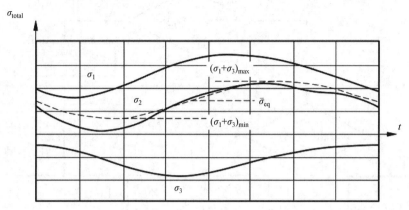

图 18-5　确定 $\Delta\sigma_{\text{eq}}$（本例即是 $\sigma_{\text{total},1}$ 和 $\sigma_{\text{total},3}$）的总主应力之间的差值和产生平均
当量应力 $\bar{\sigma}_{\text{eq}}$ 随时变化的例子

注：由于在载荷工况"**max**"和"**min**"中不同的应力状态作用，它们中所保持的每一对（下标 **i** 和 **j**），可能是不同的。

18.7.2　螺栓

对于螺栓，$\Delta\sigma$ 是基于较小直径确定的实心截面上由直接拉伸和弯曲载荷引起的最大名义应力范围，对于预紧螺栓，可以考虑预紧载荷的程度，而 $\Delta\sigma$ 是基于螺栓载荷的实际波动。

注：对于任何形式的螺纹，螺栓的疲劳设计曲线考虑螺纹根部的应力集中。

18.8　弹–塑性条件

18.8.1　一般规定

对于所有元件，如果用于焊接接头和非焊接元件的两部分的计算的虚拟弹性结构应力范围超过考虑中的材料屈服极限的 2 倍，即如果 $\sigma_{\text{eq},1} > 2R_{\text{p0.2/T*}}$，见注，则应乘以塑性修正系数。

应用到机械载荷的应力范围的修正系数是 k_{e}，热载荷是 k_{V}。

注：这个适用于铁素体钢，对奥氏体钢，采用 $R_{\text{p1.0/T*}}$。

18.8.1　综述

18.8.1.1　机械载荷

对于机械载荷，修正的结构应力范围 $\Delta\sigma_{\text{struc,eq}} = k_{\text{e}}\Delta\sigma_{\text{eq},1}$

式中

$$k_{\text{e}} = 1 + A_0 \left(\frac{\Delta\sigma_{\text{eq},1}}{2R_{\text{p0.2/T*}}} - 1 \right) \qquad (18.8\text{-}1)$$

式中，$A_0 = 0.5$，用于铁素体钢，而 $800 \leqslant R_{\text{m}} \leqslant 1000\text{MPa}$；

$A_0 = 0.4$，用于铁素体钢，而 $R_{\text{m}} \leqslant 500\text{MPa}$，且适用于所有奥氏体钢（见 18.8.1 注）；

$A_0 = 0.4 + \dfrac{(R_{\text{m}} - 500)}{3000}$，用于铁素体钢，而 $500 \leqslant R_{\text{m}} \leqslant 800\text{MPa}$。

确定平均当量应力的程序框图，考虑到弹-塑性条件，如图 18-6 所示和 18.11 的应用。

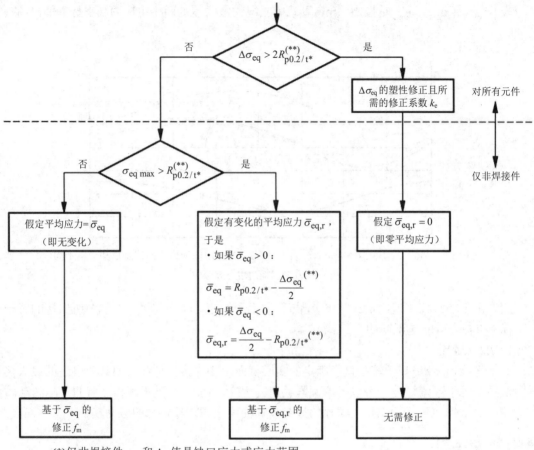

(*)仅非焊接件，σ和$\Delta\sigma$值是缺口应力或应力范围。

(**)这个适合于铁素体钢，对奥氏体钢，使用$R_{p1.0/T*}$。

图18-6　由机械载荷引起的，考虑到弹塑条件，对平均当量应力的修正

18.8.1.2　热载荷

就通过材料厚度呈非线性的热应力分布而论，对每一应力分量，将确定非线性的和当量线性的两种应力分布。使用线性化的应力范围$\Delta\sigma_{eq,l}$，k_V将按下式计算：

$$k_V = \max\left(\dfrac{0.7}{0.5 + \dfrac{0.4}{\Delta\sigma_{eq,1}/R_{p0.2/T*}}}; 1.0\right) \qquad (18.8\text{-}2)$$

修正后的应力范围，对于焊接接头，就是

$$\Delta\sigma_{eq} = k_V \cdot \Delta\sigma_{eq,1}$$

对于非焊接区域，就是

$$\Delta\sigma_1 = k_V \cdot \Delta\sigma_{eq,t}$$

18.8.1.3　弹-塑性分析

如果从理论或实验应力分析得知由任一载荷源引起的总应变范围$\Delta\varepsilon_T$（弹性+塑性），则不需要塑性修正，且为

$$\Delta\sigma = E \cdot \Delta\varepsilon_{\mathrm{T}} \qquad\qquad (18.8\text{-}3)$$

18.9　疲劳作用

18.9.1　载荷

18.9.1.1　将识别作用于容器或元件上的所有波动载荷源

注：这样的载荷有压力波动；容量变化；瞬态温度；温度变化期间膨胀或压缩的限制；强迫振动；以及外载荷的变化。

18.9.2　简单循环的记数方法

18.9.2.1　应将多个载荷划分为具体的载荷事件，各载荷事件相互无关，且应分别考虑。

18.9.2.2　将制定载荷规范，对每一载荷事件规定应力范围（从 18.5, 18.6, 18.7 和 18.8 的计算是适合于元件和载荷的）及每一载荷的循环次数。

如图 18-7 和表 18-3 所示，将应力范围对循环次数标绘或列表。具有最低循环次数的载荷在顶部标绘或列出，且所示总和的循环次数。

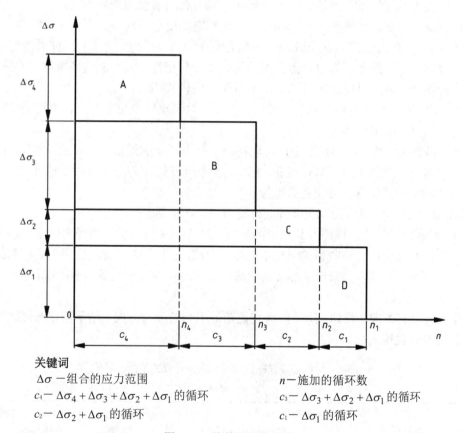

关键词

$\Delta\sigma$ －组合的应力范围　　　　　　　　　　n －施加的循环数

c_4 － $\Delta\sigma_4 + \Delta\sigma_3 + \Delta\sigma_2 + \Delta\sigma_1$ 的循环　　c_3 － $\Delta\sigma_3 + \Delta\sigma_2 + \Delta\sigma_1$ 的循环

c_2 － $\Delta\sigma_2 + \Delta\sigma_1$ 的循环　　　　　　　c_1 － $\Delta\sigma_1$ 的循环

图 18-7　简单的计数方法

注：表 18-3 给出一个示例。

18.9.3　蓄水池循环计数法

（略）

表 18-3 采用简单的循环计数法确定应力循环的示例

单独载荷				载荷事件		
载荷	应力范围	循环数	示例	序号	应力范围	循环数
4	$\Delta\sigma_4$	n_4	满幅压力范围	A	$\Delta\sigma_4+\Delta\sigma_3+\Delta\sigma_2+\Delta\sigma_1$	$c_4=n_4$
3	$\Delta\sigma_3$	n_3	温度差	B	$\Delta\sigma_3+\Delta\sigma_2+\Delta\sigma_1$	$c_3=n_3-n_4$
2	$\Delta\sigma_2$	n_2	压力波动	C	$\Delta\sigma_2+\Delta\sigma_1$	$c_2=n_2-n_3-n_4$
1	$\Delta\sigma_1$	n_1	机械载荷	D	$\Delta\sigma_1$	$c_1=n_1-n_2-n_3-n_4$

18.10 焊接件的疲劳强度

18.10.1 焊缝节点详图的分级

18.10.1.1 该表的使用

根据是否从当量应力或主应力计算应力范围，将焊缝分为表 18-4 和附录 P。在附录 P 中，焊缝分级取决于对应的所示波动应力的位置和方向引起的潜在的开裂形式。

所有背离理想形状的偏差（不同轴度、棱角和椭圆度等）应包括在应力确定中。

注 1 一般，疲劳强度取决于波动应力相对于焊缝节点详图的方向；可能的疲劳裂纹萌生的位置在焊缝节点详图上；焊缝节点详图的几何布置和相称；以及制造和检测的方法。因此，某一节点详图在该表中可能出现几次，由于可能失效模式不同。

注2 使用不同的分级和相应的疲劳设计曲线，对不止一个位置的潜在的疲劳裂纹萌生，需要评定所给的焊缝节点详图。

注 3 容器或容器元件的疲劳寿命可取决于某一个特定的焊缝节点详图。因此，经受相同疲劳载荷的其他节点的等级不需要较高。例如，如果全部的疲劳寿命取决于角焊缝，则不需要出于精确定位焊缝争取得到可能高的等级。

18.10.1.2 使用当量应力范围要评定焊缝节点详图的等级

表 18-4 给出焊缝节点详图及其相应的等级，基于当量应力范围的评定中可加以应用。疲劳等级或者涉及来自焊趾或收弧的母材中的疲劳裂纹，与潜在的疲劳裂纹萌生处相邻的母材中将使用 $\Delta\sigma_{eq}$ 评定，或者涉及来自根部或表面的自身焊缝中的疲劳裂纹，将使用焊缝中 $\Delta\sigma$ 评定。而 $\Delta\sigma$ 如 18.6.3 定义。

由于 $\Delta\sigma_{eq}$ 没有方向，表18-4所示的级别是指最不利的应力方向，用于特定的焊缝节点详图和所示的疲劳开裂模式。

表 18-4 焊缝节点详图分级与结构当量应力范围一起使用

a）焊缝

节点号	接头型式	节点详图	注释	等级	
				试验组 1 或 2	试验组 3
1.1	磨平的全焊透对接焊缝，包括焊补	疲劳裂纹通常萌生在焊缝缺陷上	无损检测证明焊缝没有表面裂纹缺陷和重要的埋藏缺陷（见 EN 13445-5:2014）用 f_e 替代 f_{ew}	90	71

节点号	接头型式	节点详图	注释	等级	
				试验组1 或 2	试验组3
1.2		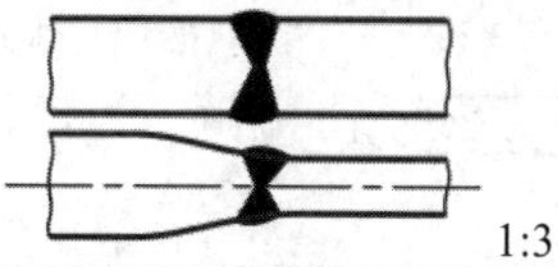 1:3	无损检测证明焊缝没有重要缺陷（见 EN 13445-5:2014），且适用于单面焊，全焊透*的焊缝	80	63
1.3	双面焊全焊透对接焊缝，或置于熔化嵌条，或预置临时的非熔化焊接衬垫的单面焊全焊透对接焊缝	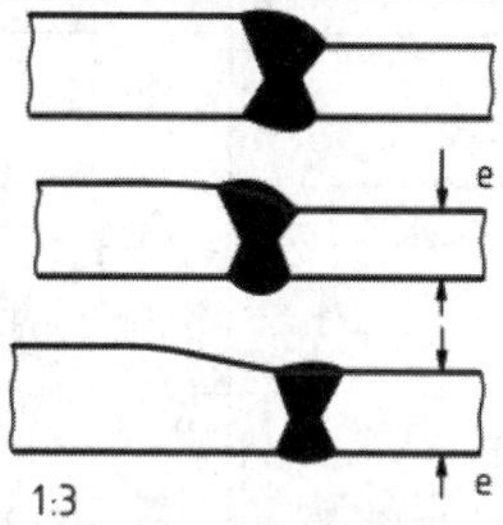 1:3	无损检测证明焊缝没有重要缺陷，（见 EN 13445-5:2014）* 在计算的应力中计入了板中心线偏差的影响*	80	63
1.4			无损检测证明焊缝没有重要缺陷（见 EN 13445-5:2014）		
			α ≤ 30°	80	63
			α > 30°	71	56
1.5	无焊接衬垫的单面焊全焊透对接焊缝		如果能保证全焊透*	63	40
			如果内侧不能目视检查且不能保证全焊透*	40	40
1.6	置入永久的焊接衬垫，单面焊全焊透对接焊缝		仅环焊缝定级（见 5.7）最小焊喉=壳体厚度保证被检测的焊缝根部焊道全熔到焊接衬垫上	56	40
			单道焊	40	40
1.7	榫接接头		仅环焊缝定级（见 5.7）最小焊喉=壳体厚度保证被检测的焊缝根部焊道全熔到焊接衬垫上	56	40
			单道焊	40	40

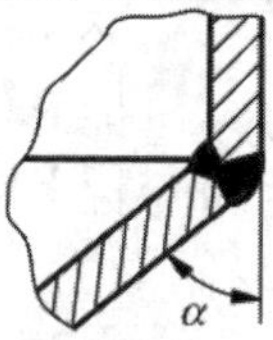

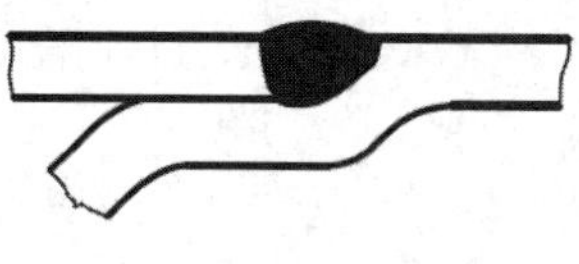

*遇到不同轴度时，见 18.10.4

表 18-4　焊缝节点详图分级与结构当量应力范围一起使用

b）圆筒焊接平盖或管板

节点号	接头型式	节点详图	注释	等级	
				试验组1 或 2	试验组3
2.1	焊制平盖		平板应具有足够的全厚度抵抗层间撕裂的性能		

节点号	接头型式	节点详图	注释	等级	
				试验组 1 或 2	试验组 3
2.1	焊制平盖	(a) 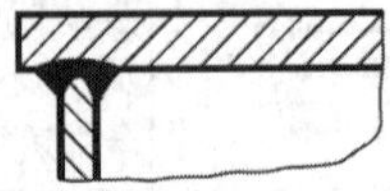	双面焊全焊透焊缝（节点 a）： -焊态 -修磨焊趾（见 18.10.2.2）	71 80	63 63
		(b) 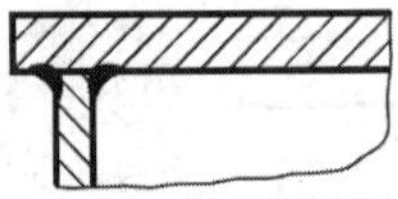	双面焊部分焊透焊缝（节点 b）： -疲劳裂纹在焊缝中* -壳体上的疲劳裂纹来自焊趾	32 63	32 63
		(c) 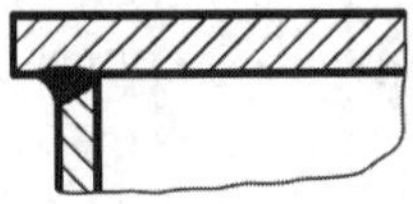	无后壁支撑焊缝的单面焊全焊透焊缝（节点 c）： - 如果内侧焊缝能目视检查且保证没有焊瘤和根部凹坑 - 如果内侧不能目视检查且不能保证全焊透	63 40	40 40
2.2	带释放槽的焊制平盖		NDT 证明焊缝没有重要缺陷（见 EN 13445-5:2014） 双面焊全焊透焊缝或带有磨平的根部焊道的单面焊全焊透焊缝	80	63
			单面全焊透焊缝： - 如果内侧焊缝能目视检查且保证没有焊瘤或根部凹坑 - 如果内侧焊缝不能目视检查	63 40	40 40

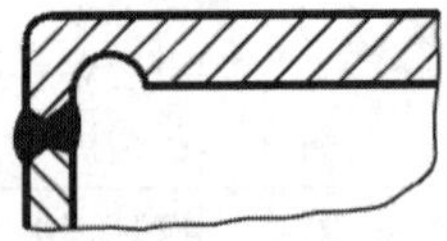

*只有当焊喉＜0.8 × 壳体厚度时才考虑

节点号	接头型式	节点详图	注释	等级	
2.3	嵌入式平盖	(a) 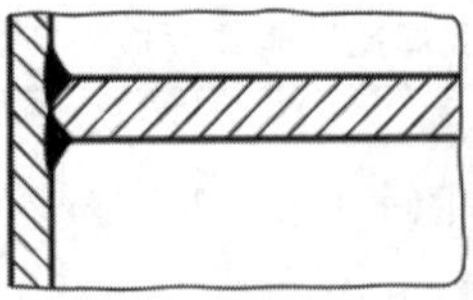	双面焊全焊透或部分焊透的焊缝（节点 a） （是指疲劳裂纹来自壳体上的焊趾）： -焊态 -修磨焊趾（18.10.2.2）	 71 80	 63 63

续表

节点号	接头型式	节点详图	注释	等级	
				试验组 1 或 2	试验组 3
2.3	嵌入式平盖	(b) 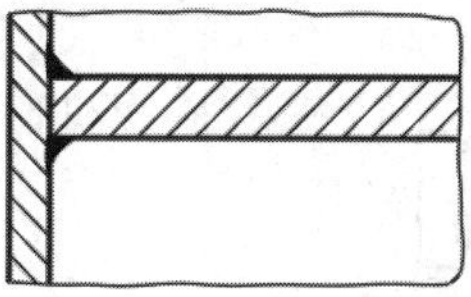	双面部分焊透的焊缝（节点 b）： -是指焊缝中的疲劳裂纹，基于焊喉的应力范围 -焊喉≥0.8×平盖厚度	32 63	32 63
		(c) 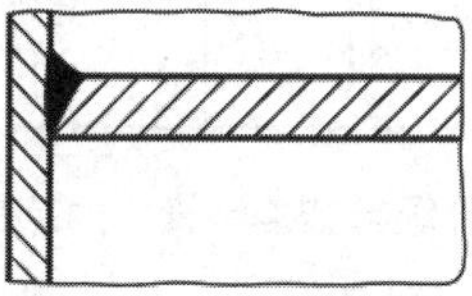	无后壁支撑焊缝的单面焊全焊透焊缝，（节点 c）： -如果内侧焊缝能目视检查且保证无焊瘤或根部凹坑 -如果内侧焊缝不能目视检查	63 40	40 40

表 18-4　焊缝节点详图分级与结构当量应力范围一起使用

c）支管连接

节点号	接头型式	节点详图	注释	等级	
				试验组 1 或 2	试验组 3
3.1	分叉角	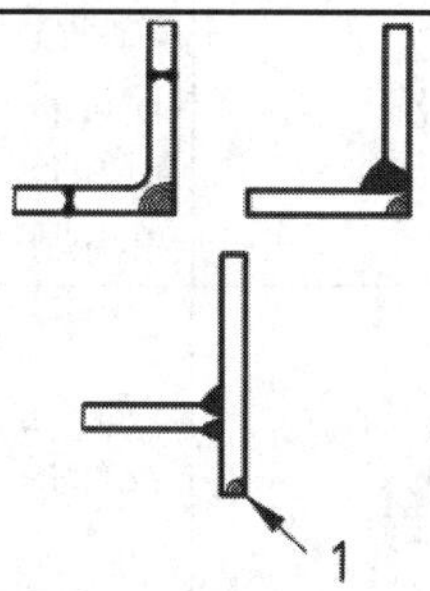 1 裂纹从一角向一片扩展，详图显示裂纹平面	按着未焊件的方法评定是常用的处理方法，但是，根据附录 Q 采用等级 100 的简化评定是允许的。 用 f_e 替代 f_{ew}	100	100
3.2	壳体上的焊趾	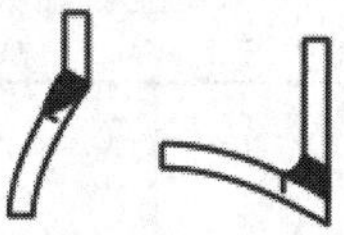	全焊透焊缝： -焊态 -修磨焊趾（18.10.2.2）	71 80	63 63
		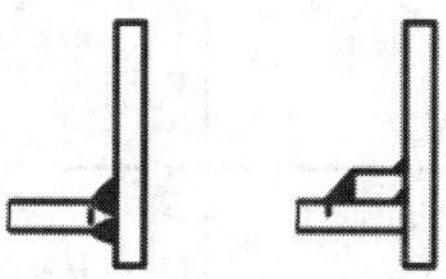	部分焊透的焊缝： -焊喉≥0.8×焊缝连接的壁厚的较薄者 -焊喉<0.8×连接壁厚较薄者 -修磨焊趾（18.10.2.2）	63 32 71	63 32 63

节点号	接头型式	节点详图	注释	等级 试验组 1 或 2	等级 试验组 3
3.3	承受应力的焊缝金属	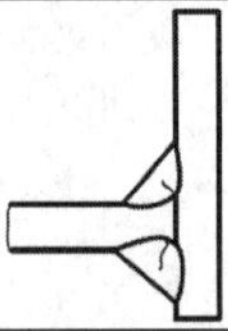	角焊和部分焊透的焊缝	32	32
3.4	支管上的焊趾	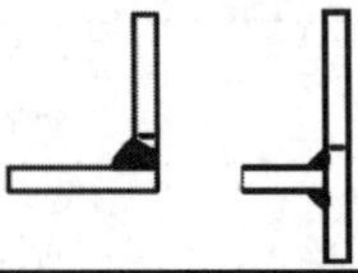	-焊态 -修磨焊趾（18.10.2.2） e_n=式(18.10-6)中支管厚度	71 80	63 63

表 18-4 焊缝节点详图分级与结构当量应力范围一起使用

d）夹套

节点号	接头型式	节点详图	注释	等级 试验组 1 或 2	等级 试验组 3
4.1	使用封口锥的夹套连接焊缝	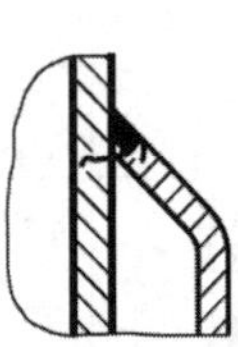	无损检测证明全焊透焊缝没有重要缺陷（见 EN 13445-5:2014）		
			单面焊： -保证被检测的带有根部焊道的多道焊全熔透 -单道焊	63 40	40 40
		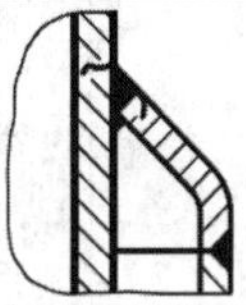	双面焊，或带有后壁支撑焊缝的单面焊	71	56

表 18-4 焊缝节点详图分级与结构当量应力范围一起使用

e）附件

节点号	接头型式	节点详图	注释	一起使用的等级 结构当量应力 试验组 1, 2, 3	一起使用的等级 名义当量应力 试验组 1, 2, 3
5.1	任意形状的附件，带有棱边角焊缝或坡口对接焊缝到受力元件的表面，关于末端周围连续焊或不焊	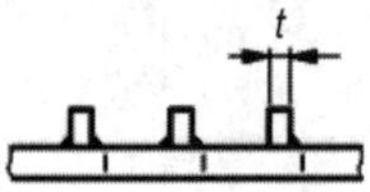	对于末端周围连续焊的节点详图，如果修磨焊趾（见18.10.2.2），可提高一个等级		

续表

节点号	接头型式	节点详图	注释	一起使用的等级	
				结构当量应力	名义当量应力
				试验组 1, 2, 3	试验组 1, 2, 3
5.1	任意形状的附件，带有棱边角焊缝或坡口对接焊缝到受力元件的表面，关于末端周围连续焊或不焊	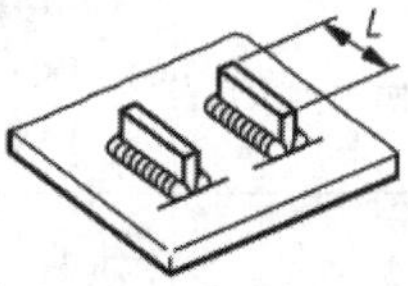	$L\leqslant160mm, t\leqslant55mm$ $L>160mm$	71 71	56 50
5.2	具有与受力元件接触表面的任意形状的附件，关于末端周围连续焊或不焊	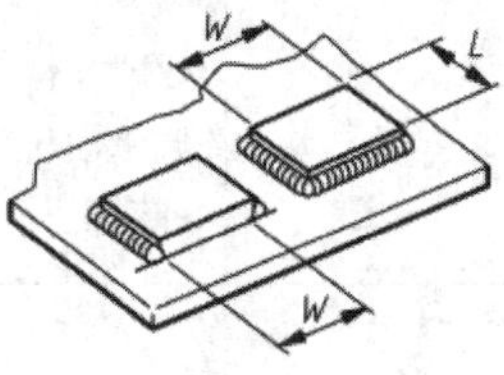	对于末端周围连续焊的节点详图，如果修磨焊趾（见18.10.2.2），可提高一个等级 $L\leqslant160mm,W\leqslant55mm$ $L>160mm,W\leqslant55mm$ $L>160mm,W\leqslant55mm$	 71 71 71	 56 50 45
5.3	连续焊的加强筋板	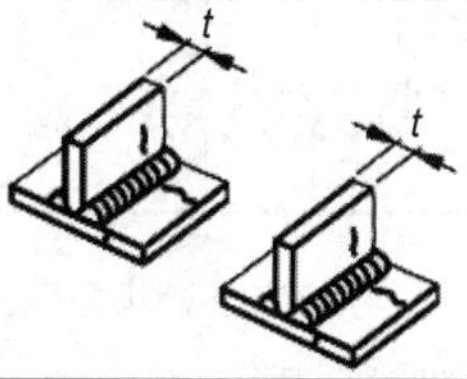	对于全焊透焊缝，如果修磨焊趾（见18.10.2.2），可提高一个等级 $t\leqslant55mm$ $t>55mm$	 71 71	 56 50

表 18-4　焊缝节点详图分级与结构当量应力范围一起使用

f）支座

节点号	接头型式	节点详图	注释	等级	
				试验组 1 或 2	试验组 3
6.1	耳式支座	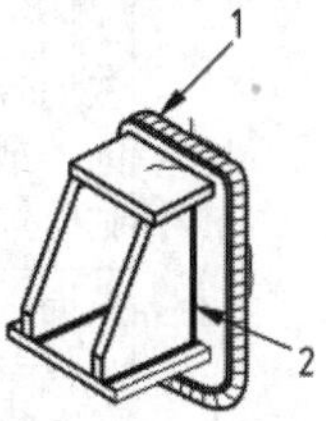 1 角焊缝焊到所有圆柱形的容器上 2 焊接衬垫板	焊态 修磨壳体上的焊趾 （见18.10.2.2）	71 80	71 80
6.2	轴颈式支座	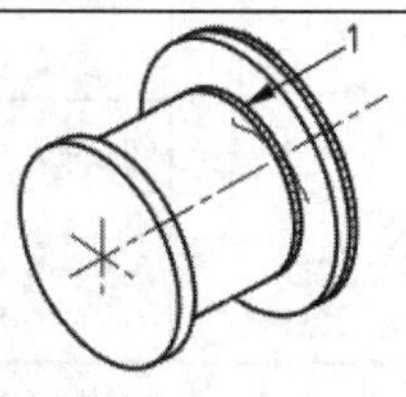 1 焊接衬垫板	焊态 修磨壳体上的焊趾 （见18.10.2.2）	71 80	71 80

节点号	接头型式	节点详图	注释	等级	
				试验组 1 或 2	试验组 3
6.3	鞍座	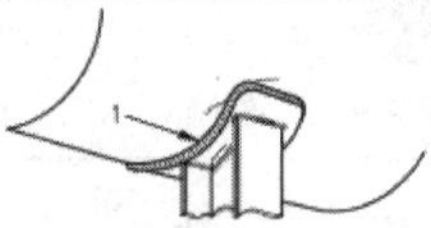 1 角焊缝焊到所有圆柱形的容器上	焊态 修磨壳体上的焊趾（见 18.10.2.2）	71 80	71 80
6.4	裙座	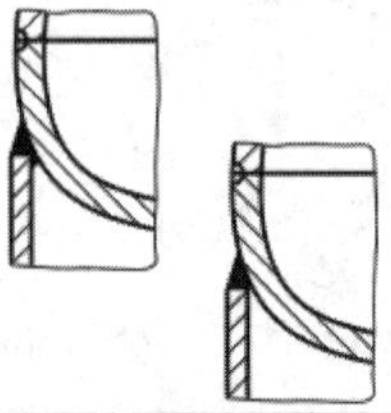	双面焊： 焊态； 修磨壳体上的焊趾（见 18.10.2.2） 单面焊	71 80 56	71 80 56
6.5	支腿（带或不带加强垫板），整整一圈的 角焊缝连续焊到容器上	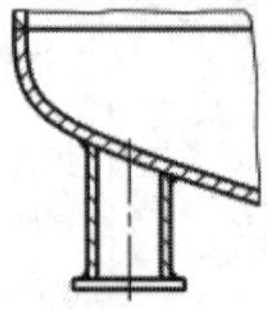		71	71

表 18-4　焊缝节点详图分级与结构当量应力范围一起使用

g）法兰和凸缘

节点号	接头型式	节点详图	注释	等级	
				试验组 1 或 2	试验组 3
7.1	全焊透长颈对焊法兰或焊接凸缘的定位法兰	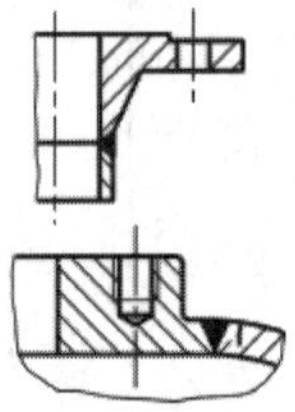	无损检测证明焊缝没有表面裂纹和埋藏重要缺陷（见 EN 13445-5:2014）		
			双面焊，或带有支撑焊缝的，或置入熔化嵌条，或临时焊接衬垫的单面焊	80	63
			单面焊： -如果能保证全焊透 -如果内部不能目视检查	63 40	40 40
7.2	焊接法兰	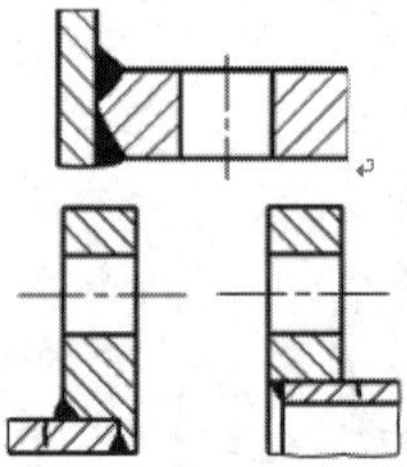	全焊透焊缝： -焊态 -修磨焊趾（见 18.10.2.2）	71 80	63 63
			部分焊透的焊缝： -焊喉 ≥ 0.8×壳体厚度 -焊喉 < 0.8×壳体厚度	63 32	63 32

续表

节点号	接头型式	节点详图	注释	等级	
				试验组 1 或 2	试验组 3
7.3	嵌入式法兰或凸缘		全焊透焊缝： -焊态 -修磨焊趾（见 18.10.2.2） 单面角焊缝： -如保证全焊透 -如内侧不能目视检查	71 80 63 40	63 63 40 40
			双面角焊缝： -焊喉≥ 0.8×壳体厚度 -焊喉＜ 0.8×壳体厚度	63 32	32 32
7.4	双面焊嵌入（Set-in）式法兰或凸缘		焊喉≥ 0.8×壳体厚度 焊喉＜ 0.8×壳体厚度	63 32	63 32

18.10.1.3　使用主应力范围要评定焊缝节点详图的等级

附录 P 给出焊缝节点详图及相应的等级，在基于主应力范围的评定中，可加以使用。

18.10.1.4　排出

评定表不包括任何焊接的螺栓，本条的评定方法不适用于这些螺栓。

18.10.2　等级的变化

18.10.2.1　试验组 3 的焊缝

根据表 18-4 或表 P.1 到 P.7 的具体的塔器"试验组 3"，将评定试验组 3 的焊缝。

18.10.2.2　修磨焊趾

疲劳裂纹容易萌生在局部的受力元件焊趾上，因为由焊缝形状产生的应力集中，但主要由于内部缺陷的存在。通过局部机械加工或修磨焊趾降低应力集中并除去内在的缺陷，能增大由焊趾导致可能失效的焊缝的疲劳寿命。

当按下述方法实行修磨焊趾时，可提高表 18-4 和附录 P 指出的角焊缝（包括带加强的全焊透角焊缝）的级别。

表 18-4 和附录 P 包括修订的等级。

使用一个旋转的锥形碳化钨机械磨具加工焊趾。为了保证除尽焊趾缺陷，所需的加工深度为任一咬边下 0.5mm（见图 18-9）。应采用着色或磁粉检测修磨表面。如果使用金钢砂带修磨加工的焊趾，方便上述的检测，还能增大疲劳寿命的程度。结果的侧面图将产生一个从板面到焊缝的平滑过渡，如图 18-9 所示，而所有加工痕迹均位于到焊趾的横截面上。

至于焊趾的失效，修磨焊趾只影响焊接接头的疲劳强度。不应忽视来自焊缝其他部位（角焊缝的焊根）引起疲劳裂纹萌生的可能性。

在修磨区域能产生凹坑的任何腐蚀环境出现的时候，不能认为修磨的焊趾是有效的。

18.10.2.3　焊缝的修磨

修磨或磨平焊缝证明从 80 级升到 90 级合理。不能认为比 90 级高的疲劳强度合理，因为通过无损检测方法可靠检出是太小的焊缝缺陷可能存在,但是具有足够尺寸才能降低接头的疲劳强度。

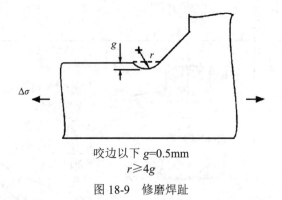

咬边以下 g=0.5mm

$r \geqslant 4g$

图 18-9　修磨焊趾

通过修磨焊趾,在某种程度上,能减轻不同轴度的不利影响(见 18.10.2.2)。

应评定经修磨显示上述的埋藏缺陷,它能够降低接头的疲劳强度(见 18.10.5)。

18.10.3　不分级的节点详图

把表 18-4 和附录 P 中没有完全包括的焊缝节点详图作为等级 32 来处理,除非经专门试验或参考有关的疲劳试验结果,提供更好的耐疲劳等级。为了证实一个严格的 $\Delta\sigma_R - N$ 设计曲线,至少在试样上将完成两项试验,试样是实际容器有关节点详图的设计、制造和种类的代表。将选择试验应力水平不大于 2×10^6 循环寿命的结果。从一个严格的应力范围上试验获得几何平均疲劳寿命应不小于在那个应力范围上查 $\Delta\sigma_R - N$ 曲线所得之值乘以表 18-6 中的系数 F。

表 18-6　系数 F 值

试验次数	F
2	15.1
3	13.1
4	12.1
5	11.4
6	11.0
7	10.6
8	10.3
9	10.1
10	9.9

注:系数 F 是基于采用的 $\log N$ 标准偏差 0.283,从一个焊缝节点详图失效的压力容器疲劳试验找到最大值。如果已知某一较低值是适用的,可连同 20.6.3 提出的试验系数应用。

18.10.4　设计形状偏差

突变且偏离所设计的容器形状(即,不同轴度)将引起壳体中由于压力产生的应力局部增大,由于二次弯曲结果,因而降低疲劳寿命。这是真实的。即使满足 EN 13445-4:2014 给出的容许的装配偏差。

偏离所设计的形状，包括对接板的不同轴度，对接板的棱角，每一张板末端有一平板段的地方要切割，焊缝尖角和椭圆度（见图 18-10）。大多数情况下，这些部位引起壳体中环向应力局部增大，但被关联的环焊缝设计形状偏差引起纵向应力增大。

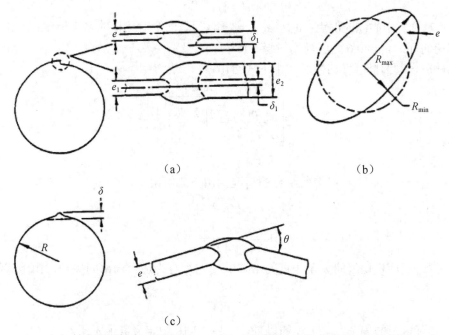

（a）   （b）

（c）

（a）轴向不同轴度（即错边）；（b）椭圆度；（c）角变形（即棱角）

图 18-10   焊缝偏离设计形状的偏差

使用下面一种方法在设计阶段将考虑不同轴度的影响，在每一种情况下，目的是推导出与所需疲劳寿命一致的装配公差。

a）假定不同轴度值，计算产生的二次弯曲应力，并在考虑中的节点详图的结构应力计算中计入。从表 18-4 或附录 P 的表中选定等级并校核疲劳寿命。如果不令人满意，缩小某些或全部的偏差来满足所要求的寿命。

b）对于一个名义等级 C_{cla1} 的节点详图，确定实际所需等级 C_{cla2} 来满足所需疲劳寿命。

然后，由不同轴度引起的应力允许升高是 $K_m = C_{cla1}/C_{cla2}$，能推导出结果是 $K_m \leqslant C_{cla1}/C_{cla2}$ 的装配公差。

注：作为偏离设计形状的某一结果，大于屈服极限应力出现时，压力试验将导致由于塑性变形引起容器形状的改善。因此，用屈服强度比其规定的最低值高很多的材料制造的容器，用这种方式受益是可能性较小的。不能预测压力试验对容器形状有利影响，因此，若为了满足疲劳分析需要某些改善，压力试验后测量实际形状是必要的。同样地，在压力试验后应进行应变测量确定实际的应力集中系数。

K_m 保守的估算是：

对于圆筒

$$K_m = 1 + A_1 + A_2 + A_4 \tag{18.10-1}$$

对于球壳

$$K_m = 1 + A_1 + A_3 + A_4 \qquad (18.10\text{-}2)$$

式中，A_1—适合轴向不同轴度的情况，由下式给出

$$A_1 = \left(\frac{6\delta_1}{e_{n1}}\right) \cdot \left(\frac{e_{n1}^x}{e_{n1}^x + e_{n2}^x}\right) \qquad (18.10\text{-}3)$$

式中，δ_1—对接板中心线的偏距；$e_{n1} \leqslant e_{n2}$，e_{n1} 和 e_{n2} 是两个对接板的名义厚度；$x=1.5$ 为对于球壳或圆筒的环缝；$x=0.6$ 为圆筒的纵缝。

A_2—适合圆筒椭圆度的情况，由下式给出：

$$A_2 = \frac{3(R_{max} - R_{min})}{e\left[1 + \dfrac{p(1-v^2)}{2E}\left(\dfrac{2 \cdot R}{e_n}\right)^3\right]} \qquad (18.10\text{-}4)$$

式中，R—圆筒平均半径；

A_3—适合球壳板中粗劣棱角组合的情况，由下式给出：

$$A_3 = \frac{\theta\left(\dfrac{R}{e_n}\right)^{0.5}}{49} \qquad (18.10\text{-}5)$$

式中，θ—焊缝处两板切线间夹角［见图 18-10（c）］；A_4 为适合局部的尖角，由下式给出：

$$A_4 = \frac{6\delta}{e_n} \qquad (18.10\text{-}6)$$

式中，δ—实际成形的偏差，除上述的以外，在图 18-10 中定义其他术语。

注：A_4 评估数忽略由于压力引起的尖角的有利减少，所以是保守的。减少 A_4 的非线性影响的修正是允许的（见附录 N 参考文献[11]）。

关于缝焊，在壁厚变化处缓和削薄的结合不影响 A_1 值。

如果限制局部弯曲，公式（18.10-1）过高评估 K_m，例如：在短的形状的缺陷处；在缺陷周围将有某一应力重新分布时；能得到两端支承的短圆筒容器中的缺陷处；靠近增强壳体刚性的附件。然而，将完成专门分析认为低值 K_m 合理。

18.10.5　焊接缺陷

疲劳裂纹能从焊接缺陷扩展，并决定所需的疲劳寿命。本标准 EN 13445-4:2014 和 EN 13445-5:2014 所允许的缺陷，用于非循环操作，可以或不可以接受。于是，在疲劳载荷的容器中，下列适用：

a）平面缺陷不允许；

b）由 EN 13445-5:2014 和附录 G 给出用于评定区的埋藏非平面缺陷和几何缺陷的允许级别。疲劳评定区是用于累积疲劳损伤指标（见 18.5.6）大于 D_{max} 的那些区。

$$D > D_{max} \qquad (18.10\text{-}7)$$

而

$$D_{max} = 0.8 \quad 适用于\ 500 < n_{eq} \leqslant 1000 \qquad (18.10\text{-}8)$$
$$D_{max} = 0.5 \quad 适用于\ 1000 < n_{eq} \leqslant 10000 \qquad (18.10\text{-}9)$$
$$D_{max} = 0.3 \quad 适用于\ n_{eq} > 10000 \qquad (18.10\text{-}10)$$

注：可使用一个确定的适用性缺陷评定方法评定所有其他缺陷，如附录 N 中的参考文献

[8]。依据 18.10.1.3 等级分类可表达含缺陷焊缝的疲劳强度。它们容易与其他焊缝节点详图的疲劳强度相比较。

18.10.6　修正系数

18.10.6.1　考虑材料厚度 $e_n > 25$mm，f_{ew} 计算如下：

$$f_{ew} = \left(\frac{25}{e_n}\right)^{0.25} \tag{18.10-11}$$

式中：e_n 是指考虑中的受力元件的厚度，如果不清楚，或指节点详图的最厚部分。

对于 $e_n \leqslant 25$mm，$f_{ew}=1$。

对于 $e_n > 150$mm，相当的 $e_n =150$mm 的值 $f_{ew}=0.6389$，适用。

注 1：在所有情况下，正应考虑在受力元件中由焊趾产生的疲劳裂纹。因此，对某些节点详图就不需要修正（$f_{ew} = 1$），见表 18-4 或附录 P，或应使用 f_e 替代。

18.10.6.2　对于温度 T^* 超过 100℃，由下式给出 f_{T^*}：
对铁素体材料

$$f_{T^*} = 1.03 - 1.5 \times 10^{-4} T^* - 1.5 \times 10^{-6} T^{*2} \tag{18.10-12}$$

对奥氏体材料

$$f_{T^*} = 1.043 - 4.3 \times 10^{-4} T^* \tag{18.10-13}$$

式中：
$$T^* = 0.75 \cdot T_{max} + 0.25 \cdot T_{min} \tag{18.10-14}$$

对于温度 T^* 不超过 100℃，$f_{T^*} = 1$。

注 2：18.10.6.2 中的温度均是摄氏温度。

图 18-11 图解 f_{T^*}。

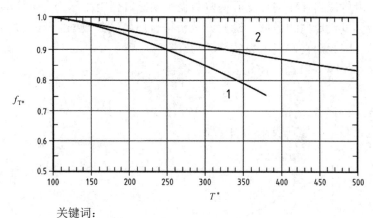

关键词：
1　铁素体；2　奥氏体；T^* 平均循环温度
图 18-11　修正系数 f_{T^*}

18.10.6.3　焊接件的总修正系数 f_W 将计算如下：

$$f_W = f_{ew} \cdot f_{T^*} \tag{18.10-15}$$

18.10.7　设计疲劳曲线

依据图 18-12 的 $\Delta\sigma_R - N$ 曲线簇表示疲劳强度，每一条曲线适用于特定的结构节点详图。在疲劳寿命 $N = 2 \times 10^6$ 循环下由疲劳强度值 $\Delta\sigma_R$（MPa）确定曲线簇。

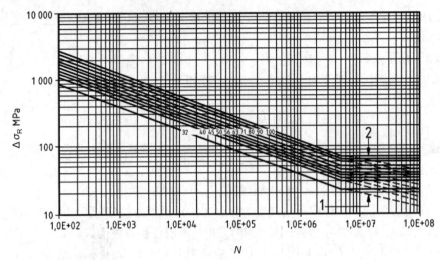

关键词：
1 用于评定变幅载荷的曲线
2 用于评定恒幅载荷，在 5×10^6 循环下持久极限 $\Delta\sigma_D$
注 对于 $N > 10^6$ 循环，允许替代曲线和 $\Delta\sigma_R$，见 18.10.7 注 3。

图 18-12 焊接件的疲劳设计曲线

注 1：从疲劳实验数据已经得到曲线簇，在载荷控制下，或适合施加超过屈服极限应变（低循环疲劳），在应变控制下，从实验的专用的实验室试样得到实验数据。依据虚拟的弹性应力范围［即应变范围乘以弹性模量，必要时塑性修正（见 18.8）］，通过表示低循环疲劳数据完成从低到高的连续循环状态。建立在这些曲线上的失效准则是贯穿焊缝或母材泄露点（达到在保压元件中一个可测量泄露存在的程度）。这些数据与实际容器上由压力循环实验所得结果一致。

注 2：疲劳强度设计曲线是低于经回归分析拟合原始试验数据的平均曲线的，近似 $\log N$ 的三个标准偏差。因此，它们表示失效概率约 0.14%。

设计曲线具有如图 18-13 所示的形状，并符合下式：

$$N = \frac{C}{\Delta\sigma_R{}^m} \tag{18.10-16}$$

式中 m 和 C 是常数，其值在表 18-7 中给出。

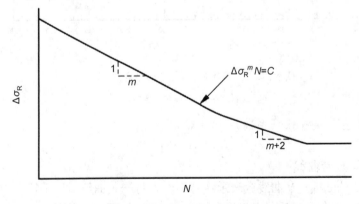

图 18-13 焊接件疲劳设计曲线的形式

表 18-7　焊接件疲劳设计曲线的系数

等级	ΔσR－N 曲线的常数*				在 N 循环下的应力范围，MPa	
	$10^2<N<5\times10^6$		$5\times10^6<N<10^8$		$N=5\times10^6$	$N=10^8$
	m_1	C_1	m_2	C_2	$\Delta\sigma_D$	$\Delta\sigma_{Cut}$
100	3.0	2.00×10^{12}	5.0	1.09×10^{16}	74	40
90	3.0	1.46×10^{12}	5.0	6.41×10^{15}	66	36
80	3.0	1.02×10^{12}	5.0	3.56×10^{15}	59	32
71	3.0	7.16×10^{11}	5.0	1.96×10^{15}	52	29
63	3.0	5.00×10^{11}	5.0	1.08×10^{15}	46	26
56	3.0	3.51×10^{11}	5.0	5.98×10^{14}	41	23
50	3.0	2.50×10^{11}	5.0	2.39×10^{14}	37	20
45	3.0	1.82×10^{11}	5.0	2.00×10^{14}	33	18
40	3.0	1.28×10^{11}	5.0	1.11×10^{14}	29.5	16
32	3.0	6.55×10^{10}	5.0	3.64×10^{13}	24	13

表中各种值均能求得疲劳寿命达到 5×10^6 循环和超过 5×10^6 循环。对于恒幅载荷，持久极限 $\Delta\sigma_D$（见 18.2.12 的定义）对应 5×10^6 循环的应力范围。对于变幅载荷，切断极限（the cut-off limit）$\Delta\sigma_{Cut}$（见 18.2.13 的定义）是在 10^8 循环下的应力范围。表 18-7 也给出对每一疲劳曲线按 $\Delta\sigma_D$ 和 $\Delta\sigma_{Cut}$ 所取之值。

注 3：如果能证明合理，使用替代曲线和恒幅的持久极限都是允许的。对于 2×10^6 以上的循环寿命，与附录 N 参考文献[9]一致的曲线是保守的。

为获得载荷循环许用次数 N，在规定的应力范围 $\Delta\sigma_{eq}$ 和 $\Delta\sigma$ 内，将计算如下：

如果 $\dfrac{\Delta\sigma_{eq}}{f_W}\geq\Delta\sigma_D$ 或 $\dfrac{\Delta\sigma}{f_W}\geq\Delta\sigma_D$，则

$$N=\frac{C_1}{\left(\dfrac{\Delta\sigma_{eq}}{f_W}\right)^{m_1}}\qquad(18.10\text{-}17)$$

或

$$N=\frac{C_1}{\left(\dfrac{\Delta\sigma}{f_W}\right)^{m_1}}\qquad(18.10\text{-}18)$$

式中，C_1 和 m_1 适用于范围 $N\leq5\times10^6$ 循环之值。

如果 $\Delta\sigma_{Cut}<\dfrac{\Delta\sigma_{eq}}{f_W}<\Delta\sigma_D$ 或 $\Delta\sigma_{Cut}<\dfrac{\Delta\sigma}{f_W}<\Delta\sigma_D$：

－所有施加的应力范围均小于 $\Delta\sigma_D$ 的情况，则 $N=\infty$（即式（18.5-1）中疲劳损伤作用 n/N 等于 0）。

—所有其他情况，N 由下式给出：

$$N = \frac{C_2}{\left(\dfrac{\Delta\sigma_{eq}}{f_W}\right)^{m_2}}$$ （18.10-19）

$$N = \frac{C_2}{\left(\dfrac{\Delta\sigma}{f_W}\right)^{m_2}}$$ （18.10-20）

式中，C_2 和 m_2 是适用范围 $N > 5 \times 10^6$ 循环之值。

如果 $\dfrac{\Delta\sigma_{eq}}{f_W} \leqslant \Delta\sigma_{Cut}$ 或 $\dfrac{\Delta\sigma}{f_W} \leqslant \Delta\sigma_{Cut}$，则 $N = \infty$（即式（18.5-1）中疲劳损伤作用 n/N 等于 0）。

或者，用作**任一条**设计曲线查得许用的应力范围 $\Delta\sigma_{eq}$ 和 $\Delta\sigma$，供规定的施加载荷循环次数 **n** 用。

$$\Delta\sigma_{eq} \text{ 或 } \Delta\sigma = \Delta\sigma_R \cdot f_W = \left(\frac{C_1}{n}\right)^{\frac{1}{m_1}} \cdot f_W$$ （18.10-21）

用于 $n \leqslant 5 \times 10^6$ 循环。

对于 $n > 5 \times 10^6$ 循环，许用应力范围就是 $\Delta\sigma_D$。

注 4：对规定的施加载荷循环数 **n**，确定许用应力范围的兴趣仅存在于恒幅循环的情况。关于变幅载荷，疲劳评定需要计算所有循环类型引起的累积损伤。只有使用每一类型的许用循环数 N 才能完成，而不是它们的许用应力范围。

18.11 非焊接件的疲劳强度

18.11.1 修正系数

18.11.1.1 表面光洁度的修正系数

考虑表面**光洁度**，f_S 将按下式计算：

$$f_s = F_s^{(0.1 \cdot \ln N - 0.465)}$$ （18.11-1）

$f_s = F_s$ 如果 $N \geqslant 2 \times 10^6$ 循环

式中

$$F_s = 1 - 0.056(\ln R_Z)^{0.64} \cdot \ln R_m + 0.289(\ln R_Z)^{0.53}$$ （18.11-2）

R_Z 是峰谷高度（μm）。

注：由式（18.11-2）给出的 F_S 不适用于**深冲压件和锻件**。

如果没有规定，式（18.11-2）中将使用表 18-8 中的制造有关的峰谷高度。

对于具有峰谷高度 $R_Z < 6\mu m$ 抛光表面，采取 $f_s = 1$。图 18-14 给出轧制板的 f_s 值。

表 18-8　峰谷高度的基本值

表面状况	R_Z, μm
轧制或模锻	200
机加工	50
磨光，没有刻痕	10

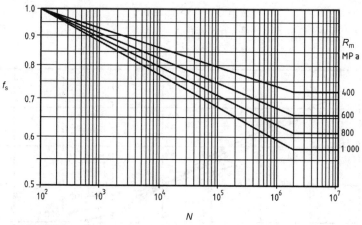

关键词
疲劳寿命循环次数 N

图 18-14　轧制板修正系数 f_S

18.11.1.2　厚度修正系数

对于壁厚 $25\text{mm}<e_n\leq150\text{mm}$，$f_e$ 为

$$f_e = F_e^{(0.1\cdot\ln N-0.465)}\qquad(18.11\text{-}3)$$

$$f_e = F_e\qquad 如果 N \geq 2\times10^6 循环$$

式中

$$F_e = \left(\frac{25}{e_n}\right)^{0.182}\qquad(18.11\text{-}4)$$

对于 $e_n>150\text{mm}$，作为 $e_n=150\text{mm}$ 的 f_e 值适用。

18.11.1.3　考虑平均应力影响的修正系数

18.11.1.3.1　全平均应力修正（纯弹性行为）

对于 $\Delta\sigma_{eq}\leq2R_{p0.2/T^*}$ 和 $|\sigma_{eq\,max}|<R_{p0.2/T^*}$，确定适合 $N\leq2\times10^6$ 循环的平均应力修正系数

用于轧制钢和锻钢，作为来自下式的平均应力灵敏度 M 的函数：

$$f_m = \left[1-\frac{M(2+M)}{1+M}\left(\frac{2\bar\sigma_{eq}}{\Delta\sigma_R}\right)\right]^{0.5}\qquad(18.11\text{-}5)$$

对于 $-R_{p0.2/T^*}\leq\bar\sigma_{eq}\leq\dfrac{\Delta\sigma_R}{2(1+M)}$

即

$$f_{\mathrm{m}} = \frac{1 + M/3}{1 + M} - \frac{M}{3}\left(\frac{2\bar{\sigma}_{\mathrm{eq}}}{\Delta\sigma_{\mathrm{R}}}\right)$$ （18.11-6）

对于 $\dfrac{\Delta\sigma_{\mathrm{R}}}{2(1 + M)} \leqslant \bar{\sigma}_{\mathrm{eq}} \leqslant R_{\mathrm{p0.2/T^*}}$

式中　对于轧钢和锻钢：

$$M = 0.00035R_{\mathrm{m}} - 0.1$$ （18.11-7）

对于 $N > 2 \times 10^6$ 循环，f_{m} 应从图 18-15 查取。

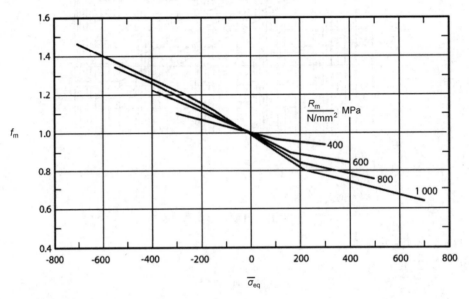

关键词：

$\bar{\sigma}_{\mathrm{eq}}$　平均当量应力 MPa

图 18-15　非焊接材料用于 $N > 2 \times 10^6$ 循环考虑平均当量应力的修正系数

注：这种情况，f_{m} 与应力范围无关。

18.11.1.3.2　减小平均应力修正（局部地塑性行为）

对于 $\Delta\sigma_{\mathrm{eq}} \leqslant 2R_{\mathrm{p0.2/T^*}}$ 和 $\left|\sigma_{\mathrm{eq\,max}}\right| > R_{\mathrm{p0.2/T^*}}$，虽然由式（18.11-8）或（18.11-9）计算减小的平均当量应力将用来替代 $\bar{\sigma}_{\mathrm{eq}}$，但式（18.11-5）或式（18.11-6）同样将用来确定 f_{m}，见图 18-6。

如果 $\Delta\bar{\sigma}_{\mathrm{eq}} > 0$，

$$\bar{\sigma}_{\mathrm{eq,r}} = R_{\mathrm{p0.2/T^*}} - \frac{\Delta\sigma_{\mathrm{eq}}}{2}$$ （18.11-8）

如果 $\Delta\bar{\sigma}_{\mathrm{eq}} < 0$，

$$\bar{\sigma}_{\mathrm{eq,r}} = \frac{\Delta\sigma_{\mathrm{eq}}}{2} - R_{\mathrm{p0.2/T^*}}$$ （18.11-9）

18.11.1.3.3　无平均应力修正（塑性循环）

对于 $\Delta\sigma_{eq} \geqslant 2R_{p0.2/T^*}$，则 $\bar{\sigma}_{eq}=0$ 和 $f_m=1$。那时，需要应力范围的塑性修正（见 18.8）。

18.11.2　非焊接件总修正系数

非焊接件总修正系数 f_u 将计算如下：

$$f_u = f_s \cdot f_e \cdot f_m \cdot f_{T^*} \tag{18.11-10}$$

其中 f_s、f_e、f_m 分别由 18.11.1.1 到 18.11.1.3 给出，f_{T^*} 由 18.10.6.2 给出。.

18.11.3　设计数据

依据 $\Delta\sigma_R - N$ 曲线簇表示非焊接件的疲劳强度，每一条曲线适用于钢的特定抗拉强度，如图 18-16 给出。

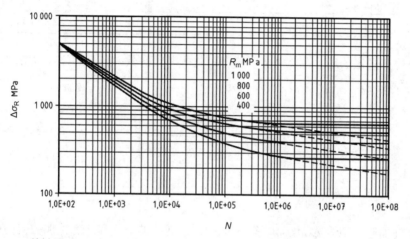

关键词

$N-$疲劳寿命循环

图 18-16　非焊接的铁素体和奥氏体锻钢和轧钢（平均应力=0）疲劳设计曲线

注 1：从疲劳试验数据已经得到曲线簇，在室温下，从无缺口的，抛光的铁素体和奥氏体的轧钢和锻钢试样，在交变载荷（平均载荷=0）控制下，或适合施加超过屈服极限的应变（低循环疲劳），在应变控制下，获得的试验数据。曲线簇基于的失效准则是萌生的宏观裂纹（裂纹深度大约 0.5～1.0mm）。

注 2：与拟合原始数据的平均曲线比较,该曲线体现疲劳寿命的安全系数 10，应力范围的安全系数 1.5。

图 18-16 的疲劳设计曲线由下式给出：

$$N = \left[\frac{4.6 \times 10^4}{\Delta\sigma_R - 0.63R_m + 11.5} \right]^2 \tag{18.11-11}$$

适用于寿命达到 $\leqslant 2 \times 10^6$ 循环。

使用式（18.5-1）用于累计损伤计算，对于 $N=2 \times 10^6$ 到 10^8 循环，曲线簇呈水平直线，且由下式给出：

$$N = \left[\frac{2.69R_m + 89.72}{\Delta\sigma_R} \right]^{10} \tag{18.11-12}$$

表 18-10 给出作为选定的抗拉强度的持久极限 $\Delta\sigma_D$ 和切断极限 $\Delta\sigma_{Cut}$ 值。

表 18-10 铁素体和奥氏体轧钢和锻钢的无缺口试样在室温
和零平均应力下 $N \geqslant 2\times10^6$ 应力范围

抗拉强度 R_m, MPa	在 N 循环下的应力范围,MPa	
	$N=2\times10^6$	$N=10^8$
	$\Delta\sigma_D$	$\Delta\sigma_{Cut}$
400	273	185
600	399	270
800	525	355
1000	651	440

为了获得在规定的应力范围 $\Delta\sigma_f$ 下的许用载荷循环次数 N,下列各式适用。

如果 $\dfrac{\Delta\sigma_f}{f_u} \geqslant \Delta\sigma_D$:

$$N = \left[\frac{46000}{\dfrac{\Delta\sigma_f}{f_u} - 0.63R_m + 11.5} \right]^2 \qquad (18.11\text{-}13)$$

如果 $\Delta\sigma_{Cut} < \dfrac{\Delta\sigma_{ff}}{f_u} < \Delta\sigma_D$:

—只有施加应力范围 $\Delta\sigma_f / f_u$ 是 $<\Delta\sigma_D$ 的恒幅载荷的情况和所有施加的应力范围 $\Delta\sigma_f / f_u$ 是 $<\Delta\sigma_D$ 变幅载荷的情况(累积损伤),则 $N = \infty$ [即式(18.5-1)累积损伤作用 n/N 等于 0]。

—变幅载荷的所有其他情况(累积损伤):

$$N = \left[\frac{2.69R_m + 89.72}{\dfrac{\Delta\sigma_f}{f_u}} \right]^{10} \qquad (18.11\text{-}14)$$

如果 $\dfrac{\Delta\sigma_f}{f_u} \leqslant \Delta\sigma_{Cut}$: $N = \infty$ [即式(18.5-1)累积损伤作用 n/N 等于 0]。

或者,作为规定的载荷循环次数 n,选用任一条设计曲线查得许用应力范围,许用应力范围就是有效的应力范围 $\Delta\sigma_f$ 的上限。

对于 $n \leqslant 2\times10^6$

$$\Delta\sigma_{f,all} = \Delta\sigma_R \times f_u = \left(\frac{46000}{\sqrt{n}} + 0.63R_m - 11.5 \right) \times f_u \qquad (18.11\text{-}15)$$

对于 $n > 2\times10^6$,许用应力范围就是在 $n=2\times10^6$ 按式(18.11-15)给出的计算值。

注 3:对于规定的施加载荷循环次数 n,确定许用应力范围的兴趣仅存在恒幅循环的情况。遇到变幅载荷的情况,疲劳评定需要计算所有循环类型产生的累积损伤,只有使用每一类型的许用循环次数 N 而不是许用应力范围,才能完成累积损伤计算。

18.12   钢制螺栓的疲劳强度

18.12.1   一般规定

本条要求仅适用于轴向受载的钢制螺栓。不适用于其他的螺纹连接件，如法兰、封头或阀。

18.12.2   修正系数

18.12.2.1   对于螺栓直径＞25mm，使用式（18.11-3）将计算修正系数 f_e，用 e_n 等于螺栓直径。螺栓直径≤25mm，$f_e=1$。

18.12.2.2   螺栓总修正系数

f_b 将按下式计算：

$$f_b = f_e \cdot f_{T^*} \tag{18.12-1}$$

其中 f_e 由 18.12.2.1 给出，f_{T^*} 由 18.10.6.2 给出。

18.12.3   设计数据

依据下面的比率表示轴向受载螺栓的疲劳强度：

$$\frac{最大名义应力范围}{螺栓材料名义抗拉强度极限} = \frac{\Delta\sigma}{R_m}$$

简单的设计曲线

$$\left(\frac{\Delta\sigma_R}{R_m}\right)^3 \cdot N = 285 \tag{18.12-2}$$

图 18-17 所示，在 2×10^6 循环下，具有持久极限 $\dfrac{\Delta\sigma_D}{R_m} = 0.0522$，适用于任意形式的螺纹（机加工，磨齿或滚制）且根径达 25mm。然而，不管螺栓材料的实际抗拉强度如何，R_m 大于 785MPa 不能用于计算。

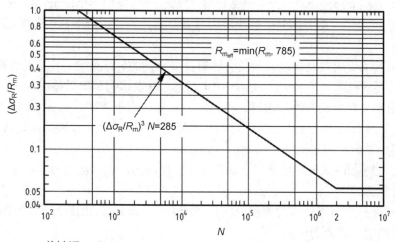

关键词
N—疲劳寿命循环

图 18-17   螺栓的疲劳设计曲线

要获得在规定的应力范围 $\Delta\sigma$ 下的许用载荷循环次数 N，如果 $\dfrac{\Delta\sigma}{R_{\mathrm{m}}} \geqslant 0.0522$：

$$N = 285\left(\frac{R_{\mathrm{m}} \cdot f_{\mathrm{b}}}{\Delta\sigma}\right)^3 \tag{18.12-3}$$

注：已经从轴向受载的螺纹联接得到疲劳试验数据获得这条设计曲线，该设计曲线呈现低于通过回归分析，拟合原始数据的平均曲线以下，3 个 $\log N$ 的标准偏差。于是，该曲线表示失效概率约为 0.1%。

如果 $\dfrac{\Delta\sigma}{R_{\mathrm{m}}} < 0.0522$：$N = \infty$［即式（18.5-1）累积损伤作用 n/N 等于 0］。

或者，应用该条设计曲线查得许用的应力范围 $\Delta\sigma$，供规定的载荷循环次数 **n** 用。

$$\Delta\sigma = \Delta\sigma_{\mathrm{R}} \cdot f_{\mathrm{b}} = R_{\mathrm{m}}\left(\frac{285}{n}\right)^{\frac{1}{3}} \tag{18.12-4}$$

上式适用于 $n \leqslant 2 \times 10^6$。

对于 $n > 2 \times 10^6$，许用应力范围就是对应于持久极限的那个值。

$$\Delta\sigma = \Delta\sigma_{\mathrm{D}} = 0.0522 R_{\mathrm{m}}$$

6.3 小结

1 EN 13445-3:18:2014 疲劳寿命的详细评定包括焊接件、非焊接件和螺栓。焊接件是指焊缝，非焊接件是指母材。**18.5.3 规定平原材料**（Plain Material，即非焊接材料）可包括磨平焊缝。这种修磨的存在能导致材料疲劳寿命的减少。因此，**只有肯定是无焊接的材料，才应确定为非焊接件。18.11** 规定的非焊接件的疲劳强度是不包括对接焊缝的。**18.12.1 规定**，仅适用于轴向受载的钢制螺栓，不适用于其他的螺纹连接件，如法兰、封头或阀。

2 EN 13445-3:18:2014 可分为两大部分，第 1 部分从 18 疲劳寿命详细评定～18.8.1.3 弹-塑性分析（Elastic-plastic Analysis），第 2 部分从 **18.9** 疲劳作用（Fatigue Action）～18.12.3 设计数据（Design Data）。第 2 部分是解决压力容器及其元件的疲劳寿命的关键部分。

第 1 部分：

1.1 本条对承受应力重复波动的压力容器及其元件的详细疲劳评定规定了各项要求。

1.2 上述要求仅适用于 EN 13445-2:2014 规定的**铁素体钢**和**奥氏体钢**。

1.3 专用定义包括疲劳设计曲线、不连续、总体结构不连续、局部结构不连续、名义应力、缺口应力、当量应力、焊喉上的应力、应力范围、结构应力、焊喉厚度、持久极限、切断极限、应力集中系数和评定范围。其中：

缺口应力（Notch Stress）是指位于缺口根部的总应力，包括应力分布的非线性部分。

本书作者认为：

（1）该标准只给出焊接件的焊趾处的缺口应力，见该标准图 18-1，没有给出非焊接件的局部不连续处的缺口应力的示例。

（2）见图 18-9，修磨焊趾，能增大由焊趾导致可能失效的焊缝的疲劳寿命，可提高表 18-4 和附录 P 指出的角焊缝的级别。

（3）只要焊趾处有缺陷，应修磨。

当量应力－和施加多轴应力产生相同疲劳损伤的单轴应力。

注1 本条（指EN 13445-3:18）适用于**Tresca**准则，也允许使用**von Mises**准则。

结构应力（structural stress）－由所施加的各种载荷（力，力矩，压力等）和特定结构部分的相应反力而产生的，沿截面壁厚线性分布的应力。

注1 结构应力包括总体结构不连续的作用（如接管连接件，锥壳与圆筒相交处，容器与封头连接处，壁厚过渡段，设计形状的偏差，某一附件的存在）。可是，它排除了沿截面壁厚产生非线性的应力分布的局部结构不连续的缺口效应（如焊趾）。见图18-1。

本书作者认为：

在总体结构不连续处设置路径，线性化处理得到的薄膜+弯曲的应力就是结构应力，即**Tresca** 当量应力 SINT=P_L+P_b+Q。

持久极限（endurance limit）－在没有任一预加载荷期间，假定在恒幅载荷下不发生低于疲劳损伤的循环应力范围（见本章难句分析6）。

1.4 限制

（1）只要通过疲劳裂纹可能扩展的材料被证明是足够韧性的，保证由疲劳裂纹引起的断裂将不会发生，对于在零下温度操作的容器，在疲劳设计曲线使用上没有限制。

（2）这些要求只适用于在材料蠕变范围以下温度操作的容器，如，对于铁素体钢，疲劳设计曲线适用到380℃，对于奥氏体不锈钢，适用到500℃。

（3）关于焊接缺陷：

除 EN 13445-5:2014 给出的焊接缺陷一般验收标准之外，应满足（EN 13445-5:2014 附录 G 所要求的）下列条件，作为本条规定：

－无咬边；

－无根部凹坑；

－对全焊透的焊缝，无未焊透；

－目视和无损 100%检测，结合 EN 13445-5:2014 附录 G 所规定的，所有评定区的验收准则。

1.5 一般规定

（1）有疲劳裂纹萌生的每一危险的所有部位，应进行疲劳评定。

（2）用于恒幅载荷的相应的疲劳设计曲线（焊接件、非焊接件和螺栓）查得的疲劳寿命是许用循环次数。

（3）用于变幅载荷下累积损伤 D 的计算，由下式给出：

$$D = \frac{n_1}{N_1} + \frac{n_2}{N_2} + \cdots = \sum \frac{n_i}{N_i}$$

应满足下列条件：$D \leqslant 1$。

1.6 焊接件

分为当量应力范围、主应力范围和直接受载的角焊焊或部分焊透焊缝的焊喉上的应力范围。

（1）从结构主应力确定当量应力范围和表 18-4 一起使用，将计算当量应力范围。

本书作者认为，利用 FEA 可直接查得结构应力的当量应力范围，并可使用本标准的正文表 18-4。

该标准的 **18.6.2.2 当量应力范围** $\Delta\sigma_{eq}$ 分为结构主应力方向不变和变化两种情况，并指出：

▲此处循环具有如此复杂的特性，哪两个载荷工况将导致最大值 $\Delta\sigma_{eq}$ 是不清楚的，对所有成对的载荷工况，通过执行上述方法来确定。

（2）从结构主应力范围和使用附录P，将确定主应力范围。

如果潜在疲劳裂纹萌生在焊趾或焊缝的表面上，需要在邻接焊缝的材料上的结构应力范围用于疲劳评定。

该标准分为结构主应力方向不变和结构主应力方向变化两种情况，分别给出主应力范围 $\Delta\sigma$。并指出：

▲此处循环具有如此复杂的特性，哪两个载荷工况将导致最大值 $\Delta\sigma$ 是不清楚的，对所有成对的载荷工况，由执行上述方法来确定。

另外，假定 $\Delta\sigma$ 是整个载荷循环期间存在的最大与最小主应力的代数差，不管它们的方向如何，并假定用于两个主应力方向的等级较低（见表 P.1～表 P.7）是保守的。

（3）直接受载的角焊焊或部分焊透焊缝的焊喉上的应力范围。

$\Delta\sigma$ 是焊喉上应力的最大范围。

▲此处循环具有如此复杂的特性，哪两个载荷工况将导致最大值 $\Delta\sigma$ 是不清楚的，对所有成对的极限载荷工况，应求得向量差。或者假定是保守的。

1.7　非焊接件和螺栓

（1）非焊接件的评定将基于有效当量总应力。或从结构应力，或从总应力，能计算有效当量总应力。

（2）对于螺栓，$\Delta\sigma$ 是基于较小直径确定的实心截面上由直接拉伸和弯曲载荷引起的最大名义应力范围，对于预紧螺栓，可以考虑预紧载荷的程度，而 $\Delta\sigma$ 是基于螺栓载荷的实际波动。

1.8　弹-塑性条件

对于任一元件，如果用于焊接接头和非焊接元件的两部分的计算的虚拟弹性结构应力范围超过考虑中的材料屈服极限的 2 倍，即如果 $\sigma_{eq,1} > 2R_{p0.2/T}$，见注，则应乘以塑性修正系数。应用到机械载荷的应力范围的修正系数是 k_e，热载荷是 k_V。

第 2 部分：

2.1　循环计数法

由于设备专业确定的设计循环次数高于工艺专业给定次数，所以本书不考虑简单的计数方法和蓄水池循环计数法。

2.2　应优选结构应力的当量应力范围计算焊缝节点详图的疲劳寿命

因为采用附录 P，对于主应力方向不变时，需要考虑两个主应力范围，取决于它们的方向和适用于每一方向的疲劳等级。对于主应力方向变化时，假定 $\Delta\sigma$ 是整个载荷循环期间存在的最大与最小主应力的代数差，不管它们的方向如何，并假定用于两个主应力方向的等级较低（见表 P.1～表 P.7）是保守的。

这个做法要判断两个主应力方向和疲劳等级，容易产生错误。

表 18-4 给出焊缝节点详图及其相应的等级，基于当量应力范围的评定中可加以应用。由于 $\Delta\sigma_{eq}$ 没有方向，表 18-4 所示的级别是指最不利的应力方向，用于特定的焊缝节点详图和所

示的疲劳开裂模式。

2.3 焊接件的疲劳寿命

采用表 18-4 的应用举例。

（1）按最高操作压力 34.5MPa，最低操作压力 3.45MPa。弹性应力分析法，做载荷工况差，给出 FEA 的应力云图，见图 1。

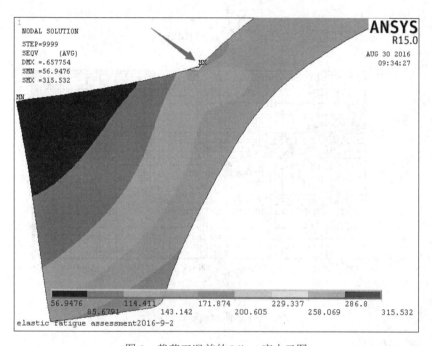

图 1 载荷工况差的 Mises 应力云图

因 MX 节点位于总体结构不连续区域（即人孔法兰与球壳的焊接区域），取薄膜+弯曲部分的 **Tresca** 当量应力 215.2MPa，见图 2 结构应力的当量应力范围。

```
***** POST1 LINEARIZED STRESS LISTING *****
INSIDE NODE =      70     OUTSIDE NODE =      32

           ** MEMBRANE PLUS BENDING **  I=INSIDE C=CENTER O=OUTSIDE
        SX        SY        SZ        SXY       SYZ       SXZ
  I   41.10    -39.75     148.6     -53.78     0.000     0.000
  C   46.52     33.06     152.3     -53.78     0.000     0.000
  O   51.95     105.9     156.0     -53.78     0.000     0.000
        S1        S2        S3        SINT      SEQV
  I   148.6     67.96     -66.60     215.2     188.3
  C   152.3     94.00     -14.41     166.7     146.5
  O   156.0     139.1     18.75      137.3     129.6
```

图 2 结构应力的当量应力范围

（2）计算修正系数。

按 18.10.6 修正系数计算。

对于温度 T^* 不超过 100℃，$f_{T*} = 1$。

按该标准的式（18.10-11）计算厚度修正系数，人孔法兰与球壳的焊接长度 119.35mm。

$$f_{\text{ew}} = \left(\frac{25}{e_n}\right)^{0.25} = \left(\frac{25}{119.35}\right)^{0.25} = 0.68$$

总修正系数 $f_{\text{W}} = f_{\text{ew}} \cdot f_{\text{T}^*} = 0.68$。

（3）修正后的当量结构应力范围为

$$\Delta\sigma_R = \Delta\sigma_{\text{eq}} = 215.2 \div 0.68 = 316.5\text{MPa}$$

（4）查表 18-4 a）焊缝，节点详图编号 1.2，单面焊全焊透的焊缝，等级 80。查焊接件的疲劳设计曲线，见图 3，得到许用循环次数 N=31000 次。

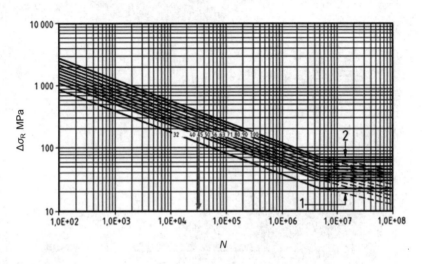

图 3   焊接件的疲劳设计曲线

（5）疲劳损伤系数

$$D_{f,k} = \frac{n_k}{N_k} = \frac{20000}{31000} = 0.645$$

2.4   非焊接件的疲劳寿命

（1）非焊接件的评定将基于有效当量总应力。或从结构应力，或从总应力，能计算有效当量总应力。

从结构应力计算时，有效的总应力范围由下式给出：

$$\Delta\sigma_f = K_f \Delta\sigma_{\text{eq.struc}} \tag{18.7-1}$$

结合总体结构不连续的全部影响的一个模型将确定用于该计算的结构应力，但不是局部结构不连续（如缺口）。

从总应力计算时，有效的总应力范围由下式给出：

$$\Delta\sigma_f = \frac{K_f}{K_t} \Delta\sigma_{\text{eq.total}} \tag{18.7-2}$$

结合所有结构不连续的全部影响的一个模型将确定用于该计算的总应力，包括局部结构不连续（如缺口）。

假使那样的话，只要式（18.7-2）中计算的比率 K_f/K_t =1，如同保守地简化，避免理论应力集中系数 K_t 的计算是允许的。

本书采用从总应力计算有效的总应力范围。使用的一个模型包括总体结构不连续和局部结构不连续，如焊趾、局部圆角等。使用弹性应力分析法，载荷工况差，给出 FEA 的 Mises 应力云图，得到 MX 节点的位置。提取当量总应力，即 $\text{SINT} = \Delta\sigma_{eq,total}$。

（2）计算修正系数，表面**光洁**度修正系数 f_S 按 18.11.1.1，厚度修正系数 f_e 按 18.11.1.2，考虑平均应力影响的修正系数 f_m 按 18.11.1.3 分别给出，f_{T*} 由 18.10.6.2 给出。

确定修正系数 f_S 和 f_e 时，**采用设计循环次数 n 代替 N 计算**。可不用先对假定的许用循环次数进行迭代计算，因为 $n/N \leqslant 1$。

（3）总修正系数。

$$f_u = f_s \cdot f_e \cdot f_m \cdot f_{T*} \tag{18.11-10}$$

（4）修正后的有效的总当量应力范围为有效的总当量应力范围÷用于非焊接件总修正系数。

$$\Delta\sigma_f / f_u$$

（5）可采用公式法计算许用循环次数。

如果 $\dfrac{\Delta\sigma_f}{f_u} \geqslant \Delta\sigma_D$，则许用循环次数 $N \leqslant 2 \times 10^6$，按下式计算

$$N = \left[\frac{46000}{\dfrac{\Delta\sigma_f}{f_u} - 0.63R_m + 11.5} \right]^2 \tag{18.11-13}$$

如果 $\Delta\sigma_{Cut} < \dfrac{\Delta\sigma_f}{f_u} < \Delta\sigma_D$，变幅载荷的所有其他情况（累积损伤）：

$$N = \left[\frac{2.69R_m + 89.72}{\dfrac{\Delta\sigma_f}{f_u}} \right]^{10} \tag{18.11-14}$$

如果 $\dfrac{\Delta\sigma_f}{f_u} \leqslant \Delta\sigma_{Cut}$：$N = \infty$ ［即式（18.5-1）累积损伤作用 n/N 等于 0］。

2.5 钢制螺栓的疲劳寿命

（1）对于螺栓，$\Delta\sigma$ 是基于较小直径确定的实心截面上由直接拉伸和弯曲载荷引起的最大名义应力范围，对于预紧螺栓，可以考虑预紧载荷的程度，而 $\Delta\sigma$ 是基于螺栓载荷的实际波动。对于任何形式的螺纹，螺栓的疲劳设计曲线考虑螺纹根部的应力集中。

（2）计算修正系数。对于螺栓直径＞25mm，使用式（18.11-3）将计算修正系数 f_e，用 e_n 等于螺栓直径。螺栓直径≤25mm，$f_e = 1$。

螺栓总修正系数

$$f_b = f_e \cdot f_{T*} \tag{18.12-1}$$

f_e 由 18.12.2.1 给出，f_{T*} 由 18.10.6.2 给出。

（3）依据下面的比率表示轴向受载螺栓的疲劳强度：

$$\frac{\text{最大名义应力范围}}{\text{螺栓材料名义抗拉强度极限}} = \frac{\Delta\sigma}{R_m}$$

$$\left(\frac{\Delta\sigma_R}{R_m}\right)^3 \cdot N = 285 \tag{18.12-2}$$

在 2×10^6 循环下，具有持久极限 $\dfrac{\Delta\sigma_D}{R_m} = 0.0522$，适用于任意形式的螺纹（机加工，磨齿或滚制）且根径达 25mm。然而，不管螺栓材料的实际抗拉强度如何，R_m 大于 785MPa 不能用于计算。

如果 $\dfrac{\Delta\sigma}{R_m} \geqslant 0.0522$：

$$N = 285\left(\frac{R_m \cdot f_b}{\Delta\sigma}\right)^3 \tag{18.12-3}$$

6.4 难句分析

1 原文 18.2.1：fatigue design curves "**curves given in this clause** of $\Delta\sigma_R$ **against** *N* **for welded and unwelded material, and of** $\Delta\sigma_R$ /R_m **against** *N* **for bolts.**"

【语法分析】

原文不是 1 个句子，是词组，中心词是"**curves**"，过去分词短语"**given in this clause**"，作"**curves**"的后置定语，介词短语"**of** $\Delta\sigma_R$ **against** *N*"作"**curves**"的后置定语，介词短语"**for welded and unwelded material,**"作"$\Delta\sigma_R$ **against** *N*"的定语。介词短语"**of** $\Delta\sigma_R$ /R_m **against** *N*"作"**curves**"的定语，介词短语"**for bolts**"作"$\Delta\sigma_R$ /R_m **against** *N*"的定语。

本书译文："本条给出用于焊接材料和非焊接材料的 $\Delta\sigma_R$ 对 *N* 的关系曲线，以及螺栓的 $\Delta\sigma_R$ /R_m 对 *N* 的关系曲线"。

2 原文 **18.2.2**：discontinuity "**shape or material change which affects the stress distribution.**"

【语法分析】

which 代表主句的整个意思，从句谓语用第三人称单数。**which** 引出的从句是非限制性定语从句，从逻辑意义上考虑，which 代表 shape or material。

本书译文：形状或材料变化，影响应力分布。

3 原文 **18.2.5 NOTE 3**："**The nominal stress is the stress commonly used to express the results of fatigue tests performed on laboratory specimens under simple unidirectional axial or bending loading. Hence, fatigue curves derived from such data include the effect of any notches or other structural discontinuities (e.g. welds) in the test specimen.**"

【语法分析】

在副词 **Hence** 的前后各有一个句子。

前一个句子的主语是 **The nominal stress**，谓语是系表结构 **is the stress**，**used** 是形容词，作表语的 **stress** 的后置定语，**used to**+动词（或动名词）是固定搭配。介词 **under** 的介词短语作状语。

后一个句子主语是 **fatigue curves**，谓语是 **include**，所带宾语是 **the effect**。

本书译文：注3　名义应力是通常习惯于表示在单一轴向或弯曲载荷作用下，在实验室试样上完成疲劳试验结果的一种应力。因此，从这些数据得出的疲劳曲线包括在该试样上的任一缺口或其他结构不连续（例如焊缝）效应。

4　原文 18.2.8 **NOTE 1**："In the general case of a non-uniformly loaded weld, it is calculated as the maximum load per unit length of weld divided by the weld throat thickness and it is assumed that none of the load is carried by bearing between the components joined."

【语法分析】

In the general case of a non-uniformly loaded weld 介词短语作状语，其中 "**In the general case of**" 是固定搭配，词典上有 **In the case of**，译为 "就……而论"，此处可译为 "就一般非均布受载焊缝而论"。

it is calculated as 句型，**it** 代替前面提到的事物，就是指 "非均布受载焊缝"，**as** 作介词用，**as the maximum load per unit length of weld divided by the weld throat thickness** 介词短语作主语补足语。按被动语态译。**it is assumed that 句型**，**it** 作形式主语，而 **that** 引出的从句 "**none of the load is carried by bearing between the components joined**" 作真正的主语，"**none**" 这里是**代词**，做从句的**主语**，它否定谓语 "**is carried**"，介词短语 **by bearing between the components joined** 作状语。**joined** 是过去分词作 **components** 后置定词。

本书译文：注1　就一般非均布受载焊缝而论，它被计算为单位焊缝长度的最大载荷除以焊喉厚度，并假定**没有传递**由被焊接的元件之间承受的这种载荷。

5　原文 18.2.7　**equivalent stress**

"uniaxial stress which produces the same fatigue damage as the applied multi-axial stresses."

【语法分析】

该词组 "uniaxial stress" 带一个从句 "which produces the same fatigue damage"，关系代词 which 引出限制性定语从句，which 作从句的主语，谓语是 produces，宾语是 the same fatigue damage，另外，"the same…as" 固定搭配，表示 "和……相同的"。

本书译文：当量应力

"和施加多轴应力产生相同的疲劳损伤的单轴应力。"

●6　原文 18.2.12　**endurance limit**

"cyclic stress range below which, in the absence of any previous loading, no fatigue damage is assumed to occur under constant amplitude loading."

【语法分析】

这是一个词组，中心词是 **cyclic stress range**，由 **below which** 引出定语从句，从句谓语是 **is assumed**，被动语态，没有宾语，不定式 **to occur** 作状语，介词短语 **in the absence of any previous loading** 作状语，**under constant amplitude loading** 也是介词短语作状语。

no fatigue damage，这里的 **no** 不是否定 **fatigue damage**，而是否定 **to occur**。英语中常用 **not** 与动词连用，**no** 与名词连用。而否定的范围需要判断。

欧盟标准的持久极限与 ASME 不同，它以疲劳损伤为代表。只要应力范围线与疲劳设计曲线相交或相切，就有疲劳损伤。疲劳损伤的定义是设计循环次数/许用循环次数，如无限循环，疲劳损伤的作用为零。

本书译文：持久极限

在没有任一预加载荷期间，假定在恒幅载荷下，不发生低于疲劳损伤的循环应力范围。

7 原文 **18.4.2** "**There are no restrictions on the use of the fatigue design curves for vessels which operate at sub-zero temperatures, provided that the material through which a fatigue crack might propagate is shown to be sufficiently tough to ensure that fracture will not initiate from a fatigue crack.**"

【语法分析】

该句是主从复合句，由连词"provided that"引出一个条件从句"the material through which a fatigue crack might propagate is shown to be sufficiently tough"，在此条件从句中，带一定语从句"through which a fatigue crack might propagate"，而"**is shown to be sufficiently tough**"作条件从句谓语，译为"**被证明是足够韧性**"，不定式"**to ensure**"作状语，且引出宾语从句"**that** fracture will not initiate from a fatigue crack"。主句是"There are no restrictions on the use of the fatigue design curves for vessels which operate at sub-zero temperatures"。

本书译文：只要通过疲劳裂纹可能扩展的材料被证明是足够韧性，保证由某一疲劳裂纹引起的断裂将不会发生，对于在零下温度操作的容器，使用疲劳设计曲线没有限制。

8 原文 **18.5.3** "only material which is certain to be free from welding shall be assessed as unwelded."

【语法分析】

该主句中带一定语从句"which is certain to be free from welding"，关系代词 which 作从句的主语，谓语是 is certain to be free from welding，其中 certain 作 is 的表语，is certain to be，而不定式短语"to be free from welding"**构成谓语的组成部分**，包括系词 be+表语的名词性复合谓语。

only 在句首，选用 only 的副词解。

本书译文：只有肯定是无焊接的材料，才应确定为非焊接的。

9 原文 **Table 18-1** 在 **Comment** 下第 5 行 "b) Apply plasticity correction factors where relevant"

【语法分析】

这里的"where relevant"，relevant 是形容词，作"plasticity correction factors"的后置定语，则 where 就是关系副词，取"在那里"。

本书译文：施加在那里相应的塑性修正系数。

10 原文 **18.6.1** "Where the structural stress is obtained by detailed stress analysis (e.g. FEA) or by measurement, it shall be determined from the principal stress that acts in the direction which is closest to the normal to the weld by extrapolation using the procedures detailed in Figure 18-3."

【语法分析】

主句"it shall be determined"，it 代表上面提到的 structural stress，它不是作形式主语，因为形式主语的真正的主语通常用不定式短语、动名词短语，或从句表示，而此句中在形式主语的谓语后面没有不定式、动名词短语，或从句表示。谓语是 shall be determined，一般将来时被动语态。Where 引导的从句"Where the structural stress is obtained by detailed stress analysis (e.g. FEA) or by measurement"表示地点状语。

主句谓语之后，有个介词短语 from the principal stress，带个定语从句 that acts in the direction，修饰 principal stress，该定语从句又带个定语从句 which is closest to the normal to the weld by extrapolation，修饰 direction，该句中"closest"是形容词的最高级，意思是最接近的，译为"逼近"。现在分词短语 using the procedures detailed in Figure 18-3 作状语。

本书译文：使用图 **18-3** 的详细步骤，根据逼近由外推至焊缝处的法线方向作用的主应力，应能确定由详细的应力分析或测量在那里得到的结构应力。

11　原文 **18.6.2.1** "Tension stresses are considered positive and compression stresses negative. In both cases, an important aspect is whether, under multiple load actions, the directions of the structural principal stresses remain constant or not."

【语法分析】

前面是并列句，谓语是 are considered，被动语态，主语是 Tension stresses，第 2 个简单句的主语是 compression stresses，省略谓语。第 1 个简单句的 positive 是主语补语，而 negative 是作为 compression stresses 的主语补语。

后面的是主从复合句，主语是 an important aspect，由连词 **whether** 引导表语从句 "**is whether**, under multiple load actions, the directions of the structural principal stresses remain constant or not."，介词短语 under multiple load actions 作状语。

本书译文：拉应力被认为是正的，压应力是负的，在两种情况中，重要方面是在多载荷作用下，结构主应力的方向是否保持不变。

12　原文 **18.6.2.2.2** "Where cycling is of such a complex nature **that** it is not clear **which** two load conditions will result in the greatest value of $\Delta\sigma_{eq}$ they shall be established by carrying out the above procedure for all pairs of load conditions."

【语法分析】

这是一个主从复合句，由 Where 引导状语从句"Where cycling is of such a complex nature"，Where 是副词，词义是"此处"。由 that 引出**同位语从句** "that it is not clear which two load conditions will result in the greatest value of $\Delta\sigma_{eq}$"，that 没有实在意义，它引出的同位语从句进一步解释"complex nature"，说明指的是什么，因为没有逗号隔开，叫限制性同位语从句（见张道真主编《实用英语语法》466 页）。it 作形式主语，真正主语为"which two load conditions will result in the greatest value of $\Delta\sigma_{eq}$"，which 是疑问代词，词义是"哪（一）个"。主句主语是 they，代表"greatest value of $\Delta\sigma_{eq}$"，谓语 shall be established，一般将来时的被动语态，介词 by 和 for 分别引出介词短语作状语。

本书译文：此处循环具有如此复杂的特性，哪两个载荷工况将导致最大值 $\Delta\sigma_{eq}$ 是不清楚的，对所有成对的载荷工况，通过执行上述方法来确定。

13　原文 **18.7.1.2.2**

"－the equivalent stress range shall be calculated **as described** in 18.6.2.2.2"

"－the loading conditions "min" and "max" to be considered shall be **as defined** in 18.6.2.2.2"

【语法分析】

上述两个句子都是"**as+过去分词**"。

上面的"as described"作"the equivalent stress range"的定语。

下面的"as defined"作"shall be"的表语。"to be considered"是不定式的被动语态，作 the loading conditions "min" and "max"的定语。

本书译文：

将计算 **18.6.2.2.2** 中所描述的当量应力范围。

所考虑的载荷工况"**min**"和"**max**"将是 **18.6.2.2.2** 中所定义的那样。

14　原文 **18.7.2** "For bolts, $\Delta\sigma$ is the maximum nominal stress range arising from direct tensile and bending loads on the core cross-sectional area, determined on the basis of the minor diameter. For pre-loaded bolts, account may be taken of the level of pre-load, with $\Delta\sigma$ based on the actual fluctuations of bolt load."

【语法分析】

这是两个句子。第 1 个句子中现在分词 arising from 作 the maximum nominal stress range 的后置定语，过去分词 determined 作 area 的后置定语。第 2 个句子中主谓固定搭配是 account may be taken of，译为"可以考虑"。with 后带主（$\Delta\sigma$）谓（based on）结构关系，with 短语说明附带情况。

本书译文：对于螺栓，$\Delta\sigma$是基于较小直径确定的实心截面上由直接拉伸和弯曲载荷引起的最大名义应力范围，对于预紧螺栓，可以考虑预紧载荷的大小，而 $\Delta\sigma$是基于螺栓载荷的实际波动。

15　原文 **18.10.1.2** "Weld details and their corresponding classes for use in assessments based on equivalent stress range are given in Table 18-4. The classification refers **either** to fatigue cracking in the parent metal from the weld toe or end, which shall be assessed using $\Delta\sigma_{eq}$ in the parent metal adjacent to the potential crack initiation site, **or** to fatigue cracking in the weld itself from the root or surface, which shall be assessed using $\Delta\sigma$ in the weld, with $\Delta\sigma$ as defined in 18.6.3."

【语法分析】

该段由两个句子组成。

前一句子的主语是 Weld details and their corresponding classes，谓语是 are given，被动语态，介词短语 for use in assessments based on equivalent stress range 作状语。介词短语 in Table 18-4 作状语。

后一句子是由并列连接词 either…or 连接，连接两个并列句子。第 1 个句子是"The classification refers either to fatigue cracking in the parent metal from the weld toe or end, which shall be assessed using $\Delta\sigma_{eq}$ in the parent metal adjacent to the potential crack initiation site,"，第 2 个句子是"or to fatigue cracking in the weld itself from the root or surface, which shall be assessed using $\Delta\sigma$ in the weld, with $\Delta\sigma$ as defined in 18.6.3"。连接词 either…or 不作句子成分。

这两个并列句中均有"which"，引导非限制性定语从句，其中 which 前均有**逗号**，且代表主句的整个意思。在第 2 个并列句中有 with $\Delta\sigma$ as defined in 18.6.3，这属于 with+主（$\Delta\sigma$）谓（**as defined in 18.6.3**）结构的一种形式。

本书译文：表 **18-4** 给出焊缝节点详图及其相应的等级，基于当量应力范围的评定中可加以应用。疲劳等级或者涉及来自焊趾或收弧的母材中的疲劳裂纹，与潜在的疲劳裂纹萌生处相邻的母材中将使用 $\Delta\sigma_{eq}$ 评定，或者涉及来自根部或表面的自身焊缝中的疲劳裂纹，将使用焊缝中 $\Delta\sigma$评定。而 $\Delta\sigma$如 **18.6.3** 定义。

16　原文 **Table 18-4** /Detail No.1.1 / Joint type "Full penetration butt weld flush ground, including weld repairs"

【语法分析】

句中 flush 是形容词，作 weld 的后置定语，ground 是过去分词，作 weld 的后置定语，including 是现在分词，同样作 weld 的后置定语。flush 形容词不能修饰它后面的过去分词。可作定语的上述各词，取决于它们与要修饰词关系的密切程度，关系密切靠近，否则远离。

本书译文：磨平的全焊透对接焊缝，包括焊补。

17　原文 **Table 18-4/2.1** "Welded-on head"，**Table 18-4/2.3** "Set-in head"，**Table 18-4/2.3** (c) "back-up weld"。

【说明】

（1）在"英汉科技大词库"中查到"Welded-on head"，译为"焊制封头、焊制端盖"。

（2）"Set-in head"，在词典上查到"Set-in"，译为"插入　嵌入"。因此，本书译为"嵌入式平盖"。

（3）"without back-up weld"，在"英汉科技大词库"中只查到"back-up"的译文是"支持　支撑"，应译为"无后壁支撑焊缝"。见下图。

本书译文："焊制平盖""嵌入式平盖""无后壁支撑焊缝"。

18　原文 **18.10.2.2** "The fatigue lives of welds which might fail from the toe can be increased by locally machining and/or grinding the toe to reduce the stress concentration and remove the inherent flaws."

【语法分析】

该句的主语是 The fatigue lives of welds，谓语是 can be increased。在主语后面带定语从句 which might fail from the toe，在谓语后面带介词短语 "by locally machining and/or grinding the toe to reduce the stress concentration and remove the inherent flaws."，介词 by 的宾语是 locally machining and/or grinding the toe，两个不定式短语 "to reduce"和"to remove"作**介词宾语的补语**。而不定式均带自己的宾语。

本书译文：通过局部机械加工或修磨焊趾降低应力集中并除去内在的缺陷，能增大从焊趾处可能失效的焊缝的疲劳寿命。

19　原文 **18.10.2.3** "Previously buried flaws revealed by dressing, which could reduce the fatigue strength of the joint, should be assessed (see 18.10.5)."

【语法分析】

此句的主语是 Previously buried flaws revealed by dressing，谓语是 should be assessed，非限制性定语从句 which could reduce the fatigue strength of the joint，which 作定语从句的主语。

本书译文：上述修磨展示的埋藏缺陷，它能够降低接头的疲劳强度，应进行评定（见 18.10.5）。

20　原文 **18.10.4 注** "However, vessels made from materials with yield strengths considerably higher than the specified minimum are less likely to benefit in this way."

【语法分析】

此句的主语是 vessels，后带 made from，过去分词+介词的固定搭配作后置定语，介词短语 with yield strengths considerably higher than the specified minimum，作 materials 的定语，其中 the specified minimum，译为规定最低值，"the" 不能丢掉，是指规定的屈服强度的最低值，可译 "其"，译为 "屈服强度比其规定的最低值高很多的"。谓语 are less likely，系表结构，likely 是形容词，less 是副词比较级。"to benefit in this way"，"to benefit" 是动词不定式，还是介词+名词，因介词短语 "in this way" 要作 benefit 的定语，所以 "to benefit" 不是不定式，可译为 "通过这种方式获益"。

本书译文：因此，用屈服强度比其规定的最低值高很多的材料制造的容器，不太可能通过这种方式获益。

21 原文 **18.10.6.1** "For e_n＞150mm, the value f_{ew}=0.6389 corresponding to e_n =150mm applies."

【语法分析】

这是由公式组成的句子，介词短语 For e_n＞150mm，作状语，修饰整个句子，该句的谓语是 applies，是不及物动词，主语是一个句子 the value f_{ew}=0.6389，形容词 corresponding 作 0.6389 的后置定语，该形容词与介词 to 搭配，表示 "对应的，相应的"，而句子 e_n =150mm 作介词 to 的宾语。

本书译文：对于 e_n＞**150mm**，对应的 e_n =**150mm** 的数值 f_{ew}=**0.6389** 适用。

22 原文 **18.10.7** "Fatigue strength is expressed in terms of a series of $\Delta\sigma_R-N$ curves in Figure 18-12, each applying to particular construction details. "

【语法分析】

该句子的主句是 "Fatigue strength is expressed in terms of a series of $\Delta\sigma_R-N$ curves in Figure 18-12,"，主语是 Fatigue strength，谓语是 is expressed，介词固定搭配 in terms of。该句后面 each applying to particular construction details，是现在分词的**独立结构**，表示伴随情况，作状语，each 是代词，是分词 applying 自己带的主语，一般可按并列句翻译。

本书译文：依据图 **18-12** 的 $\Delta\sigma_R-N$ 曲线簇表示疲劳强度，每一条曲线适用于特定的结构节点详图。

23 原文 **18.10.7** "Alternatively, **for use as** a design curve to obtain the allowable stress range $\Delta\sigma_{eq}$ or $\Delta\sigma$ for a specified number of applied load cycles, **n**"

【语法分析】见 25。

本书译文：或者，作为规定的施加载荷循环次数 **n**，选用任一条设计曲线查得许用的应力范围 $\Delta\sigma_{eq}$ 和 $\Delta\sigma$。

24 原文 **18.11.1.3.1**：For $\Delta\sigma_{eq} \leq 2R_{p0.2/T^*}$ 和 $|\sigma_{eq\,max}| < R_{p0.2/T^*}$，the mean stress correction factor f_m for $N\leq2\times10^6$ cycles is to be determined for rolled and forged steel as a function of the mean stress sensitivity M from:

$$f_m = \left[1 - \frac{M(2+M)}{1+M}\left(\frac{2\overline{\sigma}_{eq}}{\Delta\sigma_R}\right)\right]^{0,5}$$

【语法分析】

该句的重点是 is to be determined，这是 be +不定式结构，有两种语法分析：其一是，"如果主语不能产生 be 后面的不定式所表示的动作，则不定式只能作表语"；其二是，"be +不定式结构"一般表示计划，约定将要实行的行为。此句的主语是 the mean stress correction factor f_m，它表示"计划，约定将要实行的行为"。因此，就按其二的语意来翻译。

本书译文：对于 $\Delta\sigma_{eq} \leqslant 2R_{p0.2/T^*}$ 和 $|\sigma_{eq\,max}| < R_{p0.2/T^*}$，用于 $N\leqslant 2\times 10^6$ 循环的平均应力修正系数将被确定适用于轧制钢和锻钢，作为来自下式的平均应力灵敏度 M 的函数：

$$f_m = \left[1 - \frac{M(2+M)}{1+M}\left(\frac{2\bar{\sigma}_{eq}}{\Delta\sigma_R}\right)\right]^{0,5}$$

25　原文 **18.11.3**　"Alternatively, **for use as** a design curve to obtain the allowable stress range for a specified number of load cycles, n, which is the upper limit for the acting stress range $\Delta\sigma_f$."

【语法分析】

乍看，该句没有主句，前面有两个介词 **for** 引出的介词短语，最后由 which 引出的非限制性的定语从句。这个句子很特殊，试分析如下：

"for use as"，在词典上未查到译法，对 for use，词典上有译法"可加以应用"，后面又出现"as"，这个"as"，用法繁多，作连词、副词、代词和介词，认为作介词合适，"design curve"可作介词 as 的宾语，可将"for use as"译为"**选用**"，接不定式 to obtain。"for a specified number of load cycles, n,"，译为"**作为**规定的载荷循环次数 n"，作状语。which 作非限制性的定语从句的主语，它代表 allowable stress range。

不少英语书介绍，介词短语作定语、状语、表语、补足语。而《科技英语基础语法》（**北京工业学院外语教研室编　刘世沐校**）一书的 174 页，提到"for+名词或代词+不定式复合结构"，其中的名词或代词是不定式的逻辑主语，作为一个整体在句中作主语。另外还能作宾语。"to obtain"可译"查得"。谓语在哪里？一般通过求出的应力范围，查疲劳设计曲线，得到许用循环次数。或有反向求法，通过规定载荷循环次数，查疲劳设计曲线，查得许用应力范围。本例句就是反向求法。在"for a specified number of load cycles, n,"前面省略了"**is used**"，即"**is used for** a specified number of load cycles, n,"（该段前后多用 is used for）。

本书译文：或者，作为规定的载荷循环次数 **n**，选用任一条设计曲线查得许用应力范围，许用应力范围就是有效的应力范围 $\Delta\sigma_f$ 的上限。

26　原文 **18.12.3**　"Alternatively, **for use of** the design curve to obtain the allowable stress range, $\Delta\sigma$, for a specified number of load cycles, n,"

【语法分析】

"**for use of**"译为"**应用**"。同上，省略谓语是"**is used**"，即"**is used** for a specified number of load cycles, n,"

本书译文：或者，作为规定的载荷循环次数 **n**，应用该条设计曲线查得许用的应力范围 $\Delta\sigma$。

27　原文 **18.12.3**　"with an endurance limit $\frac{\Delta\sigma_D}{R_m} = 0.0522$ at 2×10^6 cycles, shown in Figure 18-17, **is used for** any thread form (machined, ground or rolled) and core diameters up to 25mm."

【语法分析】

介词 with 的宾语是一个完整的句子"with an endurance limit $\dfrac{\Delta\sigma_D}{R_m}=0.0522$",带有状语"at 2×10^6 cycles",谓语是"**is used for**","any thread form (machined, ground or rolled) and core diameters up to 25mm."作介词 for 的宾语。

因此,"with an endurance limit $\dfrac{\Delta\sigma_D}{R_m}=0.0522$ at 2×10^6 cycles"作该句的主语。

本书译文:图 18-17 所示的,在 2×10^6 循环下,具有持久极限 $\dfrac{\Delta\sigma_D}{R_m}=0.0522$,用于任意形式的螺纹(机加工,磨齿或滚制)且根径达 25mm。

第**7**章
公式法计算许用循环次数

本章通过 **ASME\Ⅷ-2:5**、**EN 13445-3:18**、**ГОСТ Р 52857.6** 和 **JB4732** 等标准给出公式法计算许用循环次数。**EN 13445-3:18**、**ГОСТ Р 52857.6** 和 **JB4732** 都是采用弹性应力分析，而 **ASME\Ⅷ-2:5** 有弹性应力分析和弹-塑性应力分析，直接取用 **ASME\Ⅷ-2:5.5.3** 弹性应力分析和当量应力。只有弹性应力分析结合试验数据的平均曲线以下的**设计疲劳曲线**，才能完成疲劳分析。同时也给出：如 **EN 13445-3:18** 非焊接件设计疲劳曲线的疲劳寿命的安全系数 10，应力范围的安全系数 1.5，焊接件的失效概率约 0.14%；**ГОСТ Р 52857.6** 的循环次数的安全系数 10，应力的安全系数 2.0。

ASME\Ⅷ-2:5 的弹-塑性疲劳分析，是将弹-塑性应力分析得出的有效的应变范围转变成有效的交变当量应力，才能使用与之匹配的弹性应力分析的设计疲劳曲线。

ГОСТ Р 52857.6 没有弹-塑性疲劳分析。

EN 13445-3: 18.8.1 一般规定：对于所有元件，如果用于焊接接头和非焊接元件的两部分的计算的虚拟弹性结构应力范围超过考虑中的材料屈服极限的 2 倍，即如果 $\sigma_{eq,1} > 2R_{p0.2/T^*}$，见注，则应乘以塑性修正系数。应用到机械载荷的应力范围的修正系数是 k_e，热载荷是 k_V。而 **18.10.7 注 1** 在载荷控制下，或适合施加超过屈服极限应变（低循环疲劳），在应变控制下，从实验的专用的实验室试样得到实验数据。依据**虚拟的弹性应力范围**［**即应变范围乘以弹性模量，必要时塑性修正**（见 18.8）］，通过表示低循环疲劳数据完成从低到高的连续循环状态。

7.1　ASME\Ⅷ-2:5-2015

（1）规范 5.5.3 疲劳评定—弹性应力分析和当量应力，指出疲劳评定的控制应力是有效的当量应力幅，即有效的总当量应力范围（P_L+P_b+Q+F）的一半。

（2）按规范式（5.36）计算有效当量应力幅

$$S_{alt,k} = \frac{K_f \cdot K_{e,k} \cdot \Delta S_{p,k}}{2} \tag{5.36}$$

式中　K_f = 计算循环应力幅或循环应力范围所使用的疲劳强度的降低系数。如果在数值模型中没有计入局部缺口或焊缝的影响，则应按规范表 2.11 和表 2.12 规定焊缝的疲劳强度降低系数的推荐值，计入疲劳强度降低系数 K_f。

$K_{e,k} = k^{th}$ 循环的疲劳损失系数。如果一次+二次当量应力范围 $\Delta S_{n,k} \leqslant S_{PS}$，则 $K_{e,k} = 1$。

（3）计算得到 k^{th} 循环的交变当量应力幅 $S_{alt,k}$。按附录 3-F，3-F.1 求得许用循环次数 N，见本书第 9 章 3-F.9，内插法确定许用循环次数 N。

（4）按规范 5.5.3.2 评定方法步骤 6 确定 k^{th} 循环的疲劳损伤：

$$D_{f,k} = \frac{n_k}{N_k} \tag{5.37}$$

并满足 $D_{f,k} \leqslant 1.0$。

7.2　JB4732 的设计疲劳曲线

（1）JB4732 的设计疲劳曲线是移植 **ASMEⅧ-2:5-1995** 的疲劳曲线，其中**图 C-1**（虚线）移植 110.1（虚线），2015 版的表 3-F.9 的 3-F.1 列；**图 C-1**（实线）移植 110.1（实线），2015 版的表 3-F.9 的 3-F.2 列；**图 C-2**，移植 110.2.1，像是 2015 版的表 3-F.9 的 3-F.7 列；**图 C-3** 移植 110.2，2015 版的表 3-F.9 的 3-F.3 列（3-F.3 系数最右侧一列）；**图 C-4** 移植 120.1，2015 版的表 3-F.9 的 3-F.8 两列。

（2）2015 版的设计疲劳曲线，不是以 S-N 曲线型式，而是以表列的疲劳曲线数据型式给出。

（3）2015 版的表 3-F.9 的 3-F.1 列、3-F.2 列，不是 JB4732 的**图 C-1** 的 1E1 到 1E6，而是 **1E1 变为 1E11**。

（4）弹性模量有变化，**图 C-1** 上的弹性模量是 $E=210 \times 10^3$ MPa，而 2015 版的表 3-F.1 用于确定设计疲劳曲线的弹性模量是 $E_{FC} = 195$E3MPa（28.3 E3 ksi）。

（5）JB4732 的设计疲劳曲线的图名不是 **ASMEⅧ-2:5** 的全称。

（6）当所考虑点的主应力方向在循环中不变时，或变化时，确定交变应力幅有不同的公式。实际上，用 ANSYS 给出的总当量应力范围，这是**没有方向**的。

（7）JB4732 表 C-1 给出用双对数的精确插值公式，求许用循环次数，ASMEⅧ-2:5-1995 有这样的插值公式，但 2015 版的规范取消了上述的插值公式。

（8）见本书第 9 章式（3-F.2），式中的 $C_1 \rightarrow C_{11}$，规定了所描述的不同的疲劳曲线，有温度限制，最大抗拉强度值和各种材料，式（3-F.3）是总当量应力幅。因此，材料不同，疲劳曲线型式也不同。一个标准能与其本国的材料紧密挂钩，就体现了严密的标准体系。系数 $C_1 \rightarrow C_{11}$，哪个值能代表我国材料 Q245R 和 Q345R？所以不能移植。我国某标准的编制人员照抄 ASME 的分析设计标准，结果不全会应用，导致少量设计人员也不全会应用的事例不能重演。20 多年过去了，Q245R 和 Q345R 的设计疲劳曲线没有制定出来，其真实的应力应变曲线也没有制定出来。

7.3　EN 13445–3:18

（1）**焊接件**。

查图法：

1）按最高操作压力，最低操作压力，弹性应力分析，做载荷工况差，给出 FEA 的应力云图。若最高应力节点落在总体结构不连续区，如焊缝，则应做焊接件的疲劳分析。

2）过最高应力节点作线性化，取薄膜+弯曲部分的**当量结构应力范围**，就是 SINT=$\Delta\sigma_R$。

3）计算修正系数，温度修正系数 f_{T^*}，厚度修正系数 f_{ew}，总修正系数 $f_W = f_{ew} \cdot f_{T^*}$。

4）按表 18-4 确定试验组 1 或 2 的等级，以 $\Delta\sigma_R/f_W$ 查疲劳设计曲线图 18-12，横坐标所得之值就是许用循环次数。

公式法：

1）如果 $\dfrac{\Delta\sigma_{eq}}{f_W} \geqslant \Delta\sigma_D$，则

$$N = \frac{C_1}{\left(\dfrac{\Delta\sigma_{eq}}{f_W}\right)^{m_1}} \tag{18.10-17}$$

式中，C_1 和 m_1 按**表 18-7** 取值，适用范围 $N \leqslant 5\times10^6$ 循环。

2）如果 $\Delta\sigma_{Cut} < \dfrac{\Delta\sigma_{eq}}{f_W} < \Delta\sigma_D$：

——所有施加的应力范围均小于 $\Delta\sigma_D$ 的情况，则 $N=\infty$ ［即式（18.5-1）中疲劳损伤作用 n/N 等于 0］。

——所有其他情况，N 由下式给出：

$$N = \frac{C_2}{\left(\dfrac{\Delta\sigma_{eq}}{f_W}\right)^{m_2}} \tag{18.10-19}$$

3）如果 $\dfrac{\Delta\sigma_{eq}}{f_W} \leqslant \Delta\sigma_{Cut}$ 或 $\dfrac{\Delta\sigma}{f_W} \leqslant \Delta\sigma_{Cut}$，则 $N=\infty$ ［即式（18.5-1）中疲劳损伤作用 n/N 等于 0］。

最后都要按式（18.5-1）计算疲劳损伤，并满足式 $D\leqslant1$ 的条件。

我国的焊接件的疲劳分析，可用 **EN 13445-3:18 查图法或公式法计算**，因为没限制材料。

（2）非焊接件。

非焊接件的评定将基于有效当量总应力。或从结构应力，或从总应力，能计算有效当量总应力。

1）如果最高总应力节点位于非焊接区，从总应力求出，即从应力差的等效总应力范围求得 $\Delta\sigma_{eq,total}$，有效的总应力范围由下式给出：

$$\Delta\sigma_f = \frac{K_f}{K_t}\Delta\sigma_{eq,total}$$

假定上式 $K_f/K_t=1$，避开理论应力集中系数的计算，可作为一种允许保守的简化，则
$$\Delta\sigma_f = \Delta\sigma_{eq,total}$$

2）确定修正系数。

非焊接件总修正系数 f_u 将计算如下：

$$f_{u} = f_{S} \cdot f_{e} \cdot f_{m} \cdot f_{T^{\bullet}}$$

式中表面粗糙度系数 f_{S} 由 18.11.1.1 给出，厚度修正系数 f_{e} 由 **18.11.1.2** 给出，平均应力修正系数 f_{m} 由 **18.11.1.3** 给出，而温度修正系数 $f_{T^{\bullet}}$ 由 18.10.6.2 给出。

★确定修正系数 f_{S} 和 f_{e} 时，采用设计循环次数 n 代替 N 计算。可不用先对假定的许用循环次数进行迭代计算，直到计算值与假定值达到期望差值为止，因为 $n/N \leqslant 1$。

3）计算许用循环次数。

如果 $(\Delta\sigma_{f} / f_{u}) \geqslant \Delta\sigma_{D}$，$N \leqslant 2 \times 10^{6}$，则许用循环次数按下式计算：

$$N = \left[\frac{4.6 \times 10^{4}}{\Delta\sigma_{R} - 0.63R_{m} + 11.5} \right]^{2} \qquad (18.11\text{-}11)$$

如果 $\Delta\sigma_{Cut} < (\Delta\sigma_{f} / f_{u}) < \Delta\sigma_{D}$，$1 \times 10^{8} > N > 2 \times 10^{6}$ 循环，则许用循环次数为：

$$N = \left[\frac{2.69R_{m} + 89.72}{\Delta\sigma_{R}} \right]^{10} \qquad (18.11\text{-}12)$$

如果 $\dfrac{\Delta\sigma_{f}}{f_{u}} \leqslant \Delta\sigma_{Cut}$：$N = \infty$ ［即式 18.5-1 累积损伤作用 n/N 等于 0］

采用非焊接件的公式法计算许用循环次数时，按 **18.1.3** 的规定，应使用符合 **EN 13445:2-2014** 规定的铁素体钢和奥氏体钢。

7.4　ГОСТ Р 52857.6

（1）该标准给出下面的公式法能计算 $\leqslant$1E6 和 $>$1E6 的许用循环次数。

$$[N] = \frac{1}{n_{N}} \left[\frac{A}{(\bar{\sigma} - B / n_{\sigma})} C_{t} \right]^{2} \qquad (13)$$

$$\bar{\sigma}_{a} = \max \left\{ \sigma_{a}; \frac{B}{n_{\sigma}} \right\} \qquad (14)$$

式中：C_{t}—考虑温度的修正系数，℃；

　　　A—材料性能 MPa，如碳素钢 $A = 0.6 \times 10^{5}$，低合金钢 $A = 0.45 \times 10^{5}$，奥氏体钢 $A = 0.6 \times 10^{5}$；

　　　B—材料性能 MPa，如碳素钢、低合金钢和奥氏体钢，$B = 0.4R_{m/t}$；

　　　K_{σ}—有效应力集中系数；

　　　n_{N}—循环次数的安全系数 10；

　　　n_{σ}—应力的安全系数 2.0；

　　　σ_{a}—应力幅，MPa。

ГОСТ Р 52857.6 采用下式的应力幅

$$\sigma_{a} = \frac{K_{\sigma}}{2} \max \left\{ |\Delta\sigma_{1} - \Delta\sigma_{2}|; |\Delta\sigma_{2} - \Delta\sigma_{3}|; |\Delta\sigma_{3} - \Delta\sigma_{1}| \right\}$$

用文字表述这一公式：**应力幅就是总的当量应力强度范围的一半，且计入有效应力集中**

系数。

有效应力集中系数，当没有精确数据时，可取

$$K_\sigma = \rho\xi/\varphi$$

式中，ξ—按该标准的表 1 选取，对全焊透且平滑过渡的对接焊缝和全焊透且平滑过渡的 T 形焊缝 ξ=**1.0**。

$$\rho = \begin{cases} 1.0 - \text{对于修磨的焊缝表面；} \\ 1.1 - \text{对于未加工的焊缝表面。} \end{cases}$$

φ—焊缝强度系数，按 ГOCT P 52857.1 确定，对于疲劳分析的容器，φ=**1.0**。

对于疲劳分析的容器，ρ=**1.0**。

做载荷工况差的应力云图上显示 SMX 的节点，直接给出的输出项 SINT。

（2）只有温度修正系数。

（3）给出碳素钢、低合金钢、合金钢、奥氏体钢、螺栓用高强钢、铝合金、铜、铜合金、钛和钛合金的公式法计算的许用循环次数。

（4）该标准表 3 列出各种材料的 A、B 值，该标准表 1 列出焊接节点详图的 ξ 值。

（5）**JB4732** 不能从 **ASMEⅧ-2:5.A.9** 移植，焊接件的疲劳分析，可用 **EN 13445-3:18**。移植 **ГOCT P 52857.6** 许用循环次数的计算式（13）是可行的，因为它有以下特点：

- **JB4732** 使用**应力强度准则**（即 **Tresca** 准则），与 **ГOCT P 52857**、**EN 13445-3:18** 相同。可用 ANSYS 求总的当量应力强度范围。

- 式(13)简单，材料性能 A、B 值为**粗放型**，不涉及具体钢号，没有规定的系数限制，如碳素钢、低合金钢和奥氏体钢，使用 $B=0.4R_{m/t}$ 均是相同的。我国压力容器用材都可包括进去。

- 除碳素钢、低合金钢、合金钢、奥氏体钢、螺栓用高强钢、铝合金、铜、铜合金温度修正系数用 $C_t = \dfrac{2300-t}{2300}$，钛及钛合金温度修正系数用 $C_t = \dfrac{1200-t}{1200}$ 外，没有别的系数要修正。

- 计算可达无限次循环，没有持久极限或截断极限。

- 齐鲁石化公司 HDPE 产品出料罐和吹出罐是高周疲劳分析的容器，该设备的结构如图 1 所示，某设计院 1955 年按 JB4732（许用循环次数≤1E6）设计寿命为 4.5 年。国产化验收：焊缝全部打磨，100%XT、UT、MT 和 PT。1997 年首检，北钢院定级 1 级 6 年，2004 年 7 月，国家质检总局特检中心定检，定级 2 级 6 年，2009 年特检中心定检，定级 2 级 6 年，2013 年特检中心定检，定级 2 级 6 年，2017 年特检中心定检，定级 2 级 6 年。该台设备在用了 20 年。2021 年 8 月齐鲁公司大修，要安排定检，该台设备正在待检。公司曾于 2012 年用 **ГOCT P 52857.6** 进行了校核计算，许用循环次数无限制，该标准规定不考虑对容器强度的影响。该台容器的实际壁厚：上封头壁厚 38mm，圆筒锥壳均为 32mm。就是截止寿命为 30 年，也为我国积累了"可比设备长期使用的经验"的案例。

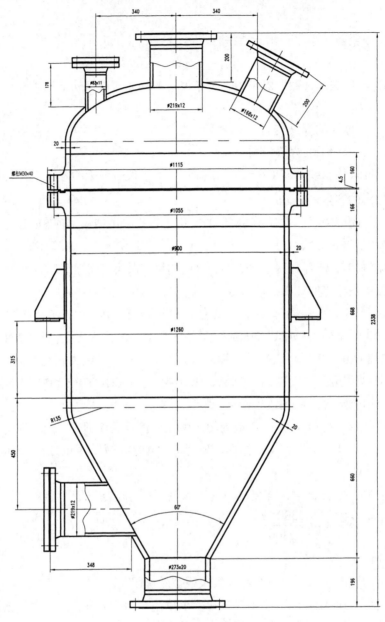

图 1 产品出料罐

表 1 设计条件

操作压力 2.2MPa	设计压力 2.365MPa
操作温度 80～120℃	设计温度 150/ -10.5 ℃
循环压力 0.7～2.2MPa	压力波动次数 13 次/ h
容积 1.22 m³	介质 聚乙烯
设计寿命 按三年一修，8500 h/y，20 年计算	计算使用循环次数 2.21×10⁶

第8章
技术评论

8.1 概述

在期刊上发表的论文或出版的专书中，粗略地发现下列文章或专书存在错误或疑点，本书作者进行了坦诚地评论，旨在**纠正错误，消除误导，提高认识**，别无其他目的。诚然，也欢迎业内同行批评我的文章或专书中的错误。

在压力容器学术界，采用国内外标准规范，通过自由讨论，统一认识，才能正确使用。

各国的标准规范都是由其专家委员会主持制定的，它集中了委员会的技术数据、经验和专家知识，如 ASME 对下列问题保密：①与材料的选择、设计、计算、制造、试验、安装有关的或以外的任一条款的由来；②探讨标准规定的理论基础。

因此，搞清规范的理论基础和条款的由来是很难的。本书作者对《ASME 压力容器分析设计》[7]指出，"就是编制 JB4732 的标准专家，也做不到理解规范条款的理论基础和来源"。

弹性应力分析的核心技术是应力线性化。JB4732 标准自 1995 年颁发以来直到 2004 年，压力容器界是风平浪静的。到了 2005 年，《化工设备与管道》中发表一篇文章"关于应力分类问题的一些认识"，认为"**用有限元法只能求出总应力，难以进行应力分类**"。《压力容器》中发表"关于应力分类问题的几点认识"，认为"**如何将得到的沿壁厚均匀分布的薄膜应力和线性分布的弯曲应力进一步分解成一次应力和二次应力尚是当前国内外热烈讨论的问题**"。

文献[11]、[12]的作者在《压力容器》中发表"分析设计中若干重要问题的讨论(一),(二)"，认为"**有限元分析只能给出结构中各处总应力的计算结果，如何将总应力分解成上述五类应力（即 P_m，P_L，P_b，Q，F）是国内外压力容器界的研究热点**"，又说"**上述前三种应力 P_m，P_L，P_b 都是一次应力，一旦找到一次总应力 P，根据应力分布情况不难进一步区分它们**"；最后说"**如何将等效线性化处理得到的薄膜加弯曲应力进一步分解成一次应力和二次应力则是国内外压力容器界热烈讨论的问题，目前尚无公认的结论**"。

本书作者在文献[19]一书中做过**批驳**，指出：①"这是国内外热烈讨论的问题"，"这是国内外压力容器领域关注的热点"，"这是国内外研究和讨论的热点"。只列出同一个作者 Kroenke,W C 的 3 篇文章，发表时间久远且不涉及我们用的 ASME Ⅷ-2:5。本书作者认为不能体现国外讨论的热点。近 3 年来，该四文作者没有再搬出国外学者的新论文。②本书作者在文献[19]一书中已经从 P_L+P_b+Q 中分出二次应力 Q，见文献[19]表 3.3，冲破了所谓"目前尚无公认的结论"的阻力。

这里再补充两点：①文献[11]的作者认为"一旦找到一次总应力 P，根据应力分布情况不难进一步区分它们"。规范没有定义"一次总应力 P"。P_m，P_L，P_b 都是一次应力，而作者却漏掉了 P_L+P_b 也是**一次应力**。②**ASME Ⅷ-2:5** 新版表明，在防止塑性垮塌、局部失效、屈曲垮塌、由循环载荷引起失效和棘轮失效等方面，弹性应力分析法和弹-塑性应力分析法都具有解决防止上述失效的功能。上述四文作者阻挡不了 ASME Ⅷ-2 弹性应力分析的发展和技术进步。

上述四文作者的下述三个观点：①用有限元法只能求出总应力，难以进行应力分类[9]，此观点不攻自破；②**有限元分析只能给出结构中各处总应力的计算结果，如何将总应力分解成上述五类应力（即 P_m，P_L，P_b，Q，F）是国内外压力容器界的研究热点**，规范 5.2.2.4 规定线性化结果给出 5 类当量应力：P_m、P_L、P_b、Q、F，而 ANSYS 后处理功能给出 5 部分当量应力及当量应力组合：membrane、bending、membrane+bending、peak 和 total。两者是一致的，ANSYS 实现规范的规定；③该文作者的最后一个观点是，"**如何将等效线性化处理得到的薄膜加弯曲应力进一步分解成一次应力和二次应力则是国内外压力容器界热烈讨论的问题，目前尚无公认的结论**"，这一观点是隐藏在总体结构不连续处线性化的同一路径上提取 membrane+bending 两次，一次为 P_L+P_b，另一次是 P_L+P_b+Q，解开通过什么路径能得到 P_L+P_b 之谜，才是该作者的真正目的。该问题如此简单，却成了"**国内外压力容器界热烈讨论的问题，目前尚无公认的结论**"的说法。本书作者 **2008** 年就做出 P_L+P_b。见文献[17]原图 7-58。

该四文作者对 ANSYS 给出的总体结构不连续处线性化的 membrane+bending，不会提取使用。误导了部分分析设计人员，其中文献[8]的作者就是跟着上述四文作者的思路或指示这样做的，见表 1。

表 1   A-A 路径应力线性化

A-A 路径	应力值/MPa	许用值/MPa	超出比例/%
局部薄膜应力 P_L，S_{II}	396.1	235（R_{eL}）	168.6
局部薄膜应力+弯曲应力 P_L+P_b，S_{III}	478.5	235	203.6
局部薄膜应力+弯曲应力 P_L+P_b+Q，S_{IV}	478.5	470	101.7

文献[8]作者认为：经过这 40 多年的使用后发现，在工程应用中应力分类方法设计存在重大缺陷——分不清其中的一次应力成分和二次应力成分，使得很多采用应力分类法设计的容器结构不够理想。文献[8]作者的观点与文献[12]作者的上述观点完全一致。

在 2005 年到 2009 年期间，文献[9]的观点占主导地位。本书作者 2008 年在《压力容器 **ANSYS 分析与强度计算**》[17]一书中，在热壁加氢反应器筒体上部内壁节点 462 和它对应的外壁节点 421 所定义的 F_F 路径，见原图 7-58。线性化结果见原图 7-71。图示法的结果见原图 7-70。

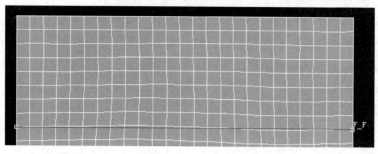

原图 7-58　F_F 路径

```
PRINT LINEARIZED STRESS THROUGH A SECTION DEFINED BY [PATH= F_F]          DSYS=  0


           ***** POST1 LINEARIZED STRESS LISTING *****
           INSIDE NODE =   462    OUTSIDE NODE =   421


  LOAD STEP   1  SUBSTEP=   1
  TIME=   1.0000        LOAD CASE=  0


  ** AXISYMMETRIC OPTION **     RHO =  0.16840E+15
  THE FOLLOWING X,Y,Z STRESSES ARE IN SECTION COORDINATES.


          ** MEMBRANE **
     SX          SY          SZ          SXY         SYZ         SXZ
  -8.915       71.90       153.8      -0.8719E-01   0.000       0.000
     S1          S2          S3          SINT        SEQU
   153.8       71.90       -8.915      [162.7]      140.9
```

原图 7-71　F_F 路径上应力强度数据

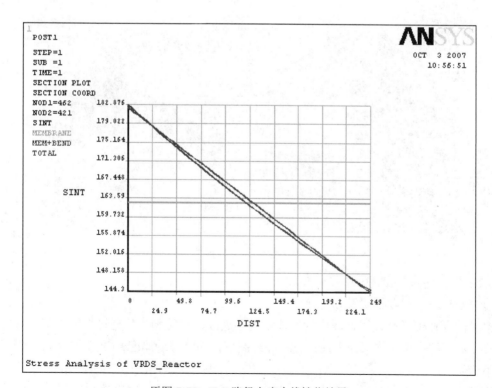

原图 7-70　F_F 路径上应力线性化结果

在原表 7-5[17]一次应力评定汇总表中，本书作者以上述书中的路径 F_F 给文献[8]和文献[12]文作者看看：在远离总体结构不连续区，筒体上总体薄膜区中做路径，从 membrane +bending 中提取的就是 P_L+P_b。本书的路径是按 SES 公司（美国应力工程顾问公司）1988 年在齐鲁技术交流时介绍的，距今 30 多年，仍和新版 ASMEⅧ-2:**5.2.2.2** 一致。从 JB4732 颁发起，有 25 年，仍没有明确的指导意见。本书作者曾指出："如何识别提取 ANSYS 线性化给出的应力分类用于应力强度评定这一问题至今没有彻底解决，成为影响我国 ANSYS 分析技术进步的长期存在的瓶颈问题[18]"。

一次应力评定汇总表，MPa（摘自原表 7-5[17]）

路径	应力分类	应力强度值	许用值
F_F	P_m	162.7	P_m=164
	P_m+P_b 或 P_L+P_b	182.3	1.5 P_m=246

8.2 技术评论

8.2.1 对文献［5］第 6 章的评论

这是该书第 6 章用 ANSYS 18.2 Workbench 分析压力容器的唯一的 1 章，见原图 6.1-1。

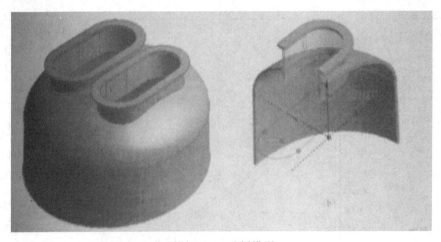

原图 6.1-1　分析模型

8.2.1.1 该书原文的疑点

该书 6.1.3.1　问题描述及分析

接管的存在使开孔接管区域成为整体结构不连续。接管和壳体通过焊缝连接，焊缝的结构尺寸［如焊缝高度（本书作者注：没有焊缝高度，而有焊缝厚度）、过渡圆角等］形成局部结构不连续。

模型主体结构尺寸为筒体内径 D_i=3048mm，壁厚=41mm，非标跑道型接管。设计压力

P=1MPa，设计温度 T=260℃，材料为 16MnR，该温度下的许用应力为 110MPa，弹性模量为 1.84e11Pa，泊松比为 0.3。

仅考虑内压作用，利用结构对称性，分析模型仅取模型的 1/4，筒体长度远远大于连缘应力的衰减长度，柱壳长度取 1000mm，计算分析模型采用 3D 实体单元，筒体端面约束轴向位移，对称面为对称约束，接管端部施加轴向平衡载荷，分析中不考虑温度应力，仅取该温度下的许用应力为应力评定的限制值。

该书 6.1.3.2　数值模拟过程

定义材料

在工程数据窗口，添加新材料 16Mn。

8.2.1.2　【评论】

（1）该书作者对此例没有描述清楚的是：封头是椭圆形的还是碟形的；封头壁厚多少；什么材料；没有给出两个非标跑道型内伸式接管尺寸、伸出高度、接管法兰宽度和接管间距；两个非标跑道型接管已经不是**径向接管**，按什么标准进行开孔补强或开孔已经补强；按什么标准计算非标跑道型接管法兰的法兰力矩，等等。

（2）在该书的 319 页上，材料为 16MnR，但在 320 页上，添加新材料 16Mn。钢板钢号 16MnR，现被 Q345 取代多年。而 16Mn 是锻件。该模型中不清楚哪个元件用钢板，哪个元件用锻件。T=260℃，Q345 许用应力是 147MPa（250℃计），16Mn 许用应力是 137MPa（250℃计）和弹性模量为 188000MPa（250℃计），2019 年出版的该书，应采用 GB 150-2011，而上述的许用应力 110MPa，弹性模量 1.84e11Pa 均不是该标准规定值。筒体壁厚 41mm，可能不是锻件，若是钢板，国内没有这个厚度的钢板，它不是压力容器的标准尺寸系列。

该书的 321 页，5/（2）分配材料，为 16Mn。这是为哪个元件用的。该书作者用的什么材料应当清楚。上述的疑点问题多。

（3）该书作者描述，由于接管存在使开孔区域成为整体结构不连续，接管和壳体通过焊缝连接，焊缝的结构尺寸（如焊缝高度、过渡圆角等）形成局部结构不连续。总体结构不连续和局部结构连续，是指对结构总的应力分布和变形产生显著的和无显著的影响，在 ASMEⅧ-2:5-2015，EN 13445-3:18 和 JB4732 均有专门的定义。如 ASMEⅧ-2:5-2015 的规定，局部结构不连续的实例是，小的圆角半径，小的连接件和部分焊透的焊缝，不是该书作者所说的，是焊缝的结构尺寸（如焊缝高度、过渡圆角等）形成局部结构不连续。在总体结构不连续中，规范没有规定再找局部结构不连续。

"焊缝高度" 一词是概念错误。如钢板，指的是钢板厚度，因之有焊缝厚度，而不是焊缝高度。

（4）如果没有应力线性化，就不需要遵循相应的标准。现在有应力线性化，如该书作者在 325 页上说，应根据相关规范的要求进行具体的分析。但该书作者自己的分析中，却没有说明依据什么规范。

要遵循相应的标准有两个：一个是 JB4732，另一个是 **ASMEⅧ-2:5**。满足 JB4732，应取应力强度，满足 **ASMEⅧ-2:5** 是取【Equivalent von-Mises】。

该书作者在该书 323 页上定义 3 条路径。接管与封头相交处出现最大的当量应力，该书作者称之为 **"应力奇异"**，压力容器设计人员早已视为常见的应力，如果有热应力，此值会更大，并有相应的应力限制条件。

定义接管与封头相交处这一条路径就满足要求。

该书作者在 324 页上说，"［Path3］为接管对称面中间位置"。即位于封头内侧离开接管与封头相贯线以下的内伸式接管上定义路径 3，见原图 6.1-8。

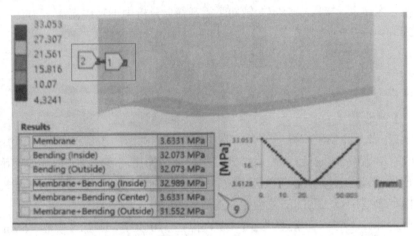

图 6.1-8　提取 Path2、Path3 的线性化等效应力

在图 6.1-8 上，Membrane+Bending=32.989。在该书表 6.1-1 上列入是**局部薄膜应力+弯曲应力**。**这是误导**。因为定义［**Path3**］的内伸式接管内外表面压力相等，接管不受压，内伸式接管只用于补强。因此，该书作者，在封头内侧的内伸式接管上**定义了一条错误路径，不符合 ASMEVIII-2:5 的规定，这就是非压力容器设计人员设置的路径**。

表 6.1-1　线性化等效应力及强度评定

评定路径	薄膜应力（P_m）		局部薄膜应力（P_L）		局部薄膜应力+弯曲应力（P_L+P_b）		一次应力+二次应力（P_L+P_b+Q）		是否接受
	计算值	许用值 S_m	计算值	许用值 $1.5S_m$	计算值	许用值 $1.5S_m$	计算值	许用值 $3S_m$	
Path1	—		63.3		—		143/77.8		
Path2	—	110	105.2	165	—	165	181.2/83.9	330	
Path3	3.6		—		33/31.6		—		

（5）写进书中的压力容器模型，应是在用压力容器，符合压力容器法规和标准要求，且满足用户的技术条件，或是标准的图例，而不是**奇妙的，说不清的**压力容器模型。

【结论】上面指出的疑点和问题较多，有概念错误且定义错误路径。

8.2.2　对文献［6］表 7.1 译文的评论

8.2.2.1　该书表 7.1 就是 EN 13445-3:18-2014 的附录 P(normative)的 P.1

将原文 **P.1** 列在下面，作分析。

Table P.1 Seam welds

Detail No.	Joint type	Sketch of detail	Comments	Class	
				Testing group 1 or 2	Testing group 3
1.1	Full penetration butt weld flush ground, including weld repairs	Fatigue cracks usually initiate at weld flaws	Weld to be proved free from surface-breaking flaws and significant sub-surface flaws (see **EN 13445-5:2014**) by non-destructive testing	90[a] 90	71[a] 71
1.2			Weld to be proved free from significant flaws (see **EN 13445-5:2014**) by non-destructive testing	80[b] 80[b] 80	63[b] 63[b] 71
1.3	Full penetration butt weld made from both sides or from one side on to consumable insert or temporary non-fusible backing		Weld to be proved free from significant flaws by non-destructive testing (see **EN 13445-5:2014**)	80[b] 80	63[b] 63
1.4			Weld to be proved free from significant flaws (see **EN 13445-5:2014**) by non-destructive testing $\alpha \leqslant 30°$ $\alpha > 30°$	80 71 80	63 56 71
1.5	Full penetration butt welds made from one side without backing		Weld to be proved to be full penetration and free from significant flaws (see **EN 13445-5:2014**) by non-destructive testing If full penetration can be assured. If inside cannot be visually inspected	80 63[b] 40[b]	71 40[b] 40[b]

Detail No.	Joint type	Sketch of detail	Comments	Class	
				Testing group 1 or 2	Testing group 3
1.6	Full penetration butt welds made from one side onto permanent backing	(1.6a)	Circumferential seams only(see 5.7). Backing strip to be continuous and, if attached by welding, tack welds to be ground out or buried in main butt weld, or continuous fillet welds are permitted.	63	63
			Minimum throat = shell thickness. Weld root pass shall be inspected to ensure full fusion to backing.	56	40
			Single pass weld	40	40
		(1.6b)	Circumferential seams only (see 5.7). Backing strip attached with discontinuous fillet weld	63[a]	63[a]
1.7	Joggle joint		Circumferential seams only (see 5.7).		
			Minimum throat = shell thickness.	63[a]	63[a]
			Weld root pass shall be inspected to ensure full fusion.	56	40
			Single pass weld	40	40

a) Use f_e instead f_{ew};

b) Effect of misallgnment to be included in calculated stress, see 18.10.4.

8.2.2.2　该书表 7.1 就是表 P.1 的译文

表 7.1　焊缝图表

焊接接头形式	详图	备注	等级	
			测试组 1 或 2	测试组 3
1.1　全焊透对接接头，焊接后将余高磨平，包括修补 疲劳裂纹常常首先出现在焊缝缺陷处		通过无损检测，确保无表面缺陷和较大的次表面缺陷（见 EN 13445-5）	90[1] 90	71[1] 71
1.2　双面焊全焊透对接接头，或单面熔焊或加临时垫板		通过无损检测，确保无大缺陷（见 EN 13445-5）	80[2] 80[2] 80	63[2] 63[2] 71
1.3		通过无损检测，确保无大缺陷（见 EN 13445-5）	80[2] 80	63[2] 63
1.4		通过无损检测，确保无大缺陷（见 EN 13445-5） $\alpha \leqslant 30°$ $\alpha > 30°$	80 71 80	63 56 71
1.5　无垫板单边全焊透对接接头		通过无损检测，确保全焊透，而且无大的缺陷（见 EN 13445-5） 如果能确保全焊透 如果内部无法可视检测	80 63[2] 40[2]	71 40[2] 40[2]

焊接接头形式	详图	备注	等级	
			测试组 1 或 2	测试组 3
1.6 全焊透对接接头，单边有固定垫板	(1.6a) 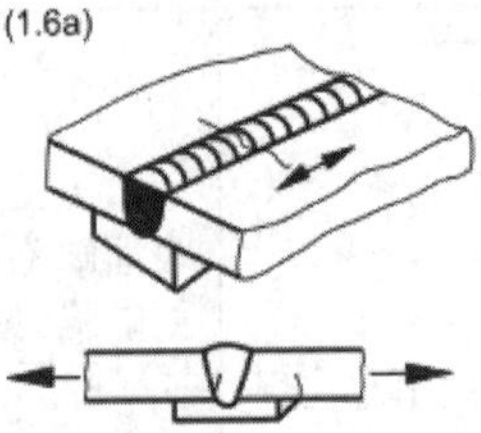	只有环向焊缝（见 5.7）垫板焊迹连续，如果焊接在一起，定位焊要磨平，或埋在主对接焊缝里，允许连续的角焊	63	63
		最小焊高=壳体厚长 检测焊接根部是否完全熔融到垫板上。	56	40
		单道焊	40	40
1.7 搭接接头	(1.6b) 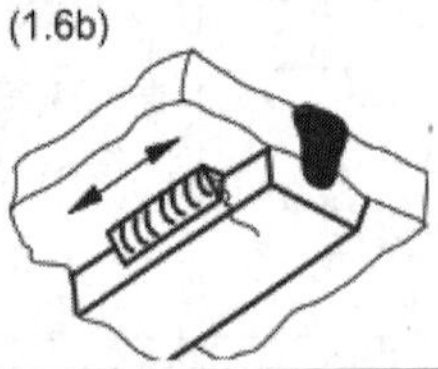	只有环向焊缝（见 5.7）垫板焊迹采用不连续的角焊缝	63[1]	63[1]
	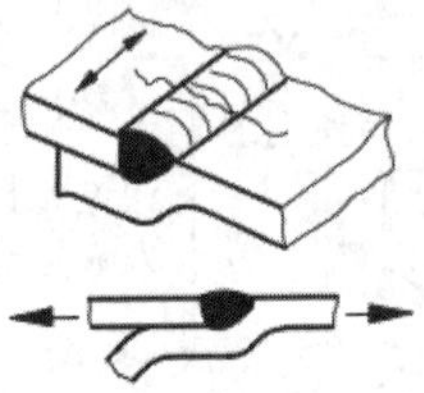	只有环向焊缝（见 5.7 部分）	63[1]	63[1]
		最小焊高=壳体厚长 检测焊接根部是否完全熔融	56	40
		单道焊	40	40

[1] 使用 f_e 代替 f_{ew}。

[2] 不对中的影响包括在计算的应力中，见 18.10.4。

8.2.2.3 【评论】

（1）表 P.1，第 1.1 行第 2 列原文：

Full penetration butt weld flush ground,including weld repairs

该书译者在该书表 7.1 第 1.1 中的译文：

1.1 全焊透对接接头，焊接后将余高磨平，包括修补。

【译文分析】

1）**butt weld** 是**对接焊缝**，不是对接接头。而 **butt joint** 是对接接头，包括焊缝、熔合区和热影响区。从该书第 1.1 到 1.6 行中，**所有译为"对接接头"，全错**。

2）ground 是形容词，flush ground 作 butt weld 的**后置定语**。

3）压力容器同行都明白的工艺，在译文中**加字**"焊接后将余高"磨平，显得多余且不符合原意。

4）including 是现在分词做状语，带自己的宾语 weld repairs。

本书的译文：磨平的全焊透对接焊缝，包括焊补。

（2）表 P.1，第 1.1 行第 4 列原文：

Weld to be proved free from surface-breaking flaws and significant sub-surface flaws (see EN 13445:5-2014) by non- destructive testing.

该书译者在该书表 7.1 第 1.1 行第 3 列的译文：

通过无损检测，确保无表面缺陷和较大的**次表面**缺陷。

【译文分析】

1 语法分析：Weld 作主语，不定式 to be proved 被动语态作 Weld 的定语，意思是"被证明的焊缝"，free from 是动词+介词的固定搭配，表示"没有"，作谓语，by non-destructive testing 介词短语作状语。

2 在该书表 7.1，第 1.1 行到 1.5 行第 3 列"备注"一栏中，该书译者均使用"通过无损检测，**确保**无大缺陷"。"确保"是技术要求用语，不适用于"定级"环境，不能给出严格的、确切定级用语。无损检测不是**上帝**，不能"确保什么"，"确保"与无损检测证明什么缺陷没有关联，这就是译者的中文水平和专业问题。

3 **次表面**缺陷，什么叫**次表面**？《承压设备元损检测》（JB/T 4730.1－4730.6），没有对次表面无损检测的规定。**次表面纯属译者自造词**。Sub 表示"在…底下"，在表面的底下，就是埋藏缺陷。

本书的译文：无损检测（见 EN 13445-5:2014）证明，焊缝没有表面裂纹和重要的埋藏缺陷。

该译文经过词性转换，将无损检测做主语，将不定式动词作谓语，Weld 作宾语，free from 作宾语补足语。

（3）表 P.1，第 1.2 行第 2 列原文：

Full penetration butt weld made from both sides or from one side on to consumable insert or temporary non-fusible backing.

该书译者在该书表 7.1 第 1.2 行第 1 列的译文：

1.2 双面焊全焊透对接接头，或者单面熔焊或加临时垫板。

【译文分析】

1 单面熔焊，焊接必然是熔焊，这里有一个单词"insert"，该书译者却将它**随意删掉**。这种译文是不负责任的翻译。

2 "consumable insert"是熔化嵌条，"on to"是复合介词，词典给出"向…方向"。

"嵌条"的意思是，为改善焊缝根部成形预先放置在接头缝隙里的填充材料。

3 "temporary non-fusible backing"意思是**临时非熔化焊接衬垫**，backing－焊接衬垫（为保证根部焊透和焊缝背面成形，沿接缝背面预置的一种衬托装置）。

本书的译文：双面焊全焊透对接焊缝，或置于熔化嵌条，或置于临时非熔化焊接衬垫的单面焊全焊透对接焊缝。

（4）表 P.1，第 1.4 行。

该书译者在该书表 7.1 第 1.4 行，横向定级排错，详见下面表的原文和译文：

原文

1.4			Weld to be proved free from significant flaws (see **EN 13445-5:2014**) by non-destructive testing	80	63
			$\alpha \leq 30°$	71	56
			$\alpha > 30°$	80	71

译文

1.4			通过无损检测，确保无大缺陷。 （见 EN 13445:5）	80	63
			$\alpha \leq 30°$		
			$\alpha > 30°$	71	56
				80	71

（5）表 P.1，第 1.5 行第 2 列原文：

Full penetration butt welds made from one side without backing.

该书译者在该书表 7.1 第 1.5 行第 1 列的译文：

1.5 无垫板单边全焊透对接接头

【译文分析】

前面用"单面"，而这里又用 "单边"，像是外行译的。

本书的译文：无焊接衬垫的单面焊全焊透对接焊缝。

（6）表 P.1，第 1.5 行第 4 列原文：

If inside cannot be visually inspected

该书译者在该书表 7.1 第 1.5 行第 3 列的译文：

如果内部无法可视检测

【译文分析】

1 "可视检测"不是压力容器定期检验规则的专用术语。

2 语法分析："inside"是名词，作主语，"cannot be visually inspected"作谓语，

本书的译文：如果内侧不能目视检查。

（7）表 P.1，第 1.6 行第 2 列原文：

Full penetration butt welds made from one side onto permanent backing

该书译者在该书表 7.1 第 1.6 行第 1 列的译文：

全焊透对接接头，单边有固定垫板

【译文分析】

1 **1.5 行和 1.6 行**，将"one side"译为"**单边**"。

2 "onto"没有译出。

3 语法分析："Full penetration butt welds made from one side onto permanent backing"这不是一个句子，中心词是"Full penetration butt welds"，意思是"全焊透对接焊缝"，"made from"过去分词+介词作"butt welds"后置定语，"one side"作介词"from"的宾语，"onto permanent backing"介词短语作"one side"的定语。原书译文不符合语法分析。

本书的译文：置入永久焊接衬垫的单面焊全焊透对接焊缝。

（8）表 P.1，第 1.6 行第 4 列原文：

Circumferential seams only(see 5.7).

Backing strip to be continuous and, if attached by welding, tack welds to be ground out or buried in main butt weld, or continuous fillet welds are permitted.

Minimum throat = shell thickness.

Weld root pass shall be inspected to ensure full fusion to backing.

Single pass weld.

该书译者在该书表 7.1 第 1.6 行第 3 列的译文：

只有环向焊缝（见 5.7）

垫板焊迹连续，如果焊接在一起，定位焊要磨平，或埋在主对接焊缝里，允许连续的角焊。

最小焊高=壳体厚长

检测焊接根部**是否**完全熔融到垫板上。

单道焊

【译文分析】

1 原文 5.7 Design requirements of welded joints

5.7.3 环向接头（Circumferential joints）：

（1）等厚度元件的中线应对齐，在 EN 13445-5:2014 的允差范围之内；

（2）不等厚度元件的中线可不对齐，但偏距不得超过 EN 13445-5:2014 中给定的内表面或外表面对齐的允差范围之内。

5.7.4.2 有永久衬带的接头（Joints with permanent backing strips）

如果全部满足下列条件，应允许有永久衬带的接头：

a) 试验组 3 或 4 用于无循环操作，另外，试验组 1 或 2 适于低温应用；

b) 封头与筒体连接的环缝，所有的环缝适于低温应用；

c) 材料 1.1，1.2 或 8.1；

d) 材料厚度不超过 8mm，30mm 适于低温应用。

2 Circumferential seams only(see 5.7). 译为"只有环向焊缝（见 5.7）"。这里的 only，不是"只有环向焊缝"，而是见 5.7，且仅指**环焊缝定级**。

3 Backing strip to be continuous and, if attached by welding, tack welds to be ground out or buried in main butt weld, or continuous fillet welds are permitted.

这是句子，主语有 Backing strip、tack welds 和 continuous fillet welds，谓语是 are permitted，被动语态。

Backing strip to be continuous，应将"Backing strip"译为"**背垫条**"，衬板的宽度没有定量。

"背垫条是连续的"。该书译者译为"垫板焊迹连续",原文哪里有"焊迹"?在《焊接名词术语》(GB 3375-1982)中没有"**焊迹**"的定义,显然是译者**自造词**。不定式 to be continuous (continuous 是形容词)作"Backing strip"的补足语,译为"背垫条是连续的",而不是间断的。

"if attached by welding" welding 作 by 宾语,介词短语作状语,意思是"通过焊接联接","attached"过去分词所表示的被动行为的对象是句中的主语

"tack welds to be ground out or buried in main butt weld",这里 to be ground out 是不定式被动语态,它和(省略 to be)buried 均作 tack welds 的定语。该书译者译为"定位焊要磨平",这是错的,因为有"out",应译为"**定位焊缝打磨掉**"或埋在主要对接焊缝里。

"continuous fillet welds",该书译者译为"允许连续的角焊。谓语不能只归 continuous fillet welds 用,也是错的。应译"**两侧连续的角焊缝**"。

4 Minimum throat = shell thickness. 该书译者译为"最小焊高=壳体厚长"。该书译者译为"最小焊高",请看本书第 6 章第 1 节。**该书译者将最小焊喉厚度译为最小焊高,属概念错误。**

5 Weld root pass shall be inspected to ensure full fusion to backing. 该书译者译为"检测焊接根部**是否**完全熔融到垫板上"。"Weld root pass"焊缝根部焊道,漏掉"焊道",这是第一道打底焊道,焊完就检查,"to ensure full fusion to backing"不定式作状语用,意思是"保证完全熔接到衬带上"。没有"是否",**译者加字是多余的。**

6 Single pass weld,是"单道焊"。

本书的译文:

仅环焊缝定级

允许背垫条是连续的,如果通过焊接连接,允许定位焊缝打磨掉,或埋在主要对接焊缝里,或允许背垫条两侧连续的角焊缝。

最小焊喉=壳体厚度

应检查焊缝根部焊道,保证完全熔接到背垫条上。

单道焊

(9)表 P.1,第 1.6 行第 4 列(图 1.6b)原文:

Circumferential seams only (see 5.7).

Backing strip attached with discontinuous fillet weld.

该书译者在该书表 7.1 第 1.6 行(图 1.6b)第 3 列的译文:

只有环向焊缝(见 5.7)

垫板焊迹采用不连续的角焊缝

【译文分析】

1 只有环向焊缝(见 5.7)。评论同上,仅指环焊缝定级。

2 垫板焊迹采用不连续的角焊缝。该书译者又一次错误使用"焊迹"。

本书的译文:

仅环焊缝定级

用不连续的角焊缝连接的背垫条

(10)表 P.1,第 1.7 行第 1 列原文:

Joggle joint

该书译者在该书表 7.1 第 1.7 行第 1 列译文：

1.7 搭接接头

【译文分析】

搭接接头的原文是"**lap joint**"，译错，而"**Joggle joint**"应译为"**榫接接头**"。

本书的译文：榫接接头。

（11）表 P.1，第 1.7 行第 4 列原文：

Circumferential seams only (see 5.7).

Minimum throat = shell thickness.

Weld root pass shall be inspected to ensure full fusion.

Single pass weld.

该书译者在该书表 7.1 第 1.7 行第 3 列译文：

只有环向焊缝

最小焊高=壳体厚度

检测焊接根部**是否**完全熔融

单道焊

【译文分析】

1 只有环向焊缝，最小焊高=壳体厚度，检测焊接根部**是否**完全熔融。见上述（8）分析的对应内容。

2 横向定级又排错了，见下表。

原文

1.7	Joggle joint		Circumferential seams only (see 5.7).		
			Minimum throat = shell thickness.	63[a)]	63[a)]
			Weld root pass shall be inspected to ensure full fusion.	56	40
			Single pass weld.	40	40

译文

1.7	搭接接头		只有环向焊缝（见 5.7 部分）	63[1)]	63[1)]
			最小焊高=壳体厚长		
			检测焊接根部是否完全熔融	56	40
			单道焊	40	40

本书的译文：
仅环焊缝定级

最小焊喉=壳体厚度

应检查焊缝根部焊道，保证全熔接。

单道焊

【结论】本书作者认为该书表 7.1 的翻译有**自造词**，如"**次表面缺陷**"；"**焊迹**"；随意**删掉** "**insert**" 和 "**pass**"；**猜译，如"是否"**，前面译为"**单面**"，后面译为"**单边**"；"**tack welds to be ground out**"译为"**定位焊要磨平**"，**漏掉**"**out**"；"**Joggle joint**"**榫接接头**"译为"**搭接接头**"；"**Minimum throat**"（最小焊喉）译为"**最小焊高**"，均译错，语法分析不清。

8.2.3 对文献〔14〕的评论

8.2.3.1 关于该书的错误观点，或没有解读的，或定义

8.2.3.1.1 该书 31 页 2.4.12 应力分类遇到的问题

该书作者所说"结构的线弹性分析完成后即可直接获得应力和应变的计算结果，之后要评定计算的结构是否满足分析设计的要求。但是，评定并不是像看起来的那么简单，它需要按规范要求获得一次应力的薄膜和弯曲分量并对这些计算出来的应力进行分类。在使用薄壳单元进行分析时，并不会出现什么问题，然而，对于使用二维或三维实体模型进行分析（尤其是有限元分析）时，应力线性化和应力分类的问题就凸显了，在这些部位要把算得的应力识别为薄膜应力、弯曲应力和峰值应力并非容易。线性化路径的选择和应力分类问题显得很棘手。对设计人员而言，这些是在实际的工程设计中所面临的现实问题，并且需要解决。"

【评论】

该书作者没有给出对于使用二维或三维实体模型进行分析（尤其是有限元分析）时，应力线性化和应力分类的问题就凸显了，或线性化路径的选择和应力分类问题显得很棘手的实例。不明白该书作者**这一只言片语**要表达什么意思，对于"它需要按规范要求获得一次应力的薄膜和弯曲分量并对这些计算出来的应力进行分类。"该书作者这句话是对的吗？很多读者会问，为什么要对"一次应力的薄膜和弯曲分量并对这些计算出来的应力进行分类。"**需知，应力分类是对总应力的线性化后进行分类**，文献[9-12]作者的过去观点也没有和上述观点相同的地方。

本书作者联想到该文作者在文献〔16〕中提出规范 5.5.5 焊缝的疲劳评定—弹性应力分析和结构应力，需要有线弹性应力分析所得薄膜应力和弯曲应力，用规范 2-B 和规范 5.5.5.2 步骤 3 来确定薄膜应力和弯曲应力[规范式（5.47－5.67）]，该书作者又和文献[9-12]的作者一样，当要将薄膜应力和弯曲应力进行线性化时，不会做，就说"当前，针对焊接件疲劳评定，寻找一种能与有限元分析很好结合的，且易于实施的方法是**国际研究的热点**。"

8.2.3.1.2 该书 90 页塑性垮塌的定义

当压力载荷大大超过设计值时，容器的器壁变薄，最后达到不稳点，即当压力稍微增加时，容器就会因过度塑性变形而发生垮塌。当容器发生过度塑性变形破裂时，断口为撕断状态，容器破坏时不产生碎片或者仅有少量碎块，爆破口的大小视容器爆破的膨胀能量而定。

【评论】

1）ASME Ⅷ-2:5 没有列出**塑性垮塌的定义**，上述定义是该书作者自行定义的。

2）规范 5.2.4 规定，塑性垮塌载荷是引起总体结构失稳的载荷。

3）我国液化石油气钢瓶，做水压爆破试验时，当加压到该材料的强度极限时，此时出现鼓胀变形，此后继续微量注水，变形更加明显，随后水从钢瓶中部母材区域出现**局部周向裂口**处喷射出来。

对于塑性垮塌的定义，一般工程技术人员是不敢自己下定义的。定义的基本点是塑性垮塌载荷是引起总体结构失稳的载荷。**总体结构失稳时刻**，就是**塑性垮塌**。这时不是不稳点，因为**不稳定点时不能收敛**，只有**收敛**，才能求得塑性垮塌载荷。该书作者将**总体结构失稳时刻**后的破裂也包括**在塑性垮塌的定义范围之内**，甚至仅有少量碎块，该书作者也知道。

8.2.3.1.3　该书 90 页 7.1 弹性应力分析方法

弹性应力分析法虽然在线性化路径选择及应力分类上会出现一些模棱两可或不保守的情况。

【评论】

1）规范原文 5.2.1.2 指出"This is especially true for three-dimensional stress fields. Application of the limit load or elastic-plastic analysis methods in 5.2.3 and 5.2.4, respectively, is recommended for cases where the categorization process may produce ambiguous results."，译文是"对三维应力场，这是尤其正确的。对于分类过程可产生模棱两可的结果的场合，推荐分别应用 5.2.3 极限载荷法或 5.2.4 弹-塑性分析法"。

该书作者所说的"弹性应力分析法虽然在线性化路径选择及应力分类上会出现一些模棱两可的情况"，这话不严密，不准确，是不负责任的。规范只说"三维应力场"，偏离规范的规定，容易造成误导。

出现不保守的情况就是在总体结构不连续处线性化，错误地两次提取薄膜+弯曲的当量组合应力，一次是 P_L+P_b，另一次是 P_L+P_b+Q。因此，是不保守的。

三维全模型应力场会产生模棱两可的情况，因为最高应力节点 SMX 落在所在壁厚的某一面的点上，要找到和 SMX 对应的壁厚另一端点是看不见的，所以路径长短不是唯一的，导致应力分类过程会出现模棱两可的情况。

2）经典 ANSYS 能解决模棱两可的问题，详见文献［18］。

对于 ANSYS Workbench，定义路径时，**软件规定**，通过两点定义路径。路径长度（图示法的横坐标）应逼近设置路径处的元件厚度。如使用 ANSYS Workbench，设计人员多采用 ACT 插件，因没有纳入 WB 正式版本而存在争议。该软件不能显示应力云图、节点和 MAX。只能显示没有 MAX 的网格。

我们期待着该书作者能像求解数学难题一样，找到解决"**模棱两可**"的另一方法（区别文献［18］的一种方法）。

8.2.3.1.4　该书 98 页 7.1.5 接管应力评定

该书将 7.1.5 接管应力评定放在 7.1 弹性应力分析方法—塑性垮塌的评定中，意味着接管也能发生**塑性垮塌**，为什么不放在别处？该书作者将它放在此处是最容易误导读者的地方。

【评论】

1）细读规范 5.2.1 到 5.2.2，只涉及壳体防止塑性垮塌，不涉及壳体上的接管，规范将"接管颈部应力分类的补充要求"放在 **5.6** 中。接管应力评定不属于弹性应力法防止塑性垮塌的范围。

2）该书 7.1.5 接管应力评定，是翻译或意译 **ASME Ⅷ-2:5.6**。仅分析 P_L 译错的地方如下。

【规范原文】**ASME Ⅷ-2:5.6**

(a) Within the limits of reinforcement given by 4.5, whether or not nozzle reinforcement is provided, the following classification shall be applied.

（2）A P_L classification shall be applied to local primary membrane equivalent stresses derived from discontinuity effects plus primary bending equivalent stresses due to combined pressure and external loads and moments including those attributable to restrained free end displacements of the attached pipe.

该书译文："无论接管是否已经补强，在补强范围以内，由不连续效应引起的局部一次薄膜应力强度加上由压力和外载荷及外力矩（包括由于连接管道的自由端位移受约束而产生的外载荷及外力矩）的组合作用产生的一次弯曲应力强度可采用 P_L 类应力限制。"

【语法分析】

A P_L classification 作句子的主语，谓语是 shall be applied to，常带介词 to，意思是"应适用于"，local primary membrane equivalent stresses 作介词 to 的宾语，derived from 是过去分词+介词作 local primary membrane equivalent stresses 后置定语，discontinuity effects plus primary bending equivalent stresses 作介词 from 的宾语，意思是"从不连续效应+一次弯曲当量应力得到的一次局部薄膜当量应力"，due to 是形容词+介词做**复合介词**，discontinuity effects plus primary bending equivalent stresses 是**复合介词**的宾语。"combined"是过去分词做定语，pressure and external loads and moments including 这些是 due to 并列宾语，"including"是动名词，自己带宾语 "those attributable to restrained free end displacements of the attached pipe"，是指**那些归属于连接管道自由端位移受约束的**。

1）"无论接管是否已经补强"，**译错**，应译**"无论接管补强是否提供"**。

2）"由不连续效应引起的局部一次薄膜应力强度"加上"由压力和外载荷及外力矩（包括由于连接管道的自由端位移受约束而产生的**外载荷及外力矩**）的组合作用产生的一次弯曲应力强度"，**译错**。**从不连续效应+一次弯曲当量应力产生的局部一次薄膜当量应力**。而不是拆开为"由不连续效应引起的局部一次薄膜应力强度"+由组合作用产生的一次弯曲应力强度。

3）包括由于连接管道的自由端位移受约束而产生的**外载荷及外力矩**，**译错**，在于该书译者将"including"认为是现在分词作 external loads and moments 的后置定语。不能译出**两个"外载荷和外力矩"**。

包括**那些属于连接管道自由端位移受约束的**，同压力与外载荷及外力矩的组合引起的一次弯曲当量应力。约束、压力、外载荷和外力矩是并列的。

从上述该书译者的译文可看出，"由不连续效应引起的局部一次薄膜应力强度"加上"……组合作用产生的一次弯曲应力强度可采用 P_L 类应力限制"，这样就变成"P_L+P_b"了，而不是单一的"P_L"。因此，**该书译者对该段原文译错了，也产生误导**，另外，该书译文又将"局部一次薄膜**当量**应力（local primary membrane **equivalent** stresses）"译为"局部一次薄膜应力**强度**"，将一次弯曲**当量**应力（primary bending **equivalent** stresses）译为"一次弯曲应力强度"随意更改术语。

【本书译文】

(a)无论接管补强是否提供，按 **4.5** 给出的补强范围之内，应适用下列分类。

（2）P_L 类的应力适用于由不连续效应+由压力与外载荷及外力矩，包括那些属于连接管道自由端位移受约束的组合引起的一次弯曲当量应力产生的局部一次薄膜当量应力。

8.2.3.1.5 塑性垮塌的评定

（1）弹性应力分析方法。

从该书 7.1 到 7.1.4，没有正面回答评论指出的下列问题。

【评论】

1）弹性应力分析方法，怎么做，能防止塑性垮塌。必须围绕能防止塑性垮塌的三个基本的当量应力，做应力线性化和应力分类的指导原则，而不是泛泛而谈。

2）规范 **5.2.1.4** 规定，对总体薄膜当量应力，局部薄膜当量应力，一次薄膜加一次弯曲的当量应力的限制，已经控制在由极限分析原理所确定的，保证防止塑性垮塌的保守水平上。

3）保证三个基本的当量应力评定通过，就不会发生塑性垮塌：

$$P_m \leqslant S \tag{5.2}$$

$$P_L \leqslant S_{PL} \tag{5.3}$$

$$(P_L + P_b) \leqslant S_{PL} \tag{5.4}$$

4）关键是怎么做线性化能得到[19]P_m、P_L 和（P_L+P_b）。该书作者没有给出操作指导意见，应用时已经出现混乱。在该书 91 页（4）"…将叠加的应力分量算出主应力，按照强度最大值计算相关部位的最大应力强度并进行应力强度校核"。该书作者不觉得麻烦吗？实际上，直接提取线性化的有关部分的 **SINT**，就行了。该书作者列出 JB4732 的三个应力强度 S_I、S_{II}、S_{III} 评定，虽与 ASMEⅧ-2:5.2.2.4 相同，但它没有防止塑性垮塌的**物理意义**。

5）**ASMEⅧ-2:5** 从未提出弹性应力分析法在数值分析中有不保守的情况。该书作者提出不保守的情况就是文献[8]表 1 的情况，也是某些人的创造。

（2）ASME 极限载荷分析法。

该书作者在该书 7.2.2 极限载荷分析法中认为"极限载荷值可用微小载荷增量下不能获得平衡解的那个点（即此解无收敛）来表示"。

该书作者又说"规范还采用另一种方法，即载荷抗力系数设计法（LRFI）来精确地计算元件的塑性垮塌载荷"。

【评论】

1）ASMEⅧ-2-2015 5.2.3 没有规定确定极限载荷的方法，采用**渐近**的加载，**达到收敛**为止。该书作者认为"极限载荷值可用微小载荷增量下不能获得平衡解的**那个点**（即此解无收敛）来表示"，这是不对的。因为，"不能获得平衡解的**那个点**是不能收敛的"，如该书 100 页的第 5 步，调整结构或降低载荷达到收敛，就不是那个点表示的。

参看文献［19］，加载压力到 60.49MPa 时，求解完成，应力云图为鲜红色，加载压力到 60.50MPa 时，求解完成，应力云图变为橙黄色，表明应力重新再分配。当加载到 60.51MPa 时，计算停止。极限载荷就是 **60.50MPa**，不做实体模型，得不到 60.50MPa 的极限载荷。

2）ASMEⅧ-2-2015 5.2.3.4 规定"载荷与抗力系数设计概念（LRFD）被用作另一可供选择的方法。在这个方法中，乘上系数的各项载荷包括考虑误差的设计系数，以及该元件对这些乘上系数的各项载荷的抗力，均采用极限载荷分析确定（见规范表 5.4）。"

参看文献［19］，加载到 1.5×37.92=56.88**MPa** 时，求解完成。该元件对乘上系数的载荷的抗力就是 56.88MPa，没有到极限载荷。**考虑抗力系数的载荷只是加载过程更靠近极限载荷，而不是盲目地加载，所以不做实体模型，得不到更深的体会。**这就是对该书作者认为"载荷抗力系数设计法（LRFI）用来精确地计算元件的塑性垮塌载荷"的回答。

该书作者仍然习惯于用规范的条款叙述规范过程，因为没有亲自做，就没有深层次的体会。

3）该书作者在该书 104 页上引用 JB4732 的两倍弹性斜率法，求极限载荷。ASME 认为它不是极限载荷，所以不用。

（3）ASME 弹-塑应力分析法。

该书的 7.2.3 弹-塑应力分析法，内容就是规范 5.2.4 的规定，**不能引人入胜。**

【评论】

本书实现**弹-塑应力分析法防止塑性垮塌的施实步骤：**

1）采用 ANSYS 给出的"多线性等向强化模型"。采用规范附录式（3-D.1）～式（3-D.12）计算应力应变值，ANSYS 给出真实的应力应变曲线。

2）Ramped 加载，一次加载到 2.4×37.92=91.008MPa，这就是该元件对乘上系数的载荷的抗力，**使用抗力系数法的优点是接近总体塑性垮塌载荷。**

3）加载到 118MPa，求解完成。

4）加载到 119MPa 时，停止计算。

总体塑性垮塌载荷就是 118MPa。

5）许用极限载荷=118/2.4=49.17MPa>37.92MPa。

8.2.3.1.6　局部失效的评定

（1）该书 8.1 弹性分析法。

该书 105 页上说"新版 ASMEⅧ-2（**2007 版及之后版本**）表达更具体，是基于**局部一次薄膜加弯曲主应力**"。

【评论】

1）ASMEⅧ-2-2013 版的 5.3.2 "Elastic Analysis. In addition to demonstrating protection against plastic collapse, the following elastic analysis criterion shall be satisfied for each point in the component. The sum of the <u>**local primary membrane plus bending principal stresses**</u> shall be used for checking this criterion." 画下划线处就是该书作者所说的"局部一次薄膜加弯曲主应力"。

2）ASMEⅧ-2-2015 版的 5.3.2 "Elastic Analysis – Triaxial Stress Limit. The algebraic sum of the three linearized primary principal stresses from Design Load Combination (1) of Table 5.3 shall be used for checking this criterion." 取消了该书作者（1）中所说的，该书作者引用的规范**失效**，**已重新修订了。**

3）该书作者没有说明**在何处进行线性化设置**，是该书作者忽略，或是吃不准？读者不好操作。

（2）该书 8.2 弹-塑性分析法。

该书 106 页上下数第 6 行，"**若容器任意部位**均满足下式，则评定通过"。

【评论】

1）不是该书作者所说的任意部位，而是：

a）采用弹-塑性材料模型。

b）按规范表 5.5 局部准则的规定，加载 **1.7**（$P+P_S+D$）MPa，完成弹-塑性应力分析。

c）按规范式（5.7）评定通过。

说明该书作者没做过。

2）该书 8.2.2 累积损伤。

该书第 2 步－确定载荷工况，按该书表 7.4（见该书 7.2.3 节），确定在分析中应用到的载荷工况组合，明确加载顺序为第 1 步、第 2 步、…、第 n 步加载。

【评论】

规范 5.3.3.2 规定："In this procedure, the loading path is divided into k load increments and the principal stresses, $\sigma_{1,k}$，$\sigma_{2,k}$，$\sigma_{3,k}$， equivalent stress, $\Delta\sigma_{e,k}$, and change in the equivalent plastic strain from the previous load increment, $\Delta\varepsilon_{peq,k}$, are calculated for each load increment."

在此方法中，**将负载路程划分为 k 个载荷增量**[19]，并对每一载荷增量计算相应的主应力 $\sigma_{1,k}$，$\sigma_{2,k}$，$\sigma_{3,k}$，当量应力 $\Delta\sigma_{e,k}$，并对计算应变极限损伤有意义的载荷增量做载荷工况差，计算当量塑性应变范围 $\Delta\varepsilon_{peq,k}$。

完全不是该书作者所说的"明确加载顺序为第 1 步、第 2 步、…、第 n 步加载"。这样做就错了。

该书作者没做过上述解读。

8.2.3.1.7　第 9 章屈曲的评定

（1）该书 9.1 屈曲的定义。

受一定载荷作用的结构处于稳定的平衡装态，当载荷达到某一值时，若增加一微小增量，则平衡结构的位移发生很大变化，结构由原平衡状态经过不稳定的平衡状态达到一个新的平衡状态，这一过程就是屈曲，相应的载荷称为屈曲载荷或临界载荷。

【评论】

这个定义是该书作者第 2 个自行定义的术语（第 1 个是**塑性垮塌的定义**）。

在外压作用下，或轴向压缩载荷作用下，容器元件突然失去保持自身原来形状的能力，就是失稳或屈曲，失稳后，容器元件出现屈曲波形。

该书作者所说的"结构由原平衡状态经过不稳定的平衡状态达到一个新的平衡状态，这一过程就是屈曲。"。**不能将失稳后元件的屈曲模态（失稳波形）也作为发生失稳或屈曲定义**，且该书作者在自行定义中从未提到失稳的核心部分是**"突然失去保持自身原来形状的能力"**。因此，这样定义**失稳或屈曲**是罕见的。

（2）该书作者在 109 页上说"…必须采用大于等于规范规定的设计系数以获得许用载荷"。

【评论】

按规范 5.4.1.3 规定：

（a）在轴向压缩条件下，对于未加强的或有加强圈的圆筒或锥壳

$$\frac{D_O}{t} \geqslant 1247 \qquad \beta_{cr} = 0.207 \qquad\qquad (2.12)$$

$$\frac{D_O}{t} < 1247 \qquad \beta_{cr} = \frac{338}{389 + \dfrac{D_O}{t}} \qquad\qquad (2.13)$$

（b）外压下，对于未加强的或有强加圈的圆筒或锥壳

$$\beta_{cr} = 0.80 \qquad\qquad (2.14)$$

（c）外压下，对于球壳，球形、碟形和椭圆形封头

$$\beta_{cr} = 0.124 \qquad\qquad (2.15)$$

按规范 5.4.1.2 规定：

（a）类型 1—如果采用弹性应力分析，没有几何非线性，在求解中，确定元件中的预应力，完成分叉点的屈曲分析，使用设计系数最小值 $\Phi_B = 2/\beta_{cr}$。

对于外压圆筒，设计系数最小值 $\Phi_B = 2/0.8 = 2.5$。

（b）类型 2—如果采用**弹-塑性**应力分析，计入几何非线性影响，在求解中，确定元件的预应力，完成分叉点的屈曲分析，应使用设计系数最小值 $\Phi_B = 1.667/\beta_{cr}$。

对于外压圆筒，设计系数最小值 $\Phi_B = 1.6678/0.8 = 2.08$。

（c）类型 3，设计系数是 2.4。

将临界载荷除以设计系数，得到许用载荷。

该书作者所说"**必须采用大于规范规定的设计系数以获得许用载荷**"是**错误的**，因为那样做，**没有控制依据**。

（3）关于 β_{cr}。

文献［16］将 β_{cr} = capacity reduction factor 译为"能力减弱系数"，本书作者在文献［19］中译为"能力降低系数"。词典上均有"减少"和"降低"词义。差异不大。

该书作者在该书 111 页下数第 8 行却译为"**容量降低系数**"。这样选择词义是错误的。

本书作者要补充下列内容：

● 在轴向压缩+外压联合作用下，规范没有相应的设计系数表达式。只能单独进行轴向压缩，或单独进行外压，按规范 5.4.1.2 选用设计系数的表达式。

● 特征值屈曲分析得到的临界载荷是一个上限值，应用是不保守的。

8.2.3.1.8 *疲劳*

（1）该书 116 页上 **10.2 疲劳曲线**。

【评论】

1)该书作者所说的 **JB4732** 移植 ASME 中五条设计疲劳曲线中四条。当时移植 ASME1995 年版本。现为 ASME-2015 年版本，即本书第 9 章。**JB4732** 的设计疲劳曲线已经作废。

2）如 **JB4732** 图 C-1，就是 ASMEⅧ-2-1995 的图 5-110.1，该图 1E1，$S_a = 5.8 \times 10^5 \div 10^3 = 580\text{ksi}$；1E6，$S_a = 1.25 \times 10^4 \div 10^3 = 12.5\text{ksi}$。现在该曲线已经延伸到 1E11，$S_a = 7.0\text{ksi}$。

说明该书 **10.2 疲劳曲线**的内容已经相当陈旧，如果时间能退到 1995 年，该段内容可作为标准释义。

（2）该书 10.3.1 弹性疲劳分析法。

该书作者所说"ASMEⅧ-2 中 5.5.3 节弹性疲劳分析法采用弹性应力分析，在塑性范围内

则假设应力应变满足线弹性关系，将应变乘以弹性模量得到虚拟的应力，求得有效的交变等效应力幅。并采用疲劳强度减弱系数 K_f，疲劳罚系数 $K_{e,k}$ 和泊松比调整系数 $K_{v,k}$ 对有效交变等效应力幅进行调整。其中 K_f 考虑了局部结构不连续效应（应力集中），$K_{e,k}$ 考虑了塑性应变集中效应，$K_{v,k}$ 考虑了塑性应变强化效应"。

【评论】

1） 采用弹性应力分析，不会进入塑性范围。

2） 在规范 5.5.3.1 (a)中用"**有效的总当量应力幅**（An effective total equivalent stress amplitude）"，而在 5.13 中用"k^{th} 循环的交变当量应力（$S_{alt,k}$ = alternating equivalent stress for the kth cycle）"。这两个定义都是规范所用的，而该书作者却用"有效的交变**等效**应力幅"。因线性化后，提取总**当量**应力范围（P_L+P_b+Q+F），而不是**等效**应力范围。不能将线性化后的 **SEQU**，或 **SINT** 说成**等效**应力，应是**当量应力**好，这是该书作者的理解问题。译文应与规范一致。

3） $K_{e,k}$ = fatigue penalty factor。本书作者按清华大学编写组《英汉技术词典》，以及《英汉技术科学词典》选"penalty"词义为"**损失**"，而不是该书作者选为"**罚**"。因此，译为"疲劳损失系数"较好，译为"疲劳罚系数"，不适用于技术科学类专业用语。感觉译文生硬。

4） "其中 K_f 考虑了局部结构不连续效应（应力集中），$K_{e,k}$ 考虑了塑性应变集中效应，$K_{v,k}$ 考虑了塑性应变强化效应"，这些**全是该书作者所言**，规范没有。用规范的定义与之对比。

a）计算循环应力幅或循环应力范围所使用的疲劳强度的降低系数 K_f（K_f = fatigue strength reduction factor used to compute the cyclic stress amplitude or range.）。规范 5.5.3.2 **步骤 4**（a）…如果在数值模型中没有计入局部缺口或焊缝的影响，则应计入疲劳强度降低系数 K_f。规范表 5.11 和表 5.12 规定焊缝的疲劳强度降低系数的推荐值。规范规定，疲劳强度的降低系数 K_f，表明局部结构不连续（应力集中）对**疲劳强度影响的应力增强系数**。而不是 K_f 考虑了局部结构不连续效应（应力集中）。该书作者的引申是不合适的。

b）k^{th} 循环的疲劳损失系数 $K_{e,k}$（$K_{e,k}$ = fatigue penalty factor for the kth cycle）。

该书作者引申"$K_{e,k}$ 考虑了**塑性应变集中效应**"。该书作者又在引申是更不合适的。

c）$K_{v,k}$ = k^{th} 循环的局部热应力和热弯曲应力的塑性泊松比修正系数（$K_{v,k}$ = plastic Poisson's ratio adjustment for local thermal and thermal bending stresses for the kth cycle.）。

该书作者引申"$K_{v,k}$ 考虑了**塑性应变强化效应**"，该书作者的引申是不合适的。

总之，该书作者引申的内容，国内同行也不会因为该书作者没有依据的高度概括而赞美"**局部结构不连续效应**（应力集中）"，或"**塑性应变集中效应**"，或"**塑性应变强化效应**"。因此，本书作者认为"该书作者**多此一举**"。

（3） 该书 10.3.2 弹-塑性疲劳分析法。

该书作者所说"事实上，应变才是导致疲劳的本质，但由于历史的原因，设计疲劳曲线描述的是循环次数和应力范围之间的函数关系。ASMEⅧ-2 中 5.5.4 节弹-塑性疲劳分析是通过计算有效应变范围来评定疲劳强度的。"

【评论】

1） 本书作者查找几本专书，并没有该书作者所说"事实上，应变才是导致疲劳的本质"。疲劳可分高应变低周疲劳和低应力高周疲劳。对于高应变低周疲劳，应力循环次数≤10^6，在局部地区应变值高于材料的屈服应变值，宜采用"虚拟应力"和应变作为控制变量。对于低应力高周疲劳，高周疲劳的应力低于材料的屈服极限，宜采用材料的持久极限作为设计依据，通过表示低循环疲劳数据完成从低到高的连续循环状态。

2）疲劳评定－弹-塑性应力分析和当量应力。

ASME Ⅷ-2：5 规定了弹-塑性疲劳评定。对于一次循环分析法，规定采用**随动强化**的循环应力幅－应变幅曲线**材料**模型。按规范式（5.43）计算有效的应变范围，按规范式（5.44）计算交变当量应力，按 3-F.9 确定许用循环次数。

3）ГОСТ P52857.6 没有"疲劳评定－弹-塑性应力分析和当量应力"。

4）EN 13445-3:18 没有"疲劳评定－弹-塑性应力分析和当量应力"。该标准的 18.8 弹-塑性条件，对于任一元件，如果用于焊接接头和非焊接元件的两部分的计算的虚拟弹性结构应力范围超过考虑中的材料屈服极限的 2 倍，即如果 $\sigma_{\text{eq,l}} > 2R_{\text{p0.2/T}^*}$，见注，则应乘以塑性修正系数。应用到机械载荷的应力范围的修正系数是 k_e，热载荷是 k_V。这是应用在**高应变低周疲劳**的场合。

（4）该书 10.3.3 等效结构应力法。

该书作者所说"当前，针对焊接件疲劳评定，寻找一种能与有限元分析很好结合的，且易于实施的方法是国际研究热点。ASME Ⅷ-2 提出了一种针对焊接件评定的新方法，等效结构应力法"。

【评论】

1）该书作者所说"当前，针对焊接件疲劳评定，寻找一种能与有限元分析很好结合的，且易于实施的方法是国际研究热点"。那就请该书作者拿出"国际研究热点"的依据。

2）EN 13445-3:18 规定的"结构应力"与 ASME Ⅷ-2：5.5.5 规定的"结构应力"不同：

a）前者的结构应力包括总体结构不连续的作用（如接管连接件，锥壳与圆筒相交处，容器与封头连接处，壁厚过渡段，设计形状的偏差，某一附件的存在）。可是，它排除了沿截面壁厚产生非线性的应力分布的局部结构不连续的缺口效应（如焊趾）。见图 18-1。而后者定义的弹性计算的结构应力是垂直假想的裂纹平面的，疲劳裂纹朝向穿壁方向的，薄膜应力和弯曲应力，疲劳裂纹发生在角焊缝的焊趾或焊喉处这两个位置。

b）**EN 13445-3:18** 规定的在总体结构不连续部位线性化，提取"薄膜+弯曲"就是当量结构应力，而后者不能用线性化提取"薄膜应力和弯曲应力"，只能在计数的始点和终点确定弹性计算的薄膜应力范围和弯曲应力范围，按规范式（5.52）计算结构应力范围，按式（5.53）确定结构应变范围，按步骤 6 确定有效的交变当量应力，和许用循环次数，以及疲劳损伤，该书作者所说"寻找一种能与有限元分析很好结合的，且易于实施的方法"，**就表明该书作者不会做，但想要寻找按"薄膜应力加弯曲应力线性化的方法"。**

c）按 **EN 13445-3:18.10** 焊接件的疲劳强度，焊缝节点详图分级与结构当量应力范围一起使用→确定修正系数→进而确定许用循环次数和疲劳损伤，这个标准很好用，而 ASME Ⅷ-2：5.5.5 是按**未加工成光滑外形的焊接接头**的评定，并经业主/用户同意仅可使用这种疲劳评定方法，显然，焊态的焊接接头的疲劳寿命要比磨平焊缝的小得多，**没人用它。**

d）该书 10.3.3 等效结构应力法，**没有列出规范 5.5.5 式（5.47）～式（5.68）的全部算式，不能让人相信该书作者的分析。**

8.2.3.1.9　第 11 章棘轮评定

（1）**11.2.2 弹性分析法评定**。

该书 127 页，第 1 步—计算一次加二次等效应力范围 $\Delta S_{n,k}$。

该书 128 页

$$S_{ps} = \max[3S_{m,cycle}; 2S_{y,cycle}] \quad （当 R_e/R_m \leqslant 0.7） \tag{11.6}$$

$$S_{ps} = 3S_{m,cycle} \quad （当 R_e/R_m > 0.7） \tag{11.7}$$

【评论】

1） 一次加二次**当量**应力范围 $\Delta S_{n,k}$，而不是**等效**应力范围。

2）规范原文 5.5.6.1：

(d) The allowable limit on the primary plus secondary stress range, S_{ps}, is computed as the larger of the quantities shown below.

(1) Three times the average of the S values for the material from Annex 3-A at the highest and lowest temperatures during the operational cycle.

(2) Two times the average of the S_y values for the material from Annex 3-D at the highest and lowest temperatures during the operational cycle, except that the value from (1) shall be used when the ratio of the minimum specified yield strength to ultimate tensile strength exceeds 0.70 or the value of S is governed by time-dependent properties as indicated in Annex 3-A.

3） 该书作者说"S_{ps} 许用极限值按式（11.6）和式（11.7）计算。操作循环最高温度下的 S_m 由与时间相关的材料性能控制时，S_{ps} 按屈服强度与抗拉强度比大于 0.7 的计算式确定"。

4） 对照原文，该书作者将式（11.6）和式（11.7）**译错**。

原文（1）的译文是"在操作循环期间内，在最高和最低温度下，按附录 3-A 材料 S 的平均值的 3 倍"。

原文（2）的译文是"当规定屈服极限与抗拉强度最小值之比超过 0.70，或 S 值取决于附录 3-A 所示的与时间有关的特性时，除了应使用（1）值以外，在操作循环期间内，在最高和最低温度下，按附录 3-D 材料 S_y 的平均值的 2 倍"。

显然，**原文**（1）适用于规定屈服极限与抗拉强度最小值之比**小于等于** 0.70。而**原文**（2）适用于选取原文（1）和（2）两值中的较大值，即除了应使用（1）值以外，就是按附录 3-D 材料 S_y 的平均值的 2 倍。因此，

$$YS/UTS \leqslant 0.70, \quad S_{ps} = 3S$$

$$YS/UTS > 0.70, \quad S_{ps} = \max[3S; 2S_y]$$

该书这一部分是读者在评定中要使用的，但该书作者的错译将产生很大的误导。

8.2.3.1.10　第 15 章疲劳设备分析实例

（1）**锁斗**，最大交变应力强度幅出现在 N2 接管与筒体连接处内表面倒角处 S_V=125.9MPa。

【评论】

1） 此处是焊缝，没有计入**疲劳强度的降低系数** K_f。

2）JB4732 插值方法，ASMEⅧ-2：5-1995 已经作废。

【结论】

该书的重点是第三篇规范篇，对 **ASMEⅧ-2:5** 规定的失效模式中，如第 7 章塑性垮塌（弹

性应力分析方法，ASME 极限载荷分析方法，ASME 弹-塑性应力分析方法），第 8 章局部失效的评定（弹性分析法，弹-塑性分析法），第 9 章屈曲的评定，第 10 章疲劳（疲劳曲线，弹性疲劳分析法，弹-塑性疲劳分析法，等效结构应力法），第 11 章棘轮的评定，均没有给出解读，**该书作者多以规范条款叙述相应规定**。本书作者认为，该书作者没有做过以实体模型为例的所有上述规范的解读，有**错误观点**，**自定义**，等等。

对 JB4732 的名词术语，除了变形、非弹性、塑性不稳定载荷等之外，该书作者在第 2 章又**重复下了相同定义**。

材料力学部分，如第 3 章梁的弯曲，第 4 章弹性力学基础等，读者可在比该书技术水平高得多的专著中看到这部分内容。读者认为该书只是**泛泛而谈**。

最让人**警觉**的是，该书作者仍然认为弹性应力分析法有不保守的情况，而 ASME 却从来没有修订，该书作者与 ASME 倒行逆施，必然失去该书作者的目的。

- 该书作者应**学术严谨**，如塑性垮塌的定义和屈曲的定义，均为该书作者自己定义，失稳后撕裂或仅有少量碎块，屈曲后的波数，均不应在定义范围之内。
- 处理技术问题应小心慎重，如"**ASMEⅧ-2:5.6 中** P_L 类的应力**译文**"，**棘轮评定**用该书式（11.6）及式（11.7）中发生颠倒，"**锁斗**"没有计入疲劳强度的降低系数 K_f，将 **ASMEⅧ-2:5.6** 放入塑性垮塌中。
- 不能随意狂言，如"**局部结构不连续效应**（应力集中）""**塑性应变集中效应**""**塑性应变强化效应**"，均为该书作者的"高度概括"，正确吗？有什么意义？该书作者在文献［7］中说："本书将围绕新版 ASMEⅧ-2 第 5 篇分析设计的相关内容，系统介绍该部分的**规范条款**、**理论原理**、**软件应用**和**工程实践**，试图在规范和工具（有限元软件）之间架起一座桥梁。"

8.2.4　对文献［8］的评论

【文章全文】

1　极限载荷法在应力分析中的应用

随着石油化工、核工业、锅炉等行业的设备大型化，压力容器应力分析成为压力容器设计中非常重要且必不可少的设计方法。应力分析方法主要分两大类：基于名义弹性应力辅以弹塑性应力评定的应力分类法和基于塑性分析方法的极限载荷法和安定载荷法。以上 2 种方法一般都借助有限元的方法来计算，20 世纪 80 年代以后，随着计算机技术的快速发展，应力分类方法成为压力容器设计中复杂结构、超限结构的强度设计问题的主要解决方法。但经过这 40多年的使用后发现，在工程应用中应力分类方法设计存在重大缺陷——**分不清其中的一次应力成分和二次应力成分**，使得很多采用应力分类法设计的容器结构不够理想。为此可以采用塑性分析方法直接求得极限载荷来替代一次应力的评定,但由于很多设计人员对极限载荷能解决强度问题认识不足，认为求取极限载荷后，静强度和安定问题都解决了，为此仅以求取极限载荷来替代 2 种失效模型的评定，是极大的误解。

应力分析法解决强度问题（除疲劳外），无论是基于名义弹性应力的应力分类法还是基于塑性分析法的极限分析法和安定分析都需要考虑两种强度失效模式：总体弹-塑性垮塌和渐增性垮塌。总体弹-塑性垮塌对应的是结构的静强度问题，渐增性垮塌对应的是结构安定性问题，即结构在反复加载和卸载过程中是否会产生塑性变形累积。

1.1　应力分类法对两种强度失效模式的考虑

应力分类法在处理这 2 种失效模式的思路是：对结构中的应力分布进行具体分析，根据具体部位和应力分布情况及应力产生的原因、危害性等进行分类，不同类别的应力采用不同的许用应力极限。

压力容器分析设计中共涉及 3 种应力：一次应力、二次应力和峰值应力。不同应力针对不同的失效模式，一次应力针对静强度能否满足要求；一次＋二次应力针对结构是否能够安定，是否在使用过程中产生渐增性的塑性变形；一次＋二次应力＋峰值应力针对结构的疲劳破坏问题。

一次应力又细分为一次总体薄膜应力 P_m、一次弯曲应力 P_b 和一次局部薄膜应力 P_L。JB4732 对不同的应力采用不同许用应力极限：

一次应力：

$$S_I=P_m\leq K S_m$$
$$S_{II}=P_L\leq 1.5 K S_m$$
$$S_{III}=P_L+ P_b\leq 1.5 K S_m$$

二次应力：

$$S_{IV}=P_L+ P_b+Q\leq 3 S_m$$

峰值应力：

$$S_V=P_L+ P_b+Q+F\leq 3S_a$$

式中：S_m——材料设计应力强度；

　　　K——载荷组合系数；

　　　S_a——从疲劳曲线查得的许用峰值应力强度值。

一次应力是平衡压力与其他机械载荷所必须的应力，它是维持结构各部分平衡直接需要的应力，一次总体薄膜应力强度 $S_I\leq KS_m$，是将设备总体的变形限制在弹性范围内；一次局部薄膜应力强度 $S_{II}\leq 1.5KS_m$，一次局部薄膜＋一次弯曲应力强度 $S_{III}\leq 1.5KS_m$，$S_{III}\approx KR_{eL}$ 是允许设备或结构局部出现少量塑性变形。

二次应力 Q 是为满足外部约束条件或结构自身变形连续要求所必须的应力，是由于变形协调需要而产生的一个自平衡力系，其最大特征是自限性，即二次应力超过屈曲极限后，产生的局部塑性变形，一旦这种变形满足了结构的不连续性，变形协调得以满足，材料的塑性变形就会自动停止。因此标准规范二次应力：$S_{IV}\leq 3S_m$，即 $S_{IV}\leq 2R_{eL}$（R_{eL} 为材料设计屈服强度），主要是满足安定性要求。峰值应力 F 是局部结构不连续或局部热影响所引起的附加于一次二次之上的应力增量。峰值应力仅对低周疲劳或脆断的失效模式起作用，而对其他失效模式不起作用。

需要讨论的是一次局部薄膜应力 P_L，因为一次局部薄膜应力 P_L 情况相对比较复杂。一次局部薄膜应力 P_L 定义为："应力水平大于一次总体薄膜应力，但影响范围仅限于结构局部区域的一次薄膜应力。局部区域指经线方向延伸距离不大于 $1.0\sqrt{R\delta}$，应力强度超过 $1.1S_m$ 的区域。"实际结构中的局部薄膜应力有 2 种：有一次性质的局部薄膜应力 P_L' 和有二次性质的局部薄膜

应力 P_L''，有一次性质的局部薄膜应力 P_L' 是平衡外载在结构连接处产生的内力与弯矩所引起的；有二次性质的局部薄膜应力 P_L'' 是由于结构不连续而在边界处产生的边缘应力。实际分析当中很难明确哪些是一次的，哪些是二次的，标准中保守与方便考虑将所有的局部薄膜应力归入一次应力 P_L，这也是应力分类法计算某些结构计算结果偏保守的主要原因。

1.2 塑性分析法对两种强度失效模式的考虑

塑性分析法进行应力分析时也需考虑 2 种失效：静强度和安定性。静强度是利用极限载荷法来评定的。极限载荷法作为一种新的计算方法，其新颖处在于已知材料参数及结构参数直接求得结构所能承受的最大极限压力。其求解依据是将结构从零应力状态逐步加载，当载荷增大到某一个极值时形成垮塌机构，从而丧失承载能力，该极值即为结构的极限载荷。

静强度的控制方法为结构承受压力 $P \leqslant 2/3P_S$（P_S 为结构的极限压力），这是因为当外载一旦达到极限载荷，结构即失去承载能力，所以有了个 1.5 的安全系数。JB4732 指出："当结构给定载荷 P 不超过极限载荷 $2/3P_S$ 时，可以免除一次应力的评定，但对二次应力的安定性还需进一步校核，以防止过量局部变形。"标准中的第一段话指出对于一次加载的情况，为保证结构安全，在求得极限载荷 P_S 的情况下，满足 $P \leqslant 2/3P_S$ 时，结构中的塑性变形是局部的、可控的，满足载荷作用下的静力平衡条件的。第二段话指出结构的安定性还需进一步校核。

极限载荷分析属于塑性力学问题，首先引入几个假定：材料为理想弹塑性；结构处于小变形状态；Mises 屈服条件及其相关流动准则。在上述假定的基础上，将结构从零应力状态逐步加载，当载荷增大到极限压力时形成垮塌机构。极限载荷法求得的极限载荷有下列几个特性：

（1）极限载荷是唯一的。

（2）极限载荷与初始条件无关。

（3）极限载荷与加载路径无关。

（4）对于给定载荷，如果任何静力许可应力都满足相应屈服条件，那么该载荷是安全载荷。极限载荷的这几个特性令设计者放心，对已知材料、已知结构的模型，其极限载荷大小是唯一的，不必考虑其中实际的加载过程，或制造加工过程中产生的残余应力。只要结构载荷小于极限载荷，即能满足一次加载的静强度问题。塑性分析法对安定性问题是通过直接求解安定压力来评定的。结构在安定压力循环作用下处于安定状态。安定状态是指结构不发生累积塑性破坏，它是一种稳定的残余应力状态。因此在安定压力作用下，结构不会再产生新增的塑性变形，也即在安定压力循环作用下，结构不再产生新的塑性功，结构的总塑性功不会随加载卸载次数的增加而增加。就此可利用有限元进行模拟计算，以多次加载卸载后，结构总塑性功是否能保持一定来判定其结构是否处于安定状态，确定安定压力。安定压力也可近似取 2 倍弹性极限载荷 P_e，安定压力可替代弹性分析中的 S_V 的评定。

以下以算例，对由 3 种方法确定的安定压力进行比较。

1.3 应力分类法和极限载荷法在静强度评定上的区别

如图 1 所示，圆筒上接管开孔，内径 $RS_i=1000\text{mm}$，接管内件 $RT_i=500\text{mm}$，接管厚度和筒体厚度都取 10mm，材料选用 Q235，弹性模量 $E=1.92\times10^5\text{MPa}$，材料屈服强度 235MPa，单元选择 ANSYS 的 20 节点的 Solid186 单元。

先对图 1 模型进行极限分析计算该结构的极限压力和许用压力，然后按弹性名义应力法计算其许用压力。

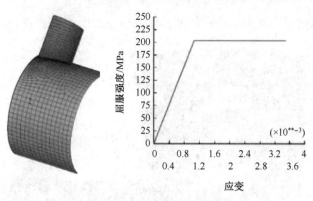

图 1　算例 1 模型及材料参数

如图 2 所示,采用极限载荷法在 ANSYS 中逐步加载压力,绘制压力-应变图,根据 ASME-Ⅷ-2 中的定义:"极限载荷是导致总体结构不稳定的载荷。这表现为对小的载荷增量不能求得平衡解(即解将不收敛)",得出系统极限压力 P_S=1.918MPa,许用压力 $[P]$ = 2/3P_S=1.28MPa,系统弹性极限载荷 P_e=0.572MPa。

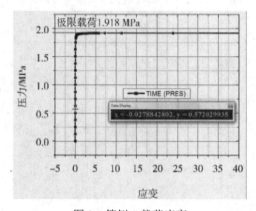

图 2　算例 1 载荷应变

图 3 为设计压力 P_c=1.28MPa 时,由线弹性应力分析计算得到的应力云图,应力分类法所考察的应力是最大应力截面(肩部截面),强度考核是针对此截面的最大应力路径 A-A 进行的,只要此路径应力超标即该校核不能通过。对该路径进行应力线性化处理如图 4 所示,各项应力评定见表 1。

表 1　A-A 路径应力线性化

A-A 路径	应力值/MPa	许用值/MPa	超出比例,%
局部薄膜应力 P_L, S_{II}	396.1	235(R_{eL})	168.6
局部薄膜应力+弯曲应力 P_L+P_b, S_{III}	478.5	235	203.6
局部薄膜应力+弯曲应力 P_L+P_b+Q, S_{IV}	478.5	470	101.7

由表 1 可知,此时 S_{III}=478.5MPa,已超出许用值 1.5S_m(235MPa)。当此 S_{III}满足 1.5 S_m 时,其允许设计压力是:1.28×235/478.5=0.6286MPa,只有极限载荷允许压力的一半不到。可见两类方法虽可替代,但就其具体压力值,相差如此之大。究其原因:弹性法应力评定只针对开孔

结构的最大应力截面的最大应力，没有顾及其他部位应力的承载潜力。

图 3　压力 P_c=1.28MPa 线弹性名义应力强度云图

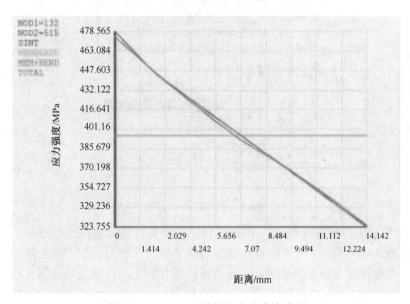

图 4　P_c=1.28MPa 弹性名义应力法路径
A-A 应力线性化

　　而极限载荷分析时，随着压力的上升，接管与筒体连接尖角处的应力达到屈服，应力重新分布沿肩部截面及接管与圆筒相贯线周向两个方向进行重新分布,直至整个腰部截面也出现全屈服，才出现垮塌现象。由此可见弹性分析只针对的是最大应力的最大路径进行评定，而极限载荷则考虑了整个连接结构的承载能力（取安全系数为 1.5），所以极限载荷法的许用压力远远高于弹性分析的许用压力。这就是极限载荷法比弹性分析法的优越性。

　　极限载荷可以替代弹性分析的 S_{I}、S_{II}、S_{III} 的评定，尽管在极限载荷求取过程中的每一幅应力应变图中，不仅体现了一次应力作用，二次应力作用也在其中，但因二次应力不会在一次加载下发生破坏失效,它是在多次加载时才会起破坏作用。所以不能以在求极限载荷过程中应力应变已包括了二次应力,为此极限载荷已包括了安定性校核。容器加载过程中,一次应力、二次应力和峰值应力都同时产生和存在,但存在不等于一定会起破坏作用,3 种应力的破坏还需和加载次数相联系,二次应力只有在多次加载下才能起破坏作用,而峰值应力需频繁加载、卸载下才能起破坏作用。

1.4 三种安定载荷校核方法对比

本节以 1.3 节的算例为基础,分别采用通过弹性名义应力法和塑性分析静力安定、塑性分析机动安定对比几种方法确定的安定载荷大小。

1) 弹性名义应力法。

如图 3 所示,计算压力 1.28MPa 作用下,局部薄膜应力+弯曲 P_L+P_b+Q(MPa)S_{IV}=478.5MPa,超出 $3S_m$(470MPa)。由于模型是线弹性的,S_{IV}满足弹性安定的压力应为:

$$1.28 \times \frac{470}{478.5} = 1.2573 \text{ MPa}$$

2) 弹性静力安定。

弹性静力安定(Melan 安定定理)可以简单地理解为载荷加载、卸载后,结构的残余应力需在弹性范围内。其安定压力为 $2P_e$(P_e 为弹性极限载荷),由 1.3 节图 2,P_e=0.572MPa,安定压力 $2P_e$=1.1454MPa,如图 5 所示,安定压力作用下一次加载/卸载后,定点处刚好出现材料计算屈服强度。

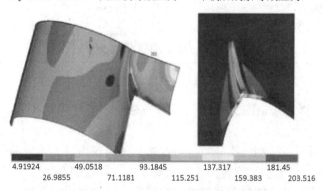

P_e=1.1454MPa 一次加载等效应力   卸载后残余等效应力

| 4.91924 | | 49.0518 | | 93.1845 | | 137.317 | | 181.45 | |
| | 26.9855 | | 71.1181 | | 115.251 | | 159.383 | | 203.516 |

图 5 P_c=1.0MPa 应力云图及残余应力

3) 弹性机动安定。

分别按 P_c=1.28、1.43、1.72MPa 进行塑性分析计算,第一步加载到 P_c,第二步卸载,第三步加载到 P_c,……,由图 6 可看出:P_c=1.28MPa 时,第一次加载的塑性应变 0.00281,第二次卸载的塑性应变 0.00254,第三次加载的塑性应变 0.00281,第四次卸载的塑性应变 0.00254,……,说明 P_c=1.28MPa 时,加载、卸载过程中结构中的最大塑性应变增量为 0,结构是安定的。

P_c=1.43MPa 时,第一次加载产生塑性应变 0.00494,第二次卸载产生塑性应变 0.0043,第三次加载产生塑性应变 0.00497,第四次卸载产生塑性应变 0.00436,……,说明 P_c=1.43MPa 时,加载、卸载过程中结构中的最大塑性应变增量为 0.0005,结构是非安定的。P_c=1.72MPa

时，塑性应变增量更大。说明弹性机动安定压力应为大于 P_c=1.28MPa，小于 P_c=1.43MPa。可近似取 1.4MPa。

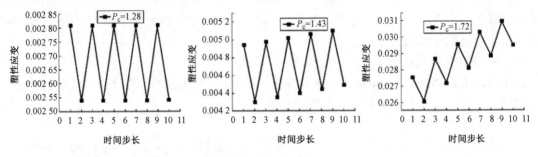

图 6   塑性应变和加载时间

通过对比：三种方法计算安定压力见表 2，从表 2 可知，弹性静力安定压力最小，弹性名义应力法安定压力次之，弹性机动安定压力最大。以上三种方法校核结构安定性，弹性名义应力法最为简单，计算工作量最小；弹性静力安定压力法，也采用材料非线性的方法，计算量较大；弹性机动安定压力法，采用材料非线性的方法，需要反复加载/卸载很多次，计算量工作最大。

表 2   三种安定压力计算方法比较

项目	数据
弹性静力安定压力/MPa	1.1454
弹性名义应力法安定压力/MPa	1.2573
弹性机动安定压力/MPa	~1.4

2   结语

压力容器应力分析需解决三大强度问题：静强度、安定性和疲劳。其可有两大类分析方法：

1）弹性应力分析，以控制一次应力（一次总体薄膜应力，一次弯曲应力，一次局部薄膜应力）来确保静强度，以控制二次应力来确保安定性，以控制峰值应力来确保疲劳强度。

2）塑性分析方法，以控制极限载荷确保静强度，以控制安定载荷确保安定性。两类方法的控制静强度和安定性的计算是等价的，可互相代替，但就其计算结果而言有不同的差别。对同一结构以极限载荷法计算结构的许用极限压力可比弹性应力分析计算的允许压力有较大的提高，但就两方法计算的安定压力则十分接近，文中就此作了深入分析。由此当某结构的弹性分析对静强度评定不能通过时，可以用塑性分析的极限载荷替代。但当弹性分析的安定性通不过时，以塑性分析的安定载荷替代，将得不到多少效果。所以以塑性分析的极限载荷法（解决静强度）与弹性分析安定性控制（解决安定问题）相结合的应力分析方法，不失为压力容器应力分析的一对好搭档。

参考文献：略

【评论】

该文存在三个概念性错误：

（1）见该文图 3，在接管与圆筒相贯区域中定义 A-A 路径，在这条路径上，ANSYS 给出线性化结果是，Membrane 是一次局部薄膜力 P_L，Membrane Plus Bending 是 P_L+P_b+Q。这是符合 ASMEⅧ-2:5 规定的。

然而，该文作者却在表 1 中，在同一路径 Membrane Plus Bending 上提取一次是 P_L+P_b=478.5MPa，又在同一路径 Membrane Plus Bending 上再提取一次是 P_L+P_b+Q=478.5MPa。**提取两次是错误的**。该例应力评定是不合格的。

从总体结构不连续处设置的路径上 Membrane Plus Bending 不能提取两次，该文作者还为此做了说明："由表 1 可知，此时 $S_Ⅲ$=478.5MPa，已超出许用值 1.5S_m（S_m= 235MPa，**该文作者将材料的屈服极限认作设计应力强度也是错误的**）。这就是文章开头所说的"但经过这 40 多年的使用后发现，在工程应用中应力分类方法设计存在重大缺陷——**分不清其中的一次应力成分和二次应力成分**，使得很多采用应力分类法设计的容器结构不够理想"。凡是说弹性应力分析有不保守的情况，就是针对"**双胞胎**"说的。

（2）安定问题。

1）ASMEⅧ-2:5.12 的 20 **安定性**。

当施加循环载荷或循环温度分布时，在元件的某些部位，由产生的循环载荷或循环温度分布引起塑性变形，但卸除循环载荷或循环温度分布时，除了小范围与局部应力（应变）集中有关外，在元件中产生只有弹性的一次和二次应力。这些小范围将呈现一个稳定的滞回曲线，**不显示递增变形**。进一步加载或卸载，或施加和卸除温度分布，将产生只有弹性的一次和二次应力。

2）ASMEⅧ-2:5.12 的 18 **棘轮**。

经受机械应力变化、热应力变化或两者（热应力部分或全部引起热应力棘轮）共同变化的元件中可产生递增性的，非弹性变形或应变。作用于元件整个横截面上的某一长期载荷与交替加载和卸载的某一应变控制循环载荷或温度分布联合在一起产生棘轮。棘轮引起材料的循环应变，导致疲劳失效，并同时引起结构循环的递增变形，最终能导致垮塌。

关于安定性，规范没有评定准则，而**棘轮**有评定准则。

该文作者在该文前部分说："压力容器分析设计中共涉及 3 种应力：一次应力、二次应力和峰值应力。不同应力针对不同的失效模式，一次应力针对静强度能否满足要求；一次+二次应力针对结构是否能够安定，是否在使用过程中产生渐增性的塑性变形；一次+二次应力+峰值应力针对结构的疲劳破坏问题。"其中"一次+二次应力针对结构是否能够安定，是否在使用过程中产生渐增性的塑性变形"这是概念错误。"一次+二次应力"是**棘轮的评定准则**。

同样，该文作者在该文前部分又说："渐增性垮塌对应的是结构安定性问题，即结构在反复加载和卸载过程中是否会产生塑性变形累积"，该文作者又将"**棘轮**"的概念变为安定性概念问题，多次出现。

3）该文在该文前部分给出材料参数为"材料选用 Q235，弹性模量 E=1.92×10^{5}MPa，，材料屈服强度 235MPa，"没有给出设计温度，从弹性模量 E=1.92×10^{5}MPa，查 GB/T 150-2011 表 B.13 钢材弹性模量可知，设计温度约 200℃。Q235 **许用**设计应力强度**为 131MPa**。

表 1 中第 3 列应代入许用设计应力强度，而不是屈服极限 235MPa。该文作者代入屈服极限，也是该文作者的创造。

表1　A-A 路径应力线性化

A-A 路径	应力值/MPa	许用设计应力强度/MPa
局部薄膜应力 P_L，S_{II}	396.1	**131**
局部薄膜应力+弯曲应力 P_L+P_b，S_{III}	**478.5**	131×1.5=196.5
局部薄膜应力+弯曲应力 P_L+P_b+Q，S_{IV}	**478.5**	131×3.0=393

【结论】表1全部评定通不过，该文作者概念错误多。

8.2.5　对文献［16］的评论

8.2.5.1　该文开头部分写出："2007 年，ASME Ⅷ-2 进行了大幅度改写后颁布，同时也提出了一种全新的疲劳评定方法——基于等效结构应力的疲劳评定方法（以下简称结构应力法）。该方法仅适用于焊接件的疲劳评定，多个方面优于其他针对焊接件的评定方法。其原理和分析步骤与以往的方法都有所不同。"

【评论】

规范 5.5.5.1 综述

（a）当量结构应力范围参数用来评定从线弹性应力分析所得结果的疲劳损伤。疲劳评定的控制应力是结构应力，结构应力随垂直于假想裂纹平面的薄膜应力和弯曲应力而变。**对于未加工成光滑外形的焊接接头的评定，推荐这种方法**。对于已经控制成光滑外形的焊接接头，可采用 5.5.3 和 5.5.4 条评定。

（b）压力容器焊缝上的疲劳裂纹一般位于焊趾处。对于焊态和经受焊后热处理的焊接接头，一个疲劳裂纹的预计定向是沿着焊趾朝向穿壁方向。垂直预计裂纹的结构应力是用来关联疲劳寿命数据的一种应力度量。对于有角焊缝的元件，疲劳裂纹发生在角焊缝的焊趾或焊喉处，在评定中应考虑这两个位置。由于焊喉尺寸随焊缝焊透深度而变，要精确地预测焊喉的疲劳寿命是困难的。建议在焊喉尺寸变化的地方进行敏感性分析。

（c）经业主/用户同意时，仅可使用这种疲劳评定方法。

可以看到该文作者的言词过于偏激。如果业主用户不同意，就不能使用这种方法评定未加工成光滑形外形的焊接接头。

8.2.5.2　该文作者在该文 5.1 引述规范 "**EN 13445** 中的结构应力被定义为：**薄膜应力加弯曲应力，即沿厚度方向线性分布的应力。**"

【评论】

对 **EN 13445** 中的结构应力的定义是错误的。

EN 13445-3:18.2.10　结构应力（Structural Stress）

由所施加的各种载荷（力、力矩、压力等）和特定结构部分的相应反力而产生的，沿截面壁厚线性分布的应力。

注1　结构应力包括总体结构不连续的作用（如接管连接件，锥壳与圆筒相交处，容器与封头连接处，壁厚过渡段，设计形状的偏差，某一附件的存在）。可是，它排除了沿截面壁厚产生非线性的应力分布的局部结构不连续的缺口效应（如焊趾）。见图18-1。

根据上述定义，在总体结构不连续处线性化，提取薄膜+弯曲的当量应力就是 P_L+P_b+Q。显然，该文作者理解 **EN 13445-3:18.2.10** 的定义是错了。

图 18-12 焊接件的疲劳设计曲线要与表 18-4 焊缝节点详图分级与结构当量应力范围一起使用，说明该文作者就没有用过。焊接件的疲劳评定仍然是 **EN 13445-3:18 居上**。

8.2.5.3 该文作者在该文 6 中提出"当前，针对焊接件疲劳评定，寻找一种能与有限无分析很好结合的，且易于实施的方法是国际研究的热点，以及 Battelle 结构应力法"。

【评论】

（1）该文作者是想找到有限元法，但不会做，又拿出"这是国际研究的热点"。请拿出依据，国外论文的实例。

（2）该文作者没有使用规范 **5.5.5** 给出的全部公式，即**式（5.47）～式（5.66）**，而是拿出"Battelle 结构应力法"，没有看到该法给出结果，也没有与规范**式（5.47）～式（5.66）合拢情况**。

【结论】

该文作者拼接的这篇文章，参考价值不大。且用户不同意用，也不能使用。

8.2.6 对文献［20］的评论

该书作者在 2011 年 7 月初学 **ANSYS Workbench12.1**，正如该书作者在该书中第 2 页所说"在本书中，笔者花费大量心血，以自己实际使用 **ANSYS Workbench15.0** 软件的经验和学习有限元技术的方法为特色进行重点讲解。不仅仅如市面上大多数教程一样对 **ANSYS Workbench15.0** 软件的使用方法进行介绍，更在书中遍置笔者的实践经验、技巧和个人的领悟，而这才是本书的真正内涵所在"。

该书共有 31 章，除去第 4 章有限单元法概述，第 5 章材料力学理论基础，第 25 章内存，第 26 章硬盘，第 27 章处理器，第 28 章主板，第 29 章 CPU 及 XEON Phi，第 30 章笔者亲自测试的数据，第 31 章 HP 公司 Z820 工作站的测试结果外，涉及压力容器专业只有 2 章：第 19 章压力容器静力学分析案例，第 20 章压力容器弹-塑性分析案例。

本书仅对这两章进行技术评论。

8.2.6.1 第 19 章压力容器静力学分析案例

（1）压力容器分析设计人员对应力线性化所得的 5 种应力，均已熟悉并应用，该书作者冗长叙述，超过了 JB4732 及其编制说明，显然是不必要的。

（2）该书作者没有交待的是，线性化后 WB 详细窗口给出薄膜+弯曲应力，在什么条件下应识别和提取是 P_L+P_b（或 P_m+P_b），在什么条件下应识别和提取是 P_L+P_b+Q 及其应力评定。

（3）该书作者在 298 页上说"压力容器受压元件中的峰值应力常常在焊接接头附近、结构不连续部位、开孔接管等区域发生"。这句话错在"结构不连续部位"与"开孔接管"和"焊接接头"并列，"开孔接管"是总体结构不连续部位，而"焊接接头"是局部结构不连续部位。

（4）该书作者在 299 页上说"设置贯穿壁厚最短距离的路径"。最短距离是有限制的，就是元件的壁厚。线性化给出图示法的结果，其横坐标就是路径，也即设置路径处的元件厚度。

（5）该书作者在 299 页上说"如需要进行热应力分析。采用应力叠加法计算机械应力+热应力的**总应力**时应提取其所考虑点的应力分量"。这句话错在由应力分量在竖向各个叠加，求得 3 个主应力，由主应力计算当量应力强度，或计算 Mises 当量应力强度、而**不是总应力**。

（6）压力容器用材，分析设计人员采用 GB 150 或 JB4732 给定的材料及弹性模量，不会使用该书的材料及弹性模量，在 WB 工程数据源中添加材料及属性。

（7）关于线性化的路径的设置，该书作者在 312 页上设置，如图 19-51 所示。设置路径是斜直线，不是该书作者所说的"贯穿壁厚最短距离的路径"。应从 Path1 向底板垂直至底板底面止，这才是最短距离。但没给出底板厚度，见图左侧的箭头所指的位置，是本书作者定的路径。该书作者在 313 页上说："最少说明应力线性化评定的起点位置正确。"

ANSYS Workbench 在设置线性化路径上是有缺点的软件。必须清楚认识到这一点。

（8）该书作者这样设置路径，为了找到起始点，过程相当复杂，该书作者说"如此反复多次"，将局部坐标系改为整体坐标系，再移动到网格上，如图 19-58 所示，最后是一条错误的路径。

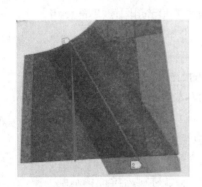

图 19-51　该书设置的路径

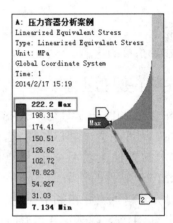

图 19-58　路径转动

（9）没有给出应力评定，见该书 314 页表 19-59，薄膜+弯曲的应力结果是 134.68MPa，**这是什么组合应力？** 没有给出符号，如 P_L+P_b+Q，应给出评定计算式。这样打擦边球是不允许的。

没有给出几何尺寸，没有给出材质和属性，没有给出设计温度等。

（10）在该书 314 页上该书作者说："由结果可见，在序号为 1 的位置薄膜应力结果为 14.902MPa，弯曲应力为 126.18MPa，薄膜应力+弯曲应力结果为 134.68MPa，**对于大多数情况而言，此应力结果可评定为合格**"，没有数据，凭什么认为合格。本书作者第一次见到在专书中有这样不严谨的提法。

该书作者定义的这条路径，ASME Ⅷ-2:5 也没有定义它为什么组合应力。因此，该书作者下功夫也列出了各项应力，由于不知道它是什么组合应力，所以不能评定。

在第 20 章也没有评定。因为用同一模型。

8.2.6.2　第 20 章压力容器弹-塑性分析案例

（1）321 页上的**注意**："当其他分析项目中缺乏材料的应力－应变数据时也可以使用此法计算"。该书 320 页至 321 页上的 12 个公式是来自 ASME Ⅷ-2-2015 式（3- D.1）～式（3- D.12）。对于弹-塑性分析，中国的材料是不能用此法计算应力－应变曲线数据的，因为这是美国的严格的标准体系决定的。该书作者不要乱说。

（2）该书作者在第 20 章要分析什么案例呢？是塑性垮塌、局部失效、疲劳评定和棘轮评定中哪个，不清楚。在法兰面上施加正弦规律变化的位移约束，不怕因法兰面泄漏而造成非计划停车。压力容器设计人员没有采用这样施加正弦规律变化的位移约束的。

总之，该书作者在第 19 章，是表演如何寻找路径第 1 点，第 20 章该书作者表演在容器接管法兰上施加正弦规律变化的位移约束。而不是求应变值。因此，这两章的名字都应当改为：第 19 章管箱线性化第 1 点的寻找和确认，第 20 章管箱法兰面上施加正弦规律变化的位移约束。

结论：这两章对压力容器分析设计人员，参考价值不大。

8.3　小结

1　本书作者仅对三本专书［5］、［14］、［20］，一本译著［6］和两篇论文［8］，［16］进行了技术评轮，它们只占压力容器**用书和用文**的极少的一部分。但通过上述分析可知，书中或文中的错误却是不容忽视的。本章的目的就是，纠正错误，消除误导。

2　本书作者对技术评论的体会

（1）对要评论的专书或论文，应当认真阅读，考察它要表达什么观点，如[20]的第 20 章压力容器弹-塑性分析案例。实际内容是：①运用 ASMEⅧ-2-2015 式（3- D.1）～式（3- D.12）共 12 个公式计算应力－应变曲线数据，该书作者说"当其他的分析项目中缺乏材料的应力－应变数据时也可使用此法计算"，这是不对的；②在管法兰上施加正弦规律变化的位移约束。美国 SES 公司、日本的 JSW 公司和中国的分析设计人员一直是施加轴向平衡面力，这个观点是极其错误的，该书作者没考虑造成泄漏的危险，以此表明该书作者不是做压力容器学问的；③第 20 章就没有弹-塑性分析的内容。

（2）当今世界压力容器法规、标准很全，无需现在作者对基本概念再下定义，或重复 JB 4732 的专门术语，或讲解材料力学，或弹性力学，或塑性力学的知识，甚至对 ASMEⅧ-2: 5.13 的符号也要另叙述一番，见[14]，自行定义总体塑性垮塌，或屈曲等概念，以及自己提出"**局部结构不连续效应**（应力集中）""**塑性应变集中效应**""**塑性应变强化效应**"，这三个"**效应**"在 ASMEⅧ-2: 5.13 中是没有的，但有 K_f、$K_\mathrm{e,k}$ 和 $K_\mathrm{v,k}$ 三个符号，这是多此一举。

（3）[8]错误很多，本书作者终于发现：包括[7]在内的我国少数人说 ASMEⅧ-2:5 的弹性分析不保守的原因，就在这篇文章中的表 1 所示的路径上，从同一路径上提取两次线性化的组合应力，一次是 $P_\mathrm{L}+ P_\mathrm{b}$，另一次是 $P_\mathrm{L}+ P_\mathrm{b}+Q$，这就是所谓的"**双胞胎**"。

该文作者多次出现将安定误认为棘轮，概念不清。

（4）本书作者在[5]中发现，在内伸式接管中定义路径，很新鲜！内伸式接管内外压力相等，而且将线性化后的应力还能分清"薄膜应力（P_m）"和"局部薄膜应力+弯曲应力（$P_\mathrm{L}+P_\mathrm{b}$）"列在该书的表 6.1-1 中，以此误导读者。

（5）本书作者翻译 **EN 13445-3**，在[6]中发现该书表 7.1－焊缝图表就是 **EN 13445-3:18** 中附录 P(normative)的 P.1。

1）[6]中 P.1 的译文不是技术要求，使用"确保无大缺陷"，不适用于"定级"环境，而是通过无损检测，能证明什么缺陷，这是译文质量和中文水平问题。

2）自造词：如**次表面**缺陷"**sub-surface flaws**"；焊迹是连续的"Backing strip to be continuous"，在《焊接名词术语》（GB 3375－1982）和《承压设备无损检测》（JB/T 4730）中**没有"次表面缺陷"和"焊迹"**的定义。

3）"Minimum throat = shell thickness"译为"最小焊高=壳体厚度"。[5] 也将"焊缝厚度"译为"**焊缝高度**"，概念错误也能从[5]传递到[6]。

其他译错不再列举。

（6）[16]中的 5.1 引述规范"**EN 13445** 中的结构应力被定义为：**薄膜应力加弯曲应力，即沿厚度方向线性分布的应力。**"这种引述是错误的，见 **EN 13445-3:18.2.10 结构应力**（Structural Stress）是 $P_L + P_b + Q$。

3 WB 的使用人员应考虑下列准则

（1）在使用 ANSYS Workbench 时，没有接管的壳体是不存的，且接管要穿过壳体，如第 1 章图 1.7 和图 1.8 是错误的结构，不符合压力容器开孔补强的规定。

（2）接管和壳体采用布尔相交运算，而不是求和运算，最后留下 3 个体为正确。

（3）划分网格时，一定要给出混合单元直方图，因为只有它才能表明是什么体，占有多少分额。如第 2 章**椭圆形封头+5 个接管**，全六面体单元，如图 2.25 所示。

第 4 章 4.2 椭圆形封头+5 个接管+圆筒结构分析，划分网格如图 4.18 所示。

（4）无论采用什么方法实现线性化，应给出图示法线性化结果，如第 4 章 4.2，线性化结果如图 4.35 所示。其横坐标就是定义路径处元件厚度，或逼近厚度。在中央接管 $\phi 219 \times 12$ 的高应力点处定义路径，此时 12.078→12。

（5）采用 ASME Ⅷ-2:5.5.3.2 式（5.30）计算有效的总当量应力幅时，不要忘了使用疲劳损失系数 $K_{e,k}$，按规范表 5.11 和表 5.12 查取质量等级。[14]就忘了查取。按本书第 9 章计算许用循环次数，再计算疲劳损伤系数。

（6）焊接件的许用循环次数按**EN 13445:3 图 18-12** 计算，比 ASME Ⅷ-2:5、**ГОСТ Р 52857.6**要好。

（7）从使用材料考虑，**ГОСТ Р 52857.6** 更适应中国。

（8）文件的保存，在 DM 界面，点另存为，可输入中文名，在 Model 界面不保存，转到 WB 界面，点另存为，文件名和 DM 界面保存的文件名一样，见图 1.14 和图 1.15。

（9）半剖形式的模型，往往出现一点可向壳体壁厚方向和接壁厚方向做两条路径，如 4.3，则两个方向路径的评定都应通过。

（10）接管和壳体的多体元件划分网格时，宜将管环与接管进行布尔求和后划分网格，要给出两者分界面的共节点。

第9章
ASMEⅧ-2:附录 3-F
设计疲劳曲线（标准的）

3-F.1　光滑杆件的设计疲劳曲线

3-F.1.1　依据一个多项式函数，见式（3-F.1），规定 3-F.1.1 中下列材料的光滑杆件的设计疲劳曲线。用于该函数的常数 C_n 规定了下面所描述的不同的疲劳曲线。

（a）温度不超过 371℃，$\sigma_{uts} \leqslant 552MPa$（80ksi）碳钢、低合金钢、4XX 系列、高合金钢和高强度钢（见表 3-F.1）。

（b）温度不超过 371℃，$\sigma_{uts}=793-892MPa$（115-130ksi）碳钢、低合金钢、4XX 系列、高合金钢和高强度钢（见表 3-F.2）。

（c）温度不超过 427℃（800℉）3XX 系列高合金钢、奥氏体-铁素体不锈钢、镍-铬-铁合金、镍-铁-铬合金、镍-铜合金（见表 3-F.3）。

（d）温度不超过 232℃（450℉）的可锻 70-30 铜-镍合金（见表 3-F.4，表 3-F.5 和表 3-F.6）。仅对所示的规定的屈服强度最低值，这些数据是适用的。对规定的屈服强度最低的中间值可以内插这些数据。

（e）温度不超过 427℃（800℉）的镍-铬-钼-铁，合金 X，G，C-4 和 C-276（见表 3-F.7）。

（f）温度不超过 371℃（700℉）的高强度螺栓（见表 3-F.8）。

3-F.1.2　设计循环的设计次数 N 可以从式（3-F.1）或表 3-F.9 基于应力幅 S_a 计算，该值根据 ASMEⅧ-2:5 确定。

$$N = 10^X \tag{3-F.1}$$

$$X = \frac{C_1 + C_3 Y + C_5 Y^2 + C_7 Y^3 + C_9 Y^4 + C_{11} Y^5}{1 + C_2 Y + C_4 Y^2 + C_6 Y^3 + C_8 Y^4 + C_{10} Y^5} \tag{3-F.2}$$

$$Y = \left(\frac{S_a}{C_{us}}\right) \cdot \left(\frac{E_{FC}}{E_T}\right) \tag{3-F.3}$$

3–F.2　焊接接头设计疲劳曲线

3-F.2.1　应遵循 5.5.5 的限制，3-F.2.1 中的焊接接头设计疲劳曲线能用于评定下列材料和相应温度限制的焊接接头。

（a）温度不超过 371℃（700℉）的碳钢、低合金钢和高强度钢。

（b）温度不超过 427℃（800℉）的 3XX 系列高合金钢、镍-铬-铁合金、镍-铁-铬合金、镍-铜合金。

（c）温度不超过 232℃（450℉）的可锻 70 铜-镍合金。

（d）温度不超过 427℃（800℉）的镍-铬-钼-铁，合金 X，G，C-4 和 C-276。

（e）铝合金。

3-F.2.2　用于焊接接头疲劳曲线的许用设计循环次数将计算如下。

（a）许用设计循环的设计次数 N 能从式（3-F.4）计算，基于当量结构应力范围 $\Delta S_{ess,k}$ 参数，依据 ASME Ⅷ-2:5.5.5 确定的。可在式（3-F.4）加以应用的常数 C 和 h 在表 3-F.10 中提供。较低的 99% 预测区间（-3σ）将应用于设计，除非客户和制造商另行同意。

$$N = \frac{f_{\mathrm{I}}}{f_{\mathrm{E}}}\left(\frac{f_{\mathrm{MT}} \cdot C}{\Delta S_{ess,k}}\right)^{\frac{1}{h}} \tag{3-F.4}$$

（b）如果实行疲劳改善方法，超出本规范的制造要求，则可施加疲劳改善系数 f_{I}。下面所示的疲劳改善系数可以使用。如果经用户或用户指定的代表和制造商同意，还可使用确定的替代系数。

（1）按着 ASME Ⅷ-2:6（制造要求）图 6.2（引用，见下图）用于磨去毛边。

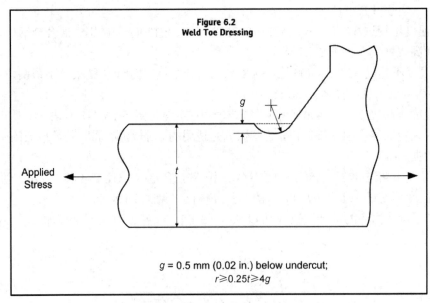

Figure 6.2
Weld Toe Dressing

g

r

t

Applied Stress

g = 0.5 mm (0.02 in.) below undercut;
$r \geqslant 0.25t \geqslant 4g$

$$f_{\mathrm{I}} = 1.0 + 2.5 \cdot (10)^{q} \tag{3-F.5}$$

（2）用于修理 **TIG**

$$f_{\mathrm{I}} = 1.0 + 2.5 \cdot (10)^{q} \tag{3-F.6}$$

（3）用于锤击

$$f_{\mathrm{I}} = 1.0 + 4.0 \cdot (10)^q \qquad (3\text{-}F.7)$$

在上述各式中，由下式给出参数：

$$q = -0.0016 \cdot \left(\frac{\Delta S_{\mathrm{ess,k}}}{C_{\mathrm{usm}}} \right)^{1.6} \qquad (3\text{-}F.8)$$

（c）由式（3-F.4）给出的设计疲劳循环不包括供给腐蚀条件的任何裕量并且可改进对环境影响的考虑，而不是产生腐蚀和亚临界裂纹的大气。如果提前发生腐蚀疲劳，应基于经验或根据计算的设计疲劳循环（疲劳强度）减少来补偿腐蚀的试验选择一个该系数。环境改善系数 f_{E}（environmental modification factor）是流体环境、载荷频率、温度和材料变量的典型函数，例如粒度大小和化学成分。在用户技求要求中应规定环境改善系数 f_{E}。

（d）除碳钢以外的材料的疲劳曲线和温度超过 21℃（70℉）的疲劳曲线需要温度修正。由式（3-F.9）给出温度修正系数。

$$f_{\mathrm{MT}} = \frac{E_{\mathrm{T}}}{E_{\mathrm{ACS}}} \qquad (3\text{-}F.9)$$

3-F.3　术语

A =焊接接头疲劳曲线公式中的常数。

B =焊接接头疲劳曲线公式中的指数。

$C_1 \rightarrow C_{11}$ =用于表示光滑杆件疲劳曲线的公式常数。

C_{us} =换算系数，C_{us}=1.0，应力用 ksi 单位，C_{us}=6.894757，应力用 MPa 单位。

C_{usm} =换算系数，C_{usm}=1.0，应力用 ksi 单位，C_{usm}=14.148299，应力用 MPa 单位。

E_{ACS} =在大气温度或 21℃（70℉）下碳钢的弹性模量。

E_{FC} =用于确定设计疲劳曲线的弹性模量。

E_{T} =正在评定的循环的平均温度下，评定中的材料的弹性模量。

f_{E} =焊接接头疲劳曲线的环境修正系数。

f_{I} =焊接接头疲劳曲线的疲劳改善方法修正系数。

f_{MT} =焊接接头疲劳曲线的材料和温度的修正系数。

q =在疲劳改善系数上用于确定有效当量结构应力范围参数。

N =许用设计循环次数。

S_{a} =根据 ASME Ⅷ-2:5 计算的应力幅。

$\Delta S_{\mathrm{ess,k}}$ =根据 ASME Ⅷ-2:5 计算的当量结构应力范围参数。

σ_{uts} =规定的最大抗拉强度的最小值。

X =用来计算许用循环次数的指数。

Y =用来计算 X 的应力系数。

3–F.4 表

表 3-F.1

疲劳曲线 110.1 的系数——

温度不超过 371℃（700℉），σ_{uts}≤552MPa（80ksi）碳钢、低合金钢、
4XX 系列、高合金钢和高强度钢

系数 C_i	48≤S_a<214（MPa） 7≤S_a<31（ksi）	214≤S_a<3999（MPa） 31≤S_a<580（ksi）
1	2.254510E+00	7.999502 E+00
2	−4.642236 E−01	5.832491 E−02
3	−8.312745 E−01	1.500851 E−01
4	8.634660 E−02	1.273659 E−04
5	2.020834 E−01	−5.263661 E−05
6	−6.940535 E−03	0.0
7	−2.079726 E−02	0.0
8	2.010235 E−04	0.0
9	7.137717 E−04	0.0
10	0.0	0.0
11	0.0	0.0

通注：E_{FC} =195E3MPa（28.3 E3 ksi）

表 3-F.2

疲劳曲线 110.1 的系数——

温度不超过 371℃（700℉），σ_{uts}=793−892MPa（115−130ksi）碳钢、低合金钢、
4XX 系列、高合金钢和高强度钢

系数 C_i	77.2≤S_a≤296（MPa） 11.2≤S_a≤43（ksi）	296≤S_a≤2896（MPa） 43<S_a≤420（ksi）
1	1.608291 E+01	8.628486 E+00
2	−4.113828 E−02	−1.264052 E−03
3	−1.023740 E+00	−1.605097 E−04
4	3.544068 E−05	−2.548491 E−03
5	2.896256 E−02	−1.409031 E−02
6	1.826072 E−04	8.557033 E−05
7	3.863423 E−04	5.059948 E−04
8	0.0	6.913396 E−07
9	0.0	−2.354834 E−07
10	0.0	0.0
11	0.0	0.0

通注：E_{FC} =195E3MPa（28.3 E3 ksi）

表 3-F.3

疲劳曲线 110.2.1 的系数——

温度不超过 427℃（800℉），S_a＞195MPa（28.2ksi）的 3XX 系列高合金钢，
奥氏体-铁素体不锈钢，镍-铬-铁合金，镍-铁-铬合金，镍-铜合金

系数 C_i	300≤S_a≤6000（MPa） 43.5≤S_a≤870（ksi）	196≤S_a＜300（MPa） 28.4≤S_a＜43.5（ksi）	93.7≤S_a＜196（MPa） 13.6≤S_a＜28.4（ksi）
1	7.51758875043914	12.4406974820959	6.392046040389687
2	6.88459945920227 E−03	−0.117978768653245	−0.2738512381329201
3	−0.117154779858942	−2.42518707189356	−1.714720900519751
4	−5.344611142276625 E−04	−3.66857021254674 E−03	0.03011458631044661
5	−1.1565691374184 E−04	1.5689772549203 E−01	0.18116383975939243
6	5.26980606334142 E−06	9.88040783949096 E−04	−1.723852736859044 E−03
7	1.13296399893502 E−05	−3.17788211261938 E−03	−9.700259589976667 E−03
8	−1.6930341420237 E−09	−4.33540326039428 E−05	54.37299183341793 E−06
9	−1.6969066738414 E−08	−3.28149487646145 E−05	280.4480972145029 E−06
10	−4.75527285553112 E−12	6.04517847666627 E−07	−794.1221553675604 E−09
11	4.36470451306334 E−12	1.37849707570938 E−06	−3.81236155222453 E−06

通注：E_{FC}＝195E3MPa（28.3 E3 ksi）

表 3-F.4

疲劳曲线 110.3 的系数——

温度不超过 371℃（700℉），σ_{ys}≤134MPa（18ksi）的可锻的 70 铜-镍

系数 C_i	83≤S_a≤359（MPa） 12≤S_a≤52（ksi）	359＜S_a≤1793（MPa） 52＜S_a≤260（ksi）
1	5.854767 E+00	4.940552 E+00
2	−1.395072 E−01	1.373308 E−02
3	−9.597118 E−01	−1.385148 E−02
4	4.028700 E−03	−6.080708 E−05
5	4.377509 E−02	−1.300476 E−05
6	2.487537 E−05	0.0
7	−6.795812 E−04	0.0
8	−1.517491 E−06	0.0
9	1.812235 E−06	0.0
10	0.0	0.0
11	0.0	0.0

通注：E_{FC}＝138E3MPa（20 E3 ksi）

表 3-F.5

疲劳曲线 110.3 的系数——

温度不超过 370℃（700℉），$\sigma_{ys}\leqslant 207MPa$（30ksi）的可锻的 70 铜-镍合金

系数 C_i	$62\leqslant S_a\leqslant 1793$（MPa） $9\leqslant S_a\leqslant 260$（ksi）
1	1.614520 E+01
2	7.084155 E−02
3	−3.281777 E−03
4	3.171113 E−02
5	3.768141 E−02
6	−1.244577 E−03
7	5.462508 E−03
8	1.266873 E−04
9	2.317630 E−04
10	1.346118 E−07
11	−3.703613 E−07

通注：$E_{FC}=138E3MPa$（20 E3 ksi）

表 3-F.6

疲劳曲线 110.3 的系数——

温度不超过 371℃（700℉），$\sigma_{ys}\leqslant 310MPa$（45ksi）的可锻的 70 铜-镍合金

系数 C_i	$34\leqslant S_a\leqslant 317$（MPa） $4\leqslant S_a\leqslant 46$（ksi）	$317< S_a\leqslant 1793$（MPa） $46< S_a\leqslant 260$（ksi）
1	−5.420667 E+03	1.016333 E+01
2	−3.931295 E+02	5.328436 E−02
3	−4.778662 E+01	−6.492899 E−02
4	7.981353 E+01	−6.685888 E−05
5	2.536083 E+02	2.120657 E−03
6	1.002901 E+00	7.140325 E−06
7	2.014578 E+00	0.0
8	0.0	0.0
9	0.0	0.0
10	0.0	0.0
11	0.0	0.0

通注：$E_{FC}=138E3MPa$（20 E3 ksi）

表 3-F.7

疲劳曲线 110.4 的系数——

温度不超过 427℃（800℉）的镍-铬-钼-铁，合金 X，G，C-4，C-276

系数 C_i	$103 \leq S_a \leq 248$（MPa） $15 \leq S_a \leq 36$（ksi）	$248 < S_a \leq 4881$（MPa） $36 < S_a \leq 708$（ksi）
1	5.562508 E+00	1.554581 E+01
2	−1.014634 E+01	6.229821 E−02
3	−5.738073 E+01	−8.425030 E−02
4	7.152267 E−01	−8.596020 E−04
5	4.578432 E+00	1.029439 E−04
6	3.584816 E−03	8.030748 E−06
7	0.0	1.603119 E−05
8	0.0	5.051589 E−09
9	0.0	−7.849028 E−09
10	0.0	0.0
11	0.0	0.0

通注：E_{FC} =195E3MPa（28.3 E3 ksi）

表 3-F.8

疲劳曲线 120.1 的系数——

温度不超过 371℃（700℉）的高强度螺栓

系数 C_i	最大名义应力$\leq 2.7 S_M$ $93 \leq S_a \leq 7929$（MPa） $13.5 \leq S_a \leq 1150$（ksi）	最大名义应力$\leq 3.0 S_M$ $37 < S_a \leq 7929$（MPa） $5.3 < S_a \leq 1150$（ksi）
1	1.083880 E−02	1.268660 E+01
2	−4.345648 E−01	1.906961 E−01
3	1.108321 E−01	−8.948723 E−03
4	6.215019 E−02	−6.900662 E−02
5	2.299388 E−01	1.323214 E−01
6	4.484842 E−04	5.334778 E−02
7	9.653374 E−04	2.322671 E−01
8	7.056830 E−07	9.260755 E−04
9	1.365681 E−07	2.139043 E−03
10	0.0	1.171078 E−06
11	0.0	0.0

通注：E_{FC} =206E3MPa（30 E3 ksi）

表 3-F.9

表 3-F.1～表 3-F.8 疲劳曲线的数据

疲劳曲线表

循环次数	3-F.1	3-F.2	3-F.3	3-F.4	3-F.5	3-F.6	3-F7	3-F.8 注（2）	3-F.8 注（3）
1E1	580	420	870	260	260	260	708	1150	1150
2E1	410	320	624	190	190	190	512	760	760
5E1	275	230	399	125	125	125	345	450	450
1E2	205	175	287	95	95	95	261	320	300
2E2	155	135	209	73	73	73	201	225	205
5E2	105	100	141	52	52	52	148	143	122
8.5E2 注(1)			…	…	…	…46	…		…
1E3	83	78	108	44	44	39	119	100	81
2E3	64	62	85.6	36	36	24.5	97	71	55
5E3	48	49	65.3	28.5	28.5	15.5	76	45	33
1E4	38	44	53.4	24.5	24.5	12	64	34	22.5
1.2E4 注(1)		43	…	…	…	…	…	…	…
2E4	31	36	43.5	21	19.5	9.6	56	27	15
5E4	23	29	34.1	17	15	7.7	46.3	22	10.5
1E5	20	26	28.4	15	13	6.7	40.8	19	8.4
2E5	16.5	24	24.4	13.5	11.5	6	35.9	17	7.1
5E5	13.5	22	20.5	12.5	9.5	5.2	26.0	15	6
1E6	12.5	20	18.3	12.0	9.0	5	20.7	13.5	5.3
2E6	…	…	16.4	…	…	…	18.7	…	…
5E6	…	…	14.8	…	…	…	17.0	…	…
1E7	11.1	17.8	14.4	…	…	…	16.2	…	…
2E7	…	…	…	…	…	…	15.7	…	…
5E7	…	…	…	…	…	…	15.3	…	…
1E8	9.9	15.9	14.1	…	…	…	15	…	…
1E9	8.8	14.2	13.9	…	…	…	…	…	…
1E10	7.9	12.6	13.7	…	…	…	…	…	…
1E11	7.0	11.2	13.6	…	…	…	…	…	…

注：

（1）要提供在分叉或交点处精确描述，应包括这些数据。

（2）最大名义应力(MNS)≤2.7S_M。

（3）最大名义应力(MNS)≤3.0S_M。

表 3-F.10

焊接接头疲劳曲线的系数

统计根据	铁素体钢和不锈钢		铝	
	c	h	c	h
平均曲线	1408.7	0.31950	247.04	0.27712
预测间隔较高于 68%（+1σ）	1688.3	0.31950	303.45	0.27712
预测间隔较低于 68%（-1σ）	1175.4	0.31950	201.12	0.27712
预测间隔较高于 95%（+2σ）	2023.4	0.31950	372.73	0.27712
预测间隔较低于 95%（-2σ）	980.8	0.31950	163.73	0.27712
预测间隔较高于 99%（+3σ）	2424.9	0.31950	457.84	0.27712
预测间隔较低于 99%（-3σ）	818.3	0.31950	133.29	0.27712

通注：使用 US 常用单位，在 3-F.2.2 中当量结构应力范围参数 $\Delta S_{ess,k}$ 和 5.5.5 所定义的结构应力有效壁厚 t_{ess} 是分别用 $ksi/(inches)^{(2-m_{ss})/2m_{ss}}$ 和英寸。5.5.5 定义 m_{ss}

表 3-F.10M

焊接接头疲劳曲线的系数

统计根据	铁素体钢和不锈钢		铝	
	c	h	c	h
平均曲线	19930.2	0.31950	3495.13	0.27712
预测间隔较高于 68%（+1σ）	23885.8	0.31950	4293.19	0.27712
预测间隔较低于 68%（-1σ）	16629.7	0.31950	2845.42	0.27712
预测间隔较高于 95%（+2σ）	28626.5	0.31950	5273.48	0.27712
预测间隔较低于 95%（-2σ）	13875.7	0.31950	2316.48	0.27712
预测间隔较高于 99%（+3σ）	34308.1	0.31950	6477.60	0.27712
预测间隔较低于 99%（-3σ）	11577.9	0.31950	1885.87	0.27712

通注：使用 SI 单位，在 3-F.2.2 中当量结构应力范围参数 $\Delta S_{ess,k}$ 和 5.5.5 所定义的结构应力有效壁厚 t_{ess} 是分别用 $MPa/(mm)^{(2-m_{ss})/2m_{ss}}$ 和 mm。5.5.5 定义 m_{ss}

附原文：

ANNEX 3–F　DESIGN FATIGUE CURVES(Normative)

3–F.1　SMOOTH BAR DESIGN FATIGUE CURVES

3-F.1.1

Smooth bar design fatigue curves in 3-F.1.1 are provided for the following materials in terms of a polynomial function, see Equation (3-F.1). The constants for these functions, C_n, are provided for different fatigue curves as described below.

(a) Carbon, Low Alloy, Series 4xx, and High Tensile Strength Steels for temperatures not exceeding 371℃ (700℉) where $\sigma_{uts} \leqslant 552MPa$ (80ksi) (see Table 3-F.1).

(b) Carbon, Low Alloy Series 4xx, and High Tensile Strength Steels for temperatures not exceeding 371℃ (700℉) where $\sigma_{uts} \leqslant 793-892MPa$ (115-130ksi) (see Table 3-F.2).

(c) Series 3xx High Alloy Steels, Austenitic-Ferritic Stainless Steels, Nickel-Chromium-Iron Alloy, Nickel-Iron-Chromium Alloy, and Nickel-Copper Alloy for temperatures not exceeding 427℃ (800℉) (see Table 3-F.3).

(d) Wrought 70-30 Copper-Nickel for temperatures not exceeding 232℃ (450℉) (see Tables 3-F.4, 3-F.5, and 3-F.6).These data are applicable only for materials with minimum specified yield strength as shown. These data may be interpolated for intermediate values of minimum specified yield strength.

(e) Nickel-Chromium-Molybdenum-Iron, Alloys X, G, C-4, and C-276 for temperatures not exceeding 427℃ (800℉) (see Table 3-F.7).

(f) High strength bolting for temperatures not exceeding 371℃ (700℉) (see Table 3-F.8).

3-F.1.2

The design number of design cycles, N, can be computed from Equation (3-F.1) or Table 3-F.9 based on the stress amplitude, S_a, which is determined in accordance with Part 5 of this Division.

$$N = 10^X \qquad (3\text{-}F.1)$$

$$X = \frac{C_1 + C_3 Y + C_5 Y^2 + C_7 Y^3 + C_9 Y^4 + C_{11} Y^5}{1 + C_2 Y + C_4 Y^2 + C_6 Y^3 + C_8 Y^4 + C_{10} Y^5} \qquad (3\text{-}F.2)$$

$$Y = \left(\frac{S_a}{C_{us}} \right) \cdot \left(\frac{E_{FC}}{E_T} \right) \qquad (3\text{-}F.3)$$

3–F.2 WELDED JOINT DESIGN FATIGUE CURVES

3-F.2.1

Subject to the limitations of 5.5.5, the welded joint design fatigue curves in 3-F.2.1 can be used to evaluate welded joints for the following materials and associated temperature limits.

(a) Carbon, Low Alloy, Series 4xx, and High Tensile Strength Steels for temperatures not exceeding 371℃ (700℉).

(b) Series 3xx High Alloy Steels, Nickel-Chromium-Iron Alloy, Nickel-Iron-Chromium Alloy, and Nickel-Copper Alloy for temperatures not exceeding 427℃ (800℉).

(c) Wrought 70 Copper-Nickel for temperatures not exceeding 232℃ (450℉).

(d) Nickel-Chromium-Molybdenum-Iron, Alloys X, G, C-4, and C-276 for temperatures not exceeding 427℃ (800℉).

(e) Aluminum Alloys.

3-F.2.2

The number of allowable design cycles for the welded joint fatigue curve shall be computed as follows.

(a) The design number of allowable design cycles, N, can be computed from Equation (3-F.4) based on the equivalent structural stress range parameter, $\Delta S_{ess,k}$, determined in accordance with 5.5.5 of this Division. The constants C and h for use in Equation (3-F.4) are provided in Table 3-F.10. The lower 99% Prediction Interval shall be used for design unless otherwise agreed to by the Owner-User and the Manufacturer.

$$N = \frac{f_I}{f_E}\left(\frac{f_{MT}\cdot C}{\Delta S_{ess,k}}\right)^{\frac{1}{h}} \tag{3-F.4}$$

(b) If a fatigue improvement method is performed that exceeds the fabrication requirements of this Division, then a fatigue improvement factor, f_I, may be applied. The fatigue improvement factors shown below may be used. An alternative factor determined may also be used if agreed to by the user or user's designated agent and the Manufacturer.

(1) For burr grinding in accordance with Part 6, Figure 6.2.

$$f_I = 1.0 + 2.5 \cdot (10)^q \tag{3-F.5}$$

(2) For TIG dressing

$$f_I = 1.0 + 2.5 \cdot (10)^q \tag{3-F.6}$$

(3) For hammer peening

$$f_I = 1.0 + 4.0 \cdot (10)^q \tag{3-F.7}$$

In the above equations, the parameter is given by the following equation.

$$q = -0.0016 \cdot \left(\frac{\Delta S_{ess,k}}{C_{usm}}\right)^{1.6} \tag{3-F.8}$$

(c) The design fatigue cycles given by Equation (3-F.4) do not include any allowances for corrosive conditions and may be modified to account for the effects of environment other than ambient air that may cause corrosion or subcritical crack propagation. If corrosion fatigue is anticipated, a factor should be chosen on the basis of experience or testing by which the calculated design fatigue cycles (fatigue strength) should be reduced to compensate for the corrosion. The environmental modification factor, f_E, is typically a function of the fluid environment, loading frequency, temperature, and material variables such as grain size and chemical composition. The environmental modification factor, f_E, shall be specified in the User's Design Specification.

(d) A temperature adjustment is required to the fatigue curve for materials other than carbon steel and/or for temperatures above 21℃ (70℉). The temperature adjustment factor is given by Equation (3-F.9).

$$f_{MT} = \frac{E_T}{E_{ACS}} \tag{3-F.9}$$

3–F.3　NOMENCLATURE

A = constant in the weld joint fatigue curve equation.

B = exponent in the weld joint fatigue curve equation.

$C_1 \rightarrow C_{11}$= equation constants used to represent the smooth bar fatigue curves.

C_{us} = conversion factor, C_{us}=1.0 for units of stress in ksi and C_{us}=6.894757 for units of stress in MPa.

C_{usm} = conversion factor, C_{usm}=1.0 for units of stress in ksi and C_{usm}=14.148299 for units of stress in MPa.

E_{ACS} = modulus of elasticity of carbon steel at ambient temperature or 21℃ (70℉).

E_{FC} = modulus of elasticity used to establish the design fatigue curve.

E_T = modulus of elasticity of the material under evaluation at the average temperature of the cycle being evaluated.

f_E = environmental correction factor to the welded joint fatigue curve.

f_I = fatigue improvement method correction factor to the welded joint fatigue curve.

f_{MT} = material and temperature correction factor to the welded joint fatigue curve.

q = parameter used to determine the effect equivalent structural stress range on the fatigue improvement factor.

N = number of allowable design cycles.

S_a = computed stress amplitude from Part 5.

$\Delta S_{ess,k}$ = computed equivalent structural stress range parameter from Part 5.

σ_{uts} = minimum specified ultimate tensile strength.

X = exponent used to compute the permissible number of cycles.

Y = stress factor used to compute X.

3-F.4 TABLES

Table 3-F.1

Coefficients for Fatigue Curve 110.1 — Carbon, Low Alloy, Series 4XX, High Alloy Steels, and High Tensile Strength Steels for Temperatures Not Exceeding 371℃ (700℉) —$\sigma_{uts} \leqslant$552MPa (80ksi)

Coefficients, C_i	$48 \leqslant S_a < 214$（MPa） $7 \leqslant S_a < 31$（ksi）	$214 \leqslant S_a < 3999$（MPa） $31 \leqslant S_a < 580$（ksi）
1	2.254510E+00	7.999502 E+00
2	−4.642236 E−01	5.832491 E−02
3	−8.312745 E−01	1.500851 E−01
4	8.634660 E−02	1.273659 E−04
5	2.020834 E−01	−5.263661 E−05
6	−6.940535 E−03	0.0
7	−2.079726 E−02	0.0
8	2.010235 E−04	0.0
9	7.137717 E−04	0.0
10	0.0	0.0
11	0.0	0.0

GENERAL NOTE:E_{FC} =195E3 MPa（28.3 E3 ksi）

Table 3-F.2

Coefficients for Fatigue Curve 110.1 — Carbon, Low Alloy, Series 4XX, High Alloy Steels, and High Tensile Strength Steels for Temperatures Not Exceeding 371℃ (700℉) —σ_{uts}＝793－892MPa (115–130ksi)

Coefficients, C_i	77.2≤S_a≤296（MPa） 11.2≤S_a≤43（ksi）	296≤S_a≤2896（MPa） 43＜S_a≤420（ksi）
1	1.608291 E+01	8.628486 E+00
2	−4.113828 E−02	−1.264052 E−03
3	−1.023740 E+00	−1.605097 E−04
4	3.544068 E−05	−2.548491 E−03
5	2.896256 E−02	−1.409031 E−02
6	1.826072 E−04	8.557033 E−05
7	3.863423 E−04	5.059948 E−04
8	0.0	6.913396 E−07
9	0.0	−2.354834 E−07
10	0.0	0.0
11	0.0	0.0

GENERAL NOTE: E_{FC} =195E3 MPa（28.3 E3 ksi）

Table 3-F.3

Coefficients for Fatigue Curve 110.2.1 — Series 3XX High Alloy Steels, Austenitic-Ferritic Stainless Steels, Nickel–Chromium–Iron Alloy, Nickel–Iron–Chromium Alloy, and Nickel–Copper Alloy for Temperatures Not Exceeding 427℃ (800℉) Where S_a＞195MPa (28.2ksi)

Coefficients, C_i	300≤S_a≤6000（MPa） 43.5≤S_a≤870（ksi）	196≤S_a＜300（MPa） 28.4≤S_a＜43.5（ksi）	93.7≤S_a＜196（MPa） 13.6≤S_a＜28.4（ksi）
1	7.51758875043914	12.4406974820959	6.392046040389687
2	6.88459945920227 E−03	−0.117978768653245	−0.2738512381329201
3	−0.117154779858942	−2.42518707189356	−1.714720900519751
4	−5.344611142276625 E−04	−3.66857021254674 E−03	0.03011458631044661
5	−1.1565691374184 E−04	1.5689772549203 E−01	0.18116383975939243
6	5.26980606334142 E−06	9.88040783949096 E−04	−1.723852736859044 E−03
7	1.13296399893502 E−05	−3.17788211261938 E−03	−9.700259589976667 E−03
8	−1.6930341420237 E−09	−4.33540326039428 E−05	54.37299183341793 E−06
9	−1.6969066738414 E−08	−3.28149487646145 E−05	280.4480972145029 E−06
10	−4.75527285553112 E−12	6.04517847666627 E−07	−794.1221553675604 E−09
11	4.36470451306334 E−12	1.37849707570938 E−06	−3.81236155222453 E−06

GENERAL NOTE: E_{FC} =195E3 MPa（28.3 E3 ksi）

Table 3-F.4

Coefficients for Fatigue Curve 110.3 — Wrought 70 Copper–Nickel for Temperatures Not Exceeding 371℃ (700℉) —σ_{ys}≤134MPa (18ksi)

Coefficients, C_i	83≤S_a≤359（MPa） 12≤S_a≤52（ksi）	359<S_a≤1793（MPa） 52<S_a≤260（ksi）
1	5.854767 E+00	4.940552 E+00
2	−1.395072 E−01	1.373308 E−02
3	−9.597118 E−01	−1.385148 E−02
4	4.028700 E−03	−6.080708 E−05
5	4.377509 E−02	−1.300476 E−05
6	2.487537 E−05	0.0
7	−6.795812 E−04	0.0
8	−1.517491 E−06	0.0
9	1.812235 E−06	0.0
10	0.0	0.0
11	0.0	0.0

GENERAL NOTE: E_{FC} =138E3 MPa（20 E3 ksi）

Table 3-F.5

Coefficients for Fatigue Curve 110.3 — Wrought 70 Copper–Nickel for Temperatures Not Exceeding 370℃ (700℉) —σ_{ys}≤207MPa(30ksi)

Coefficients, C_i	62≤S_a≤1793（MPa） 9≤S_a≤260（ksi）
1	1.614520 E+01
2	7.084155 E−02
3	−3.281777 E−03
4	3.171113 E−02
5	3.768141 E−02
6	−1.244577 E−03
7	5.462508 E−03
8	1.266873 E−04
9	2.317630 E−04
10	1.346118 E−07
11	−3.703613 E−07

GENERAL NOTE: E_{FC} =138E3 MPa（20 E3 ksi）

Table 3-F.6

Coefficients for Fatigue Curve 110.3 — Wrought 70 Copper–Nickel for Temperatures Not Exceeding 371℃（700℉）—σ_{ys}≤310MPa (45ksi)

Coefficients, C_i	34≤S_a≤317（MPa） 4≤S_a≤46（ksi）	317<S_a≤1793（MPa） 46<S_a≤260（ksi）
1	−5.420667 E+03	1.016333 E+01
2	−3.931295 E+02	5.328436 E−02
3	−4.778662 E+01	−6.492899 E−02
4	7.981353 E+01	−6.685888 E−05
5	2.536083 E+02	2.120657 E−03
6	1.002901 E+00	7.140325 E−06
7	2.014578 E+00	0.0
8	0.0	0.0
9	0.0	0.0
10	0.0	0.0
11	0.0	0.0

GENERAL NOTE: E_{FC} =138E3 MPa（20 E3 ksi）

Table 3-F.7

Coefficients for Fatigue Curve 110.4 — Nickel–Chromium–Molybdenum–Iron, Alloys X, G, C-4, and C-276 for Temperatures Not Exceeding 427℃（800℉）

Coefficients, C_i	103≤S_a≤248（MPa） 15≤S_a≤36（ksi）	248<S_a≤4881（MPa） 36<S_a≤708（ksi）
1	5.562508 E+00	1.554581 E+01
2	−1.014634 E+01	6.229821 E−02
3	−5.738073 E+01	−8.425030 E−02
4	7.152267 E−01	−8.596020 E−04
5	4.578432 E+00	1.029439 E−04
6	3.584816 E−03	8.030748 E−06
7	0.0	1.603119 E−05
8	0.0	5.051589 E−09
9	0.0	−7.849028 E−09
10	0.0	0.0
11	0.0	0.0

GENERAL NOTE: E_{FC} =195E3 MPa（28.3 E3 ksi）

Table 3-F.8

Coefficients for Fatigue Curve 120.1 — High Strength Bolting for Temperatures Not Exceeding 371℃ （700℉）

Coefficients, C_i	Maximum Nominal Stress $\leqslant 2.7 S_M$ $93 \leqslant S_a \leqslant 7929$ （MPa） $13.5 \leqslant S_a \leqslant 1150$ （ksi）	Maximum Nominal Stress $\leqslant 3.0 S_M$ $37 < S_a \leqslant 7929$ （MPa） $5.3 < S_a \leqslant 1150$ （ksi）
1	1.083880 E−02	1.268660 E+01
2	−4.345648 E−01	1.906961 E−01
3	1.108321 E−01	−8.948723 E−03
4	6.215019 E−02	−6.900662 E−02
5	2.299388 E−01	1.323214 E−01
6	4.484842 E−04	5.334778 E−02
7	9.653374 E−04	2.322671 E−01
8	7.056830 E−07	9.260755 E−04
9	1.365681 E−07	2.139043 E−03
10	0.0	1.171078 E−06
11	0.0	0.0

GENERAL NOTE: E_{FC} =206E3 MPa （30 E3 ksi）

Table 3-F.9

Data for Fatigue Curves in Tables 3-F.1 Through 3-F.8

Fatigue Curve Table

Number of Cycles	3-F.1	3-F.2	3-F.3	3-F.4	3-F.5	3-F.6	3-F7	3-F.8 [Note (2)]	3-F.8 [Note (3)]
1E1	580	420	870	260	260	260	708	1150	1150
2E1	410	320	624	190	190	190	512	760	760
5E1	275	230	399	125	125	125	345	450	450
1E2	205	175	287	95	95	95	261	320	300
2E2	155	135	209	73	73	73	201	225	205
5E2	105	100	141	52	52	52	148	143	122
8.5E2 [Note (1)]			…	…	…	…46	…		…
1E3	83	78	108	44	44	39	119	100	81
2E3	64	62	85.6	36	36	24.5	97	71	55
5E3	48	49	65.3	28.5	28.5	15.5	76	45	33
1E4	38	44	53.4	24.5	24.5	12	64	34	22.5
1.2E4 [Note (1)]		43	…		…	…	…	…	…

Number of Cycles	3-F.1	3-F.2	3-F.3	3-F.4	3-F.5	3-F.6	3-F7	3-F.8 [Note (2)]	3-F.8 [Note (3)]
2E4	31	36	43.5	21	19.5	9.6	56	27	15
5E4	23	29	34.1	17	15	7.7	46.3	22	10.5
1E5	20	26	28.4	15	13	6.7	40.8	19	8.4
2E5	16.5	24	24.4	13.5	11.5	6	35.9	17	7.1
5E5	13.5	22	20.5	12.5	9.5	5.2	26.0	15	6
1E6	12.5	20	18.3	12.0	9.0	5	20.7	13.5	5.3
2E6	…	…	16.4	…	…	…	18.7	…	…
5E6	…	…	14.8	…	…	…	17.0	…	…
1E7	11.1	17.8	14.4	…	…	…	16.2	…	…
2E7	…	…	…	…	…	…	15.7	…	…
5E7	…	…	…	…	…	…	15.3	…	…
1E8	9.9	15.9	14.1	…	…	…	15	…	…
1E9	8.8	14.2	13.9	…	…	…	…	…	…
1E10	7.9	12.6	13.7	…	…	…	…	…	…
1E11	7.0	11.2	13.6	…	…	…	…	…	…

注：

(1) These data are included to provide accurate representation of the fatigue curves at branches or cusps

(2) Maximum Nominal Stress (MNS) less than or equal to $2.7 S_M$

(3) Maximum Nominal Stress (MNS) less than or equal to $3 S_M$

Table 3-F.10

Coefficients for the Welded Joint Fatigue Curves

Statistical Basis	Ferritic and Stainless Steels		Aluminum	
	c	h	c	h
Mean Curve	1408.7	0.31950	247.04	0.27712
Upper 68% Prediction Interval (+1σ)	1688.3	0.31950	303.45	0.27712
Lower 68% Prediction Interval (-1σ)	1175.4	0.31950	201.12	0.27712
Upper 95% Prediction Interval (+2σ)	2023.4	0.31950	372.73	0.27712
Lower 95% Prediction Interval (-2σ)	980.8	0.31950	163.73	0.27712
Upper 99% Prediction Interval (+3σ)	2424.9	0.31950	457.84	0.27712

Statistical Basis	Ferritic and Stainless Steels		Aluminum	
	c	h	c	h
Lower 99% Prediction Interval (-3σ)	818.3	0.31950	133.29	0.27712

GENERAL NOTE: In U.S. Customary units, the equivalent structural stress range parameter, $\Delta S_{ess,k}$, in 3-F.2.2 and the structural stress effective thickness, t_{ess}, defined in 5.5.5 are in $ksi/(inches)^{(2-m_{ss})/2m_{ss}}$ and inches, respectively. The parameter m_{ss} is defined in 5.5.5.

Table 3–F.10M

Coefficients for the Welded Joint Fatigue Curves

Statistical Basis	Ferritic and Stainless Steels		Aluminum	
	c	h	c	h
Mean Curve	19930.2	0.31950	3495.13	0.27712
Upper 68% Prediction Interval (+1σ)	23885.8	0.31950	4293.19	0.27712
Lower 68% Prediction Interval (-1σ)	16629.7	0.31950	2845.42	0.27712
Upper 95% Prediction Interval (+2σ)	28626.5	0.31950	5273.48	0.27712
Lower 95% Prediction Interval (-2σ)	13875.7	0.31950	2316.48	0.27712
Upper 99% Prediction Interval (+3σ)	34308.1	0.31950	6477.60	0.27712
Lower 99% Prediction Interval (-3σ)	11577.9	0.31950	1885.87	0.27712

GENERAL NOTE: In SI units, the equivalent structural stress range parameter, $\Delta S_{ess,\ k}$, in 3-F.2.2 and the structural stress effective thickness, t_{ess}, defined in 5.5.5 are in $MPa/(mm)^{(2-m_{ss})/2m_{ss}}$ and millimeters, respectively. The parameter m_{ss} is defined in 5.5.5.

参考文献

[1]   ASME Ⅷ-2:5-2015.

[2]   EN 13445-3:18-2014.

[3]   ГОСТ Р52857.6-2007.

[4]   JB 4732－1995（2005 修改）钢制压力容器分析设计标准[S]

[5]   许京荆. ANSYS Workbench 结构分析与实例详解[M]. 北京：人民邮电出版社，2019.

[6]   约瑟夫 L.泽曼，弗朗茨·拉舍尔，塞巴斯蒂安·辛德勒. 压力容器分析设计——直接法[M]. 苏文献，刘应华，马宁，等，译[M]. 北京：化学工出版社，2010.

[7]   沈鋆. ASME 压力容器分析设计[M]. 上海：华东理工大学出版社，2014.

[8]   王小敏，闫东升，夏少青，等. 极限载荷法在应力分析中的应用[J]. 石油化工设备技术，2016，37（5）：1-6.

[9]   陆明万. 关于应力分类问题的一些认识[J]. 化工设备与管道，2005，42（4）：10-15.

[10]   陆明万. 关于应力分类问题的几点认识[J]. 压力容器，2005，（8）：21-26.

[11]   陆明万，徐鸿，等. 分析设计中若干重要问题的讨论（一）[J]. 压力容器，2006，23（1）：15-19.

[12]   陆明万，徐鸿，等. 分析设计中若干重要问题的讨论（二）[J]. 压力容器，2006，23（2）：28-32.

[13]   陆明万，寿比南，杨国义，等. 压力容器应力分析设计方法的进展和评述[J]. 压力容器，2009，26（10）：34-40.

[14]   沈鋆，刘应华. 压力容器分析设计方法与工程应用[M]. 北京：清华大学出版社，2016.

[15]   黄庆，赵飞云，姚伟达. 壳体屈曲分析中关于能力减弱系数的剖析[J]. 压力容器，2012，29（7）：38-43.

[16]   沈鋆. 当代压力容器疲劳设计方法进展[J]. 化工设备与管道，2012，（增刊一）.

[17]   栾春远. 压力容器 ANSYS 分析与强度计算[M]. 北京：中国水利水电出版社，2013.

[18]   栾春远. 压力容器全模型 ANSYS 分析与强度计算新规范[M]. 北京：中国水利水电出版社，2012.

[19]   栾春远. ANSYS 解读 ASME 分析设计规范与开孔补强[M]. 北京：中国水利水电出版社，2017.

[20]   刘笑天. ANSYS Workbench 结构工程高级应用[M]. 北京：中国水利水电出版社，2015.